白云鄂博稀土矿冶炼技术

张晓伟　编著

科学出版社

北京

内 容 简 介

本书详细阐述了稀土元素的物理性质和化学性质，并进行深入剖析，为后续提取工艺和处理方法提供了理论依据。重点介绍了白云鄂博混合稀土精矿的传统与最新冶炼技术，着重介绍了提取过程中关键环节——分解工艺，包括酸法、碱法、铝盐络合分解法等不同的分解途径，以及相应的反应原理、工艺流程、反应条件等内容。分解工艺是整个提取过程的关键环节，涉及多种化学和物理原理的综合运用。稀土精矿的有效分解是稀土分离提取的基础，分解稀土矿物的方法有多种，但具体最适合的工艺，还需要企业根据实际情况进行分析判断。本书有助于读者全面了解白云鄂博混合稀土精矿的各种分解工艺，为后续的稀土元素分离和提纯奠定基础。除稀土元素外，白云鄂博稀土矿中还含有其他有价元素，本书亦对这些有价元素的回收利用技术进行了简要介绍，以提高整个矿产资源的综合利用价值。

本书可作为稀土冶金领域科研人员和生产技术人员的重要参考书籍。对于科研人员而言，它提供了最新的技术思路和研究方向，有助于开展更深入的理论研究和技术创新；对于生产技术人员，详细的工艺介绍和实践经验可以指导日常生产操作，为解决实际生产中遇到的问题提供了有力的支持。

图书在版编目（CIP）数据

白云鄂博稀土矿冶炼技术 / 张晓伟编著. -- 北京 ：科学出版社，2025.3. -- ISBN 978-7-03-081749-5

Ⅰ. TF845

中国国家版本馆 CIP 数据核字第 202562WB70 号

责任编辑：杨新改 / 责任校对：杜子昂
责任印制：徐晓晨 / 封面设计：东方人华

科学出版社出版
北京东黄城根北街 16 号
邮政编码：100717
http://www.sciencep.com

北京富资园科技发展有限公司印刷
科学出版社发行　各地新华书店经销

*

2025 年 3 月第 一 版　　开本：720×1000　1/16
2025 年 3 月第一次印刷　　印张：19
字数：360 000

定价：128.00 元
（如有印装质量问题，我社负责调换）

前　　言

稀土，作为一种稀缺的、不可再生的资源，被称为"工业黄金"和"新材料之母"，是国家重要战略资源，在当今的科技与工业领域中占据着举足轻重的地位。

2023 年 6 月，习近平总书记在内蒙古考察时强调，要牢牢把握党中央对内蒙古的战略定位，完整、准确、全面贯彻新发展理念，紧紧围绕推进高质量发展这个首要任务，以铸牢中华民族共同体意识为主线，坚持发展和安全并重，坚持以生态优先、绿色发展为导向，积极融入和服务构建新发展格局，在建设"两个屏障""两个基地""一个桥头堡"上展现新作为，奋力书写中国式现代化内蒙古新篇章。2023 年 10 月，《国务院关于推动内蒙古高质量发展奋力书写中国式现代化新篇章的意见》重磅发布，提出"加强稀土等战略资源开发利用"，其中一项重要任务就是"将包头建设成为全国最大的稀土新材料基地和全球领先的稀土应用基地"。而包头的白云鄂博矿是全球最大的稀土矿，也是世界少有的全稀土元素矿，拥有丰富的矿产资源，已探明稀土资源储量 4350 万吨，占全国总量的83.7%、占全球总量的 37.8%。

在当今全球化的时代背景下，科技的飞速发展对材料的性能提出了越来越高的要求。稀土元素以其优异的物理、化学和磁学性能，成为众多高新技术领域不可或缺的关键元素，被广泛应用于各个领域。在电子信息产业中，稀土元素是制造高性能永磁材料、发光材料、激光材料等的关键原料。例如，钕铁硼永磁材料具有极高的磁能积和矫顽力，被广泛应用于电机、风力发电、电动汽车等领域，极大地提高了能源利用效率和设备性能。在光学领域，稀土发光材料可用于制造彩色电视机、显示器、照明灯具等，具有色彩鲜艳、亮度高、寿命长等优点。在航空航天领域，稀土合金材料具有高强度、高韧性、耐高温等特性，被用于制造飞机发动机、航天器结构件等关键部件。在国防军事领域，稀土更是不可或缺的战略资源，用于制造导弹、雷达、卫星等先进武器装备，对国家的安全和战略稳定起着至关重要的作用。

可以说，稀土是现代工业的"维生素"，没有稀土，许多高新技术产业将难以发展。稀土的重要性不仅在于其广泛的应用领域，还在于其对国家经济发展和战略安全的重大意义。掌握稀土冶金技术，确保稀土资源的稳定供应，对于国家的科技进步、经济发展和国防安全都具有不可估量的价值。

稀土冶金的发展历程充满了曲折与挑战。早在古代，人们就已经开始使用含有稀土元素的矿物，但对稀土的真正认识和研究却是在近代才开始的。19 世纪末至 20 世纪初，随着化学分析技术的进步，科学家们逐渐发现了稀土元素的存在，并开始对其进行系统的研究。在这个时期，稀土主要从独居石、氟碳铈矿等矿物中提取，采用的方法主要是传统的湿法冶金工艺，如酸法分解、碱法分解等。这些方法虽然能够提取出稀土元素，但存在着工艺流程复杂、成本高、环境污染严重等问题。20 世纪中叶以后，随着科技的飞速发展，稀土冶金技术也取得了重大突破。一方面，新的稀土矿物资源不断被发现，如南方离子吸附型稀土矿等，为稀土的大规模开发利用提供了新的资源保障。另一方面，新的冶金技术和方法不断涌现，如溶剂萃取法、离子交换法、液膜分离法等，这些方法大大提高了稀土的提取效率和纯度，降低了生产成本和环境污染。进入 21 世纪，随着全球对环境保护和可持续发展的重视，稀土冶金技术也在朝着绿色化、高效化、智能化的方向发展。稀土冶金的发展历程充满了挑战与机遇。经过多年的研究与实践，科学家们不断探索创新冶金方法和技术，致力于提高稀土的提取效率、纯度和回收率。从传统的湿法冶金、火法冶金，再到新兴的生物冶金等领域，稀土冶金技术在不断地演进和完善。企业不断通过优化工艺、智能化生产等手段，提高资源回收率和产品质量，降低生产成本；同时，延伸产业链、发展高附加值产品，提升经济效益。这些举措助力稀土冶金在保障环境的同时，实现高效、可持续发展。

本书旨在总结白云鄂博稀土矿提取工艺的理论与实践，全面介绍白云鄂博稀土矿的传统湿法冶金工艺以及最新工艺技术进展。对稀土元素的基本理化性质的了解是熟悉稀土冶炼工艺流程、稀土新材料、稀土资源充分利用的基础。通过本书，读者可以认识稀土元素理化性质及资源分布与矿物特征，熟悉白云鄂博稀土矿提取的各种工艺原理与方法。希望本书能够为从事稀土冶金研究、生产和应用的专业人士提供有益的参考，为广大读者提供一个全面了解白云鄂博稀土矿提取技术的窗口，同时也为推动我国稀土产业的健康发展贡献一份力量。

本书在编写与出版过程中，承蒙"轻稀土资源绿色提取与高效利用教育部重点实验室"的鼎力支持，同时，也得到了内蒙古自治区一流学科科研专项"稀土绿色选冶与高质化应用关键技术攻关"（YLXKZX-ND-001）项目的助力。在此，向所有为本书出版给予帮助的领导和相关部门致以诚挚的谢意。

让我们共同走进稀土冶金的精彩世界，探索这一充满无限可能的领域，为创造更加美好的未来而努力。

由于水平所限，书中不妥之处在所难免，恳请广大读者批评指正。

作　者
2025 年 2 月

目　　录

第1章 绪 论

1.1 稀土元素概念与性质

1.1.1 稀土元素的概念

稀土元素是指具有相似理化性质的镧系元素和钪、钇这17种元素的总和。自从18世纪以来，有若干种氧化物被相继发现，它们不溶于水，就像土一样，这种氧化物被叫作"土"，因此它们就有了稀土的名字。

自1794年，科学家们首次在硅铍钇矿中发现钇元素开始，到1947年，从核反应堆裂变产物中分离出钷元素，全部稀土元素的发现历时153年。其中，钪属于典型的分散元素，与其他16种元素的共生程度较低，性质差异较大。钷属于放射性元素，它存在于富铀矿中或由反应堆铀的裂变产生。所以，在实际的稀土生产中，只包含15种元素。

稀土元素属于化学元素周期表中第ⅢB族，理化性质相似。根据稀土矿物的形成特点和分离工艺上的要求，将稀土元素分为轻、重稀土两组或者轻、中、重稀土三组，常见的分组方法如表1.1所示。应当指出：轻、中、重的分界线并没有严格、统一的标准。

在国际上，稀土元素通常用"R"表示，而有些国家，如德国用"RE"，法国用"TR"，俄罗斯用"P3"，我国用"RE"表示，单独的镧系元素用"Ln"表示。

1.1.2 稀土元素的性质

1. 稀土元素的电子层结构

根据能量最低原理，镧系元素的原子具有两种类型的电子组态，即$[Xe]4f^n6s^2$和$[Xe]4f^{n-1}5d^16s^2$，$[Xe]$是氙的电子组态，即$1s^22s^22p^63s^23p^63d^{10}4s^24p^64d^{10}5s^25p^6$。钪和钇虽不含4f电子，但最外层电子具有$(n-1)d^1ns^2$组态。因此，其化学性质上与镧系元素具有一定的相似性，难以采用普通的化学方法进行分离。这也是它们被归为稀土元素的原因。表1.2为稀土元素的外部电子层结构。

表1.1 稀土元素及分组表

稀土元素					分组		
中文	英文	序号	符号	原子量	矿物特点	硫酸复盐溶解度	萃取分离
镧	lanthanum	57	La	138.91	铈组（轻稀土）	铈组（硫酸复盐难溶）	轻稀土（P_{204}弱酸度萃取）
铈	cerium	58	Ce	140.12			
镨	praseodymium	59	Pr	140.91			
钕	neodymium	60	Nd	144.24			
钷	promethium	61	Pm	144.91			
钐	samarium	62	Sm	150.35		铽组（硫酸复盐微溶）	中稀土（P_{204}低酸度萃取）
铕	europium	63	Eu	151.96			
钆	gadolinium	64	Gd	157.25			
铽	terbium	65	Tb	158.92	钇组（重稀土）		重稀土（P_{204}中酸度萃取）
镝	dysprosium	66	Dy	162.50			
钬	holmium	67	Ho	164.93		钇组（硫酸复盐易溶）	
铒	erbium	68	Er	167.26			
铥	thulium	69	Tm	168.93			
镱	ytterbium	70	Yb	173.04			
镥	lutetium	71	Lu	174.97			
钇	yttrium	39	Y	88.91			
钪	scandium	21	Sc	44.96			

表1.2 稀土元素的外部电子层结构

元素	原子的电子组态					原子半径/$\times10^{-1}$ nm	RE³⁺半径/$\times10^{-1}$ nm	化合价
	4f	5s	5p	5d	6s			
La	0	2	6	1	2	1.877	1.061	+3
Ce	1	2	6	1	2	1.824	1.034	+3、+4
Pr	3	2	6		2	1.828	1.013	+3、+4
Nd	4	2	6		2	1.821	0.995	+3
Pm	5	2	6		2	（1.810）	（0.98）	+3
Sm	6	2	6		2	1.802	0.964	+2、+3
Eu	7	2	6		2	2.042	0.950	+2、+3
Gd	7	2	6	1	2	1.802	0.938	+3
Tb	9	2	6		2	1.782	0.923	+3、+4

其中表1.2的"4f"列左侧有合并单元格："内部各层已填满，共46个电子层"

续表

元素	原子的电子组态					原子半径 /×10⁻¹ nm	RE³⁺半径 /×10⁻¹ nm	化合价
	4f	5s	5p	5d	6s			
Dy	内部各层已填满，共46个电子层	10	2	6		2	1.773	0.908	+3
Ho		11	2	6		2	1.766	0.894	+3
Er		12	2	6		2	1.757	0.881	+3
Tm		13	2	6		2	1.746	0.869	+3
Yb		14	2	6		2	1.940	0.858	+2、+3
Lu		14	2	6	1	2	1.734	0.848	+3
	内部各层已填满，共18个电子层	3d	4s	4p	4d	5s			
Sc		1	2				1.641	0.68	+3
Y		10	2	6	1	2	1.801	0.88	+3

由表 1.2 可知，镧系元素原子的最外两个电子层（O 层和 P 层）的结构并没有随着原子序数的增大而显著变化。这是因为填充的电子填入了尚未填满的受外层电子屏蔽但不受邻近原子电磁场影响的较内层的 4f 亚层上。另外，按照洪德定则，在原子和离子的电子层结构中，当同一亚层处于全空、全满或半丰满状态时是比较稳定的，因此，4f 亚层处于 $4f^0(La^{3+})$、$4f^7(Gd^{3+})$、$4f^{14}(Lu^{3+})$ 时，其稳定性相对较好。它们之后的 Ce^{3+}、Pr^{3+}、Tb^{3+} 分别比稳定的电子组态多 1 个或 2 个电子，因此它们可以进一步氧化为+4 价，而 Sm、Eu、Yb 分别比稳定的电子组态少 1 个或 2 个电子，因此可以还原为+2 价，这是这几种元素具有反常价态的原因。

除了电子层的结构因素以外，稀土元素的价态还受到热力学、动力学等多种因素的影响，且易于以其他价态形式存在于合金中。近年来，随着合成条件的不断完善，具有反常价态的稀土元素越来越多，除了四价的 Ce、Pr、Tb 以及二价的 Sm、Eu、Yb 之外，新的四价化合物也相继被合成，几乎所有的二价稀土化合物均已形成，但也有相当一部分并非真正的二价化合物。

2. 镧系收缩

镧系元素离子中，随着原子序数的增大，新增加的电子并没有填充到外层，而是填充到 4f 内层。由于 4f 电子云弥散，使其并非全部分散在 5s、5p 的壳层内部。随着原子序数增加 1 时，核电荷增加 1，尽管电子也会增加 1，但是 4f 电子仅能屏蔽一部分新增加的核电荷，因此，人们普遍认为 4f 电子仅能屏蔽核电荷的85%。在原子内，4f 电子云弥散不像在离子中那么大，所以它的屏蔽系数稍高。因此，随着原子序数的增加，外层电子受到有效核电荷的引力实际上是增加了，这种引力的增加，从而导致原子或离子的半径减小，这种现象即为"镧系收缩"，如图 1.1 和图 1.2 所示。

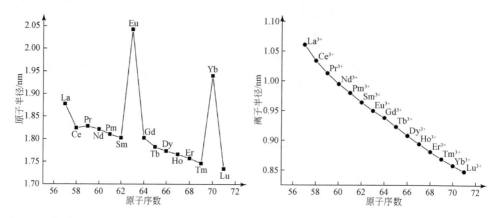

图 1.1　镧系元素的原子半径与原子序数的关系　图 1.2　三价镧系离子半径与原子序数的关系

镧系元素的收缩使与其同族的上一个周期的元素钇的三价离子半径处于镧系元素体系中（靠近铒）。钇与镧系元素在化学性质上有很大的相似性，且与镧系元素共生于同一矿物中，不易分离。在分离稀土的过程中，将钇归入重稀土一组；而由于钪的离子半径与镧系元素相差较大，所以通常不会与稀土矿物共存。

镧系收缩现象可以用来解释化合物的某些性质。镧系收缩使得镧系元素的离子半径递减，从而导致镧系元素的性质随原子序数的增大而有规律地递变。如镧系元素碱性的变化，随原子序数的增加而减弱；络合物的稳定性随原子序数增加而增强。

金属的原子半径是指金属晶体中两个原子核之间距离的一半，即半径大致相当于最外层电子云密度最大的地方。因此在金属中，最外层电子在相邻原子之间是相互重叠的，它们可以在晶格之间自由运动而成为传导电子，一般情况下这种离域的传导电子是 3 个。然而，铕和镱一般都是 $4f^7$、$4f^{14}$ 半满或全满的电子组态，因此它们一般只提供 2 个电子为离域电子，而相邻原子间的外层电子云很少会彼此交叠，从而使其有效半径显著增大，这就是铕和镱原子半径大于其邻近金属原子半径的缘故。而铈原子则不同，其 4f 中仅有一个电子，易于提供 4 个离域电子，从而维持其相对稳定的电子组态，这就是铈原子半径小于其邻近金属原子半径的缘故。

3. 稀土元素的物理性质

稀土元素具有典型的金属特性，除了镨、钕呈淡黄色以外，其余大部分都呈银灰色。稀土金属的某些物理性质列于表 1.3 中。除了钐（菱形结构）、铕（体心立方结构）之外，大多数稀土元素都呈六方密集或面心立方结构。然而，钪、钇、镧、铈、镨、钕、钐、铽、镝、钬、镱等都具有同素异构体，由于它们的晶体转变过程较缓慢，所以在金属中往往会形成两种不同的晶形结构。

表 1.3　稀土金属的某些物理性质

元素	密度 /(g/cm^3)	熔点 /℃	沸点 /℃	电阻率/ (10^{-4} Ω·cm)	热中子俘获 截面/bam	晶体结构
Sc	2.992	1539	2730	66	24.0	六方密集
Y	4.478	1510	2930	53	1.38	六方密集
La	6.174	920	3470	57	9.3±0.3	六方密集
Ce	6.771	795	3470	75	0.73±0.1	面心立方
Pr	6.782	935	3130	68	11.6±0.6	六方密集
Nd	7.004	1024	3030	64	46±2	六方密集
Sm	7.537	1072	1900	92	6500	菱形
Eu	5.253	826	1440	81	4500	体心立方
Gd	7.895	1312	3000	134	44000	六方密集
Tb	8.234	1356	2800	116	44	六方密集
Dy	8.536	1407	2600	91	1100	六方密集
Ho	8.803	1461	2600	94	64	六方密集
Er	9.051	1497	2900	86	116	六方密集
Tm	9.332	1545	1730	90	118	六方密集
Yb	6.977	824	1430	28	36	面心立方
Lu	9.482	1652	3330	68	13	六方密集

钇组稀土金属除了镱以外，其熔点（1312～1652℃）均比铈组稀土金属高。而铈组稀土金属（除了钐和铕之外）的沸点也比钇组稀土金属（除了镥）要高。在这些稀土元素中，金属钐、铕、镱的沸点（1430～900℃）是最低的。

钐、铕、钆的热中子俘获截面很大，分别为 6500 bam、4500 bam、44000 bam，远高于常用于反应堆作热中子控制材料的镉(2500 bam)和硼(1715 bam)，而铈和钇最小。

高纯度稀土金属的布氏硬度值在 20～30 之间，且容易进行机械成型，因此是一种理想的材料。尤其是金属钇和钐的可塑性是最好的。钇组稀土金属中，除了镱之外，其余的弹性模量都比铈组稀土金属的要高。稀土金属的机械性能与其所含的杂质含量密切相关，尤其是氧、硫、氮、碳等杂质。

稀土金属的导电性较差。镧在 4～6 K 下表现出超导电性，而其他稀土金属即使在接近 0 K 时也无超导电性。钆、镝、钬具有铁磁性；除了镧和镥为反磁性物质外，其他所有稀土金属均为顺磁性，如表 1.4 和图 1.3 所示。

表 1.4　稀土元素的原子磁矩

原子序数	元素符号	原子磁矩/B.M.	原子序数	元素符号	原子磁矩/B.M.
57	La	0.00	65	Tb	9.7
58	Ce	2.54	66	Dy	10.6
59	Pr	3.58	67	Ho	10.6
60	Nd	3.62	68	Er	9.6
61	Pm	2.68	69	Tm	7.6
62	Sm	0.84	70	Yb	4.5
63	Eu	3.4	71	Lu	0.00
64	Gd	7.94			

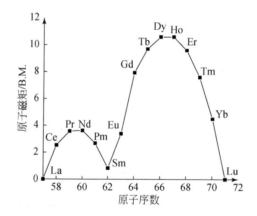

图 1.3　三价镧系元素离子的原子磁矩

通常具有未充满的 4f 电子层的原子或离子有 30000 多条可以观察到的谱线，远多于 d 层和 p 层未充满电子的原子或者离子。因此，稀土元素可以吸收或发射从紫外到红外光区的各种谱线。

稀土离子在某些激发态能级上的平均寿命可以达到 $10^{-6} \sim 10^{-2}$ s，远远超过普通原子和离子的 $10^{-10} \sim 10^{-8}$ s。利用这一特性，可以制备出具有长余辉的荧光材料。

4. 稀土元素的化学性质

稀土元素具有很强的化学活性，从钪到钇再到镧，化学活性依次递增，从镧到镥依次降低，其中，镧、铈和铕的活性最大。在低温条件下，稀土元素可与氢、碳、氮、磷等多种元素发生反应。稀土金属具有非常低的燃点，如铈为 160℃、镨为 190℃、钕为 270℃，它们都可以形成非常稳定的氧化物、卤化物和硫化物。

稀土金属在盐酸、硫酸、硝酸等溶剂中极易溶解，且能够使水分解，但不和碱发生反应。稀土金属在氢氟酸和磷酸中很难溶解，这是因为其能与酸形成一层难溶的氟化物和磷酸盐类的保护膜。

1）与氧作用

在常温下，稀土可以和空气中的氧气进行化学反应。首先，它的表面被氧化，根据氧化物的结构特性，持续氧化的程度也不同。如镧、铈、镨等元素在大气中容易被氧化，而钕、钐、钇等元素则具有缓慢的氧化速率，并可长久地保留其金属光泽。

所有稀土金属在空气中加热至 180～200℃时，都会发生快速的氧化和放热。铈生成 CeO_2，镨生成 Pr_6O_{11}($4PrO_2 \cdot Pr_2O_3$），铽生成 Tb_4O_7($2TbO_2 \cdot Tb_2O_3$），其他的稀土金属则形成 RE_2O_3 类型的氧化物。

2）与氢作用

在常温下，稀土金属可吸附氢气，随着温度的升高，氢气的吸收速率也随之提高。当加热至 250～300℃时，该体系具有很强的吸氢能力，形成稀土氢化物 REH_x（x=2～3）。稀土氢化物的物理性质比较脆弱，在潮湿空气中很不稳定，酸性和碱性条件下容易分解。在真空条件下，将其加热到 1000℃或更高的温度，就能将氢气全部释放出来。利用这种特性，在制备稀土金属粉体时，通常采用这种方法。

3）与碳作用

在高温条件下，不管是熔融状态还是固态稀土金属，都可以与碳发生反应，形成 RE_3C 类化合物。但是，当稀土金属氢化物与石墨发生反应时，同样会产生 RE_2C_3 和 REC_2 类化合物，它们具有金属的导电性。在常温下，所有的稀土碳化物遇水分解为稀土氢氧化物及气态产物。

4）与氮作用

在熔融状态或者固态的情况下，稀土金属与氮气在高温下发生化学反应，形成 REN 类化合物，其在高温下十分稳定，遇水则缓慢分解释放氨气；REN 在酸性溶液中快速溶解，在碱性条件下生成氢氧化物和氨气。

5）与硫作用

稀土金属与硫蒸气发生反应，形成 RE_2S_3、RES 等多种硫化物。稀土硫化物熔点高，化学稳定性好，耐腐蚀。稀土硫化物在水中不溶解，在空气中稳定；在200～300℃的温度条件下，会发生氧化反应，并生成碱式硫酸盐。

6）与卤素作用

在 200℃以上的温度时，稀土金属都会与卤素发生强烈的化学反应，形成三价 REX_3 类化合物，其作用强度从氟到碘逐渐减弱。然而，钐和铕也可以形成 REX_2 类型的化合物，而铈则可以形成 REX_4 类型的化合物，但都属不稳定的中间化合物。

通常，卤素化合物中都含有一定的水分子，所以它们都具有较强的吸湿性能。稀土元素的 REX_2(X=Cl、Br、I)型化合物在空气和水中均不稳定，能迅速氧化为稀土氢氧化物和氢气。

7）与金属元素作用

稀土金属几乎可以与任何一种金属元素发生化学反应，形成各种成分的金属间化合物或合金。例如，与镁生成 $REMg$、$REMg_2$、$REMg_4$ 等化合物(稀土金属微溶于镁)；与铝生成 RE_3Al、RE_3Al_2、$REAl$、$REAl_2$、$REAl_3$、RE_3Al_4 等化合物；与钴生成 $RECo_2$、$RECo_3$、$RECo_4$、$RECo_5$、$RECo_7$ 等化合物，其中 Sm_2Co_7、$SmCo_5$ 为永磁材料；与镍生成 $LaNi$、$LaNi_5$、La_3Ni_5 等化合物；与铜生成 YCu、YCu_2、YCu_3、YCu_4、$NdCu_5$、$CeCu$、$CeCu_2$、$CeCu_4$、$CeCu_6$ 等化合物；与铁生成 $CeFe_2$、$CeFe_3$、Ce_2Fe_3、YFe_2 等化合物，而镧和铁仅形成低共熔体，镧铁合金的延展性很好。

稀土金属与碱金属以及钙和钡等均不生成互溶体系，在锆、铌、钽中的溶解度极低，一般只形成低共熔体，与钨、钼不能生成化合物。

5. 主要三价稀土化合物

1）稀土元素氧化物

除 Ce、Pr、Tb 以外，其他的稀土氧化物（RE_2O_3）都可以由高温氢氧化物、含氧酸盐［$RE_2(CO_3)_3$、$RE_2(C_2O_4)_3$、$RE_2(SO_4)_3$ 等，但是除了 $REPO_4$ 以外］，或者是与氧直接反应来制备。高价态的 Ce、Pr、Tb 可通过还原生成三价的稀土氧化物。

通过对 Ce、Pr、Tb 的氢氧化物及含氧酸盐的灼烧，可获得 CeO_2、$Pr_6O_{11}(4PrO_2 \cdot Pr_2O_3)$、$Tb_4O_7(2TbO_2 \cdot Tb_2O_3)$。$Pr_2O_3$ 可以在 450℃和氧原子发生反应，也可以在 300℃和 50.66×10^5 Pa 的条件下与氧分子进行反应得到 PrO_2。不确定组分的铽，也可以通过与原子氧反应生成 TbO_2。

稀土氧化物不溶于水或碱性介质中，但能溶于无机酸（除氢氟酸、磷酸等）中形成对应的盐类。氧化物可与水反应形成氢氧化物，如水热合成：将水蒸气与氧化物一起加热，即可获得 $RE(OH)_3$ 和 $RO(OH)$。在空气中，氧化物可以吸附二氧化碳，形成碱式碳酸盐。在 800℃下灼烧，可获得不含碳酸盐的氧化物。

稀土氧化物和其他金属氧化物可以相互作用生成复合氧化物，其类型如表 1.5 所示。

表 1.5　稀土的复合氧化物

ABO_4（锆英石类型）	$A_2B_2O_7$（烧绿石类型）	$A_3B_5O_{12}$（石榴石类型）	ABO_4（白钨矿类型）	ABO_3（钙钛矿类型）	ABO_3（钙钛矿类型）
$REAsO_4$	RE_2SnO_7	$RE_3Al_5O_{12}$	$REGeO_4$	$REAlO_3$	$RETiO_3$
$REPO_4$	$RE_2Zr_2O_7$	$RE_3Ga_5O_{12}$	$RENbO_4$	$RECrO_3$	$REVO_3$
$REVO_4$		$RE_3Fe_5O_{12}$	$RETaO_4$	$RECoO_3$	$Ba(RE, Nb)O_3$
				$REGaO_3$	
				$REFeO_3$	
				$REMnO_3$	
				$RENiO_3$	

氧化物的反应活性是由受热程度所决定的。为了得到最大的活性，在制备氧化物时，尽量在较低的温度下进行灼烧。当加热时，稀土氧化物会出现如下两种转变过程：

$$RE_2O_3 \longrightarrow 2REO + O$$

$$RE_2O_3 \longrightarrow 2RE + 3O$$

这两个过程取决于反应物是否为轻或重稀土的氧化物。轻稀土被分解成一种氧化物，而重稀土被分解成一种金属。

稀土氧化物具有与氧化钙和氧化镁相近的热稳定性，但熔点、沸点较高。氧化物和相应的三价阳离子具有相似的磁矩。稀土氧化物的热力学性质、熔点、沸点和磁矩数据如表 1.6 所示。

表 1.6 稀土氧化物的一些性质

氧化物	RE^{3+}的基态	实测磁矩/B.M.	熔点/℃	沸点/℃	热力学函数(298.15 K)/(4.184 kJ/mol)		
					$\Delta H_形$	$\Delta S_形$	$\Delta G_形$
La$_2$O$_3$	$^1S_0$	0.00	2256	3620	428.7	70.04	407.82
Ce$_2$O$_3$	$^2F_{5/2}$	2.56	2210±10	3730	430.9	73.50	409.00
Pr$_2$O$_3$	$^3H_4$	3.55	2183	3760	435.8	70.50	414.80
Nd$_2$O$_3$	$^4I_{9/2}$	3.66	2233	3760	432.37	71.12	411.17
Pm$_2$O$_3$	$^5I_4$	(2.83)	2320				
Sm$_2$O$_3$	$^6H_{5/2}$	1.45	2269	3780	433.89	70.65	412.82
Eu$_2$O$_3$	$^7F_0$	3.51	2291	3790	392.3	76.0	369.6
Gd$_2$O$_3$	$^8S_{7/2}$	7.90	2339	3900	433.94	68.3	413.4
Tb$_2$O$_3$	$^7F_0$	9.63	2303		445.6	71.0	424.4
Dy$_2$O$_3$	$^6H_{15/2}$	10.5	2228	3900	446.8	73.5	424.9
Ho$_2$O$_3$	$^5I_8$	10.5	2330	3900	449.5	71.9	428.1
Er$_2$O$_3$	$^4I_{15/2}$	9.5	2344	3920	453.59	71.86	432.16
Tm$_2$O$_3$	$^3H_6$	7.39	2341	3945	451.4	72.4	429.8
Yb$_2$O$_3$	$^2F_{7/2}$	4.34	2355	4070	433.68	70.32	432.16
Lu$_2$O$_3$	$^1S_0$	0.00	2427	3980	448.9	71.9	429.8
Y$_2$O$_3$	$^1S_0$	0.00	2376		448.9		412.72
Sc$_2$O$_3$	$^1S^0$	0.00	2403±20				427.5

2）稀土元素氢氧化物

向稀土盐的溶液中加入氨水或碱性物质，可得到胶状的稀土氢氧化物沉淀，胶状沉淀在热溶液中利于积聚而便于沉淀。在 200℃以上时，稀土氢氧化物

RE(OH)$_3$ 可发生脱水反应，生成脱水的氢氧化物 REO(OH)。RE(OH)$_3$ 通常呈胶状沉淀。采用水热合成方法，在 193～420℃、12.159×10^5～7.093×10^5 Pa 条件下，向高浓度的氢氧化钠溶液中加入稀土氧化物长时间处理可以得到六方晶体的稀土氢氧化物(La～Yb，Y)，Lu 和 Sc 氢氧化物为立方晶体，生成温度为 157～159℃。

在不同盐的溶液中，氢氧化物开始沉淀的 pH 值稍有差异。三价镧系离子由于镧系收缩，其离子势（Z/r）随着原子序数的增加而增加，因此，随着原子序数的增加，开始沉淀的 pH 值也随之下降，如表 1.7 所示。

表 1.7　RE(OH)$_3$ 的物理性质

氢氧化物	颜色	沉淀的 pH 值			RE(OH)$_3$ 溶度积（25℃）	晶格常数/10^2 pm	
		硝酸盐	氯化物	硫酸盐		a	c
La(OH)$_3$	白	7.82	8.03	7.41	$1.0×10^{-19}$	6.52	3.86
Ce(OH)$_3$	白	7.60	7.41	7.35	$1.5×10^{-20}$	6.50	3.82
Pr(OH)$_3$	浅绿	7.35	7.05	7.17	$2.7×10^{-20}$	6.45	3.77
Nd(OH)$_3$	紫红	7.31	7.02	6.95	$1.9×10^{-21}$	6.42	3.67
Sm(OH)$_3$	黄	6.92	6.83	6.70	$6.8×10^{-22}$	6.35	3.65
Eu(OH)$_3$	白	6.82	—	3.68	$3.4×10^{-22}$	6.32	3.63
Gd(OH)$_3$	白	6.83	—	6.75	$2.1×10^{-22}$	6.30	3.61
Tb(OH)$_3$	白	—	—	—	—	6.28	3.57
Dy(OH)$_3$	黄	—	—	—	—	3.26	3.56
Ho(OH)$_3$	黄	—	—	—	—	6.24	3.53
Er(OH)$_3$	浅红	6.75	—	6.50	$1.3×10^{-23}$	6.225	3.51
Tm(OH)$_3$	绿	6.40	—	6.21	$2.3×10^{-24}$	6.21	3.49
Yb(OH)$_3$	白	6.30	—	6.18	$2.9×10^{-24}$	6.20	3.46
Lu(OH)$_3$	白	6.30	—	6.18	$2.5×10^{-24}$	—	—
Y(OH)$_3$	白	6.95	6.78	6.83	—	6.245	3.53

稀土氢氧化物的脱水反应如下：

$$2RE(OH)_3 \cdot nH_2O \xrightarrow{-2nH_2O} 2RE(OH)_3 \xrightarrow{-2H_2O} 2REO(OH) \xrightarrow{H_2O} RE_2O_3$$

随着稀土元素的原子序数增大，离子半径逐渐减小，离子势逐渐增加，极化能力逐渐增加，脱水温度也逐渐降低。稀土氢氧化物在碱性介质中不易溶解，易溶于无机酸中，在酸性溶液中溶解形成盐。这种胶状的氢氧化物具有很强的碱性，能从空气中吸附二氧化碳并形成碳酸盐。

脱水的稀土氢氧化物 REO(OH)采用水热合成方法，在高温高压的条件下可以制备出属于单斜晶系、能溶于酸的化合物。它们的性质如表 1.8 所示。三价铈的氢氧化物稳定性差，只能在真空条件下制备，在空气中会被缓慢氧化，且在干燥状态下会迅速转化为一种黄色的四价铈氢氧化物，利于从其他稀土元素中分离出来。若溶液中含有亚氯酸盐或次溴酸盐，三价铈会在氢氧化物沉淀时迅速被氧化为四价铈。因此，三价铈的氢氧化物具有很强的还原性能。

表 1.8　REO(OH)的晶格常数

化合物	晶格常数/10^2 pm			β/(°)
	a	b	c	
LaO(OH)	6.382	3.929	4.417	108.0
CeO(OH)	—			
PrO(OH)	—	—	—	—
NdO(OH)	6.24	3.805	4.39	108.1
SmO(OH)	6.13	3.77	4.36	108.6
EuO(OH)	6.10	3.73	4.34	108.9
GdO(OH)	6.06	3.71	4.34	108.9
TbO(OH)	6.04	3.69	4.33	109.0
DyO(OH)	5.98	3.64	4.29	109.0
HoO(OH)	5.96	3.63	4.29	109.0
ErO(OH)	5.93	3.62	4.27	109.2
TmO(OH)	5.89	3.59	4.25	109.3
YbO(OH)	5.88	3.58	4.25	109.4
LuO(OH)	5.84	3.55	4.23	109.5
YO(OH)	5.92	3.63	4.29	109.1

3）稀土元素的硫酸盐及硫酸复盐

稀土氧化物、氢氧化物、盐酸盐与硫酸反应可形成相应的水合硫酸盐 $RE_2(SO_4)_3 \cdot nH_2O$。通常 La 和 Ce 的 $n=9$，其他稀土的 $n=8$，但也有 $n=3$、5、6 的个例。稀土氧化物与略过量的浓硫酸反应、水合硫酸盐的高温脱水或酸式盐的热分解均可产生无水硫酸盐，升高温度可进一步分解为氧基硫酸盐，最终形成氧化物。硫酸盐的物理性质如表 1.9 所示。

$$RE_2(SO_4)_3 \cdot nH_2O \xrightarrow{155 \sim 260℃} RE_2(SO_4)_3 + nH_2O$$

$$RE_2(SO_4)_3 \xrightarrow{800 \sim 850℃} RE_2O_2SO_4 + 2SO_3$$

$$RE_2O_2SO_4 \xrightarrow{1050 \sim 1150℃} RE_2O_3 + SO_3$$

表 1.9　水合硫酸盐的物理常数

硫酸盐	晶系	晶格常数			β	密度/(g/cm³)
		$a/10^2$ pm	$b/10^2$ pm	$c/10^2$ pm		
La$_2$(SO$_4$)$_3$·9H$_2$O	六方	10.98		8.13		2.821
Ce$_2$(SO$_4$)$_3$·9H$_2$O	六方	10.997		8.018		2.831
Ce$_2$(SO$_4$)$_3$·8H$_2$O	单斜	9.926	9.513	17.329		2.87
Pr$_2$(SO$_4$)$_3$·8H$_2$O	单斜	13.690	6.83	18.453	102°52′	2.82
Nd$_2$(SO$_4$)$_3$·8H$_2$O	单斜	13.656	6.80	18.426	102°38′	2.856
Pm$_2$(SO$_4$)$_3$·8H$_2$O	单斜	13.620	6.79	18.390	102°29′	2.90
Sm$_2$(SO$_4$)$_3$·8H$_2$O	单斜	13.590	6.77	18.351	102°20′	2.930
Eu$_2$(SO$_4$)$_3$·8H$_2$O	单斜	13.566	6.781	18.334	102°14′	2.98
Gd$_2$(SO$_4$)$_3$·8H$_2$O	单斜	13.544	6.774	18.299	102°11′	3.031
Tb$_2$(SO$_4$)$_3$·8H$_2$O	单斜	13.502	6.751	18.279	102°09′	3.06
Dy$_2$(SO$_4$)$_3$·8H$_2$O	单斜	13.491	6.72	18.231	102°04′	3.11
Ho$_2$(SO$_4$)$_3$·8H$_2$O	单斜	13.646	6.70	18.197	102°00′	3.149
Er$_2$(SO$_4$)$_3$·8H$_2$O	单斜	13.443	6.68	18.164	101°58′	3.19
Tm$_2$(SO$_4$)$_3$·8H$_2$O	单斜	13.428	6.67	18.124	101°57′	3.22
Yb$_2$(SO$_4$)$_3$·8H$_2$O	单斜	13.412	6.65	18.103	101°56′	3.286
Lu$_2$(SO$_4$)$_3$·8H$_2$O	单斜	13.400	6.64	18.088	101°54′	3.30
Y$_2$(SO$_4$)$_3$·8H$_2$O	单斜	13.471	6.70	18.200	101°59′	2.558

　　无水稀土硫酸盐是一种粉末状物质，易吸水，在水中溶解时放热。随着温度的升高，硫酸盐的溶解度降低，从而更容易重结晶。在20℃时，稀土硫酸盐从铈到铕溶解度依次降低、从钆到镥的溶解度依次升高，如表1.10所示。

表 1.10　稀土硫酸盐 RE$_2$(SO$_4$)$_3$·8H$_2$O 在水中的溶解度

元素	在 100g 水中所溶解的质量/g		元素	在 100g 水中所溶解的质量/g	
	20℃	40℃		20℃	40℃
La	3.8	1.5	Dy	5.07	3.34
Ce	23.8	10.3	Ho	8.18	4.52
Pr	12.74	7.64	Er	16.00	6.53
Nd	7.00	4.51	Tm		
Sm	2.67	1.99	Yb	34.78	82.99
Eu	2.56	1.93	Lu	42.27	16.93
Gd	2.87	2.19	Y	9.76	4.9
Tb	3.56	2.51			

稀土硫酸盐与碱金属硫酸盐能形成硫酸复盐 $RE_2(SO_4)_3 \cdot M_2SO_4 \cdot nH_2O$，其中 $n=0$、2、8 等，如 $Y_2(SO_4)_3 \cdot (NH_4)_2SO_4 \cdot 8H_2O$、$Dy_2(SO_4)_3 \cdot (NH_4)_2SO_4 \cdot 8H_2O$、$Y_2(SO_4)_3 \cdot K_2SO_4 \cdot 2H_2O$、$Dy_2(SO_4)_3 \cdot K_2SO_4 \cdot 2H_2O$ 等。

$$\left.\begin{array}{l} Na_2SO_4 \\ K_2SO_4 \\ (NH_4)_2SO_4 \end{array}\right\} + RE_2(SO_4)_3 \cdot nH_2O \longrightarrow xRE_2(SO_4)_3 \cdot yM_2SO_4 \cdot nH_2O$$

其中，y/x 比值在 1~6 之间，这取决于溶液的浓度、沉淀剂用量以及温度。在沉淀剂用量较小的情况下，沉淀复盐的成分主要为 $RE_2(SO_4)_3 \cdot M_2SO_4 \cdot nH_2O$；当温度大于 90℃时，会产生无水盐。

4）稀土元素的硝酸盐及硝酸复盐

稀土氧化物、氢氧化物、碳酸盐或碱金属与硝酸作用则生成相应的硝酸盐，然后通过溶液蒸发和结晶获得水合硝酸盐。在加压条件下，将氧化物在 150℃和四氧化二氮条件下进行反应，可以得到无水硝酸盐。

水合硝酸盐的组成为 $RE(NO_3)_3 \cdot nH_2O$，其中 $n=3$、4、5、6。轻稀土的 $La(NO_3)_3 \cdot nH_2O$、$Ce(NO_3)_3 \cdot nH_2O$、$Pr(NO_3)_3 \cdot nH_2O$、$Sm(NO_3)_3 \cdot nH_2O$ 均为三斜晶系。

$$HNO_3 + \left\{\begin{array}{l} RE_2O_3 \\ RE(OH)_3 \\ RE_2(CO_3)_3 \end{array}\right. \longrightarrow RE(NO_3)_3 \cdot nH_2O; \quad n=3、4、5、6$$

稀土硝酸盐在水中的溶解度很大（>2 mol/L，25℃），并随着温度的升高而增加，如表 1.11 所示。

表 1.11 硝酸盐在水中的溶解度

La(NO₃)₃-H₂O 体系		Pr(NO₃)₃-H₂O 体系		Sm(NO₃)₃-H₂O 体系	
温度/℃	溶解度（无水盐，质量分数）/%	温度/℃	溶解度（无水盐，质量分数）/%	温度/℃	溶解度（无水盐，质量分数）/%
5.3	55.3	8.3	58.8	13.6	56.4
15.8	57.9	21.3	61.0	30.3	60.2
27.7	61.0	31.9	63.2	41.1	63.4
36.3	62.6	42.5	65.9	63.8	71.4
48.6	65.3	51.3	69.9	71.2	75.0
55.4	67.6	64.7	72.2	82.8	76.8
69.9	73.4	76.4	76.1	86.9	83.4
79.9	76.6	92.8	84.0	135.0	86.3
98.4	78.8	127.0	85.0		

稀土硝酸盐易溶于极性溶剂中，如无水胺、乙醇、丙酮、乙醚及乙腈等，并可用磷酸三丁基酯（TBP）等萃取剂对其进行萃取。

在热分解时，稀土硝酸盐放出氧和氧化氮，并最终转化成氧化物，稀土硝酸盐转变为氧化物的最低温度如表 1.12 所示。

表 1.12　稀土硝酸盐转变为氧化物的最低温度

硝酸盐	氧化物	温度/℃	硝酸盐	氧化物	温度/℃
Sc	Sc_2O_3	5810	Pr	Pr_6O_{11}	505
Y	Y_2O_3	480	Nd	Nd_2O_3	830
La	La_2O_3	780	Sm	Sm_2O_3	750
Ce	CeO_2	450			

稀土硝酸盐与碱金属（一价阳离子或 NH_4^+）或碱土金属（二价阳离子）硝酸盐可以形成复盐，如 $La(NO_3)_3 \cdot 2NH_4NO_3$、$Y(NO_3)_3 \cdot 2NH_4NO_3$、$Ce(NO_3)_3 \cdot 2KNO_3 \cdot 2H_2O$、$La(NO_3)_3 \cdot 3Mg(NO_3)_2 \cdot 24H_2O$ 等。

这些复盐的溶解度差异比简单的硝酸盐大得多，因此，在以前，人们使用复盐的分级结晶方法，把单一的稀土元素分离开来。20℃时 $Ln(NO_3)_3 \cdot 2NH_4NO_3 \cdot 4H_2O$ 的相对溶解度为 La：1.0；Ce：1.5；Pr：1.7；Nd：2.2；Sm：4.6。在硝酸介质中，镁复盐的相对溶解度 La：1.0；Ce：1.2；Pr：1.2；Nd：1.5；Sm：3.8；锰复盐的相对溶解度 La：1.0；Ce：1.2；Nd：1.5；Sm：2.5。通常，二价金属离子（其离子半径大约为 0.08 nm）可以与稀土硝酸盐形成复盐。复盐的溶解度随二价离子半径的增加而增加，如锰复盐（$Mn^{2+}=0.091$ nm）的溶解度约为相应镁复盐（$Mg^{2+}=0.078$ nm）的 3 倍。

5）稀土元素的碳酸盐

将略过量的碳酸盐添加到可溶稀土盐的稀溶液中，就可以得到稀土碳酸盐沉淀。

$$2RE^{3+} + \begin{cases} NaHCO_3 \\ (NH_4)_2CO_3 \longrightarrow RE_2(CO_3)_3 \cdot nH_2O \downarrow \\ NH_4HCO_3 \end{cases}$$

如果向碳酸盐中添加钾盐或钠盐，就会形成碱式盐 $RE(OH)CO_3 \cdot nH_2O$ 与其他正碳酸盐的混合物结晶体。

稀土水合碳酸盐均属斜方晶系。它们能和大多数酸反应，在水中的溶解度在 $10^{-7} \sim 10^{-5}$ 范围内，如表 1.13 所示。

当温度为 900℃时，稀土碳酸盐会分解为氧化物。在热分解过程中，存在着中间的碱式盐 $RE_2CO_3 \cdot 2CO_2 \cdot 2H_2O$、$RE_2CO_3 \cdot 2.5CO_2 \cdot 3.5H_2O$。随着原子序数的增大，分解温度下降。稀土碳酸盐可与碱金属碳酸盐反应生成稀土碳酸复盐。

表 1.13 碳酸盐在水中的溶解度

碳酸盐	溶解度(25℃)/(mol/L)	碳酸盐	溶解度(25℃)/(mol/L)
$La_2(CO_3)_3$	2.87×10^{-7}	$Gd_2(CO_3)_3$	7.4×10^{-6}
	1.02×10^{-6}	$Dy_2(CO_3)_3$	6.0×10^{-6}
$Ce_2(CO_3)_3$	$(0.7 \sim 1.0) \times 10^{-6}$	$Y_2(CO_3)_3$	1.54×10^{-6}
$Pr_2(CO_3)_3$	1.99×10^{-6}		2.52×10^{-6}
$Nd_2(CO_3)_3$	3.46×10^{-6}	$Er_2(CO_3)_3$	2.10×10^{-6}
$Sm_2(CO_3)_3$	1.89×10^{-6}	$Yb_2(CO_3)_3$	5.0×10^{-6}
$Eu_2(CO_3)_3$	1.94×10^{-6}		

6）稀土元素的草酸盐

采用均相沉淀法可制备稀土草酸盐，即将稀土中性溶液与草酸甲酯在回流条件下进行水解，沉淀出草酸盐，也可以用草酸、草酸铵作为沉淀剂。当稀土盐溶液呈强酸性时(<1 mol)，草酸沉淀稀土不完全，应用氨水调节 pH 为 2，可使稀土沉淀完全。轻稀土与钇形成正草酸盐，而重稀土则生成正草酸盐和草酸铵复盐 $NH_4RE(C_2O_4)_2$ 沉淀。

轻稀土草酸盐和草酸钇结晶为十水合物，而重稀土草酸盐含结晶水较少。稀土草酸盐的晶体结构如表 1.14 所示，它们属于单斜或三斜晶系。

表 1.14 稀土草酸盐和草酸复盐的晶格常数

草酸盐	晶系	晶格常数					
		$a/10^2$ pm	$b/10^2$ pm	$c/10^2$ pm	$\alpha/(°)$	$\beta/(°)$	$\gamma/(°)$
$Sc_2(C_2O_4)_3 \cdot 6H_2O$	三斜	9.317	8.468	9.489	93.04	106.50	86.27
$Y_2(C_2O_4)_3 \cdot 10H_2O$	单斜	11.09	9.57	9.61		118.4	
$La_2(C_2O_4)_3 \cdot 10H_2O$	单斜	11.81	9.61	10.47		119.0	
$Ce_2(C_2O_4)_3 \cdot 10H_2O$	单斜	11.780	9.625	10.401		119.01	
$Pr_2(C_2O_4)_3 \cdot 10H_2O$	单斜	11.254	9.633	10.331		114.52	
$Nd_2(C_2O_4)_3 \cdot 10H_2O$	单斜	11.678	9.652	10.277		118.92	
$Pm_2(C_2O_4)_3 \cdot 10H_2O$	单斜	11.57	9.61	10.27		118.8	
$Sm_2(C_2O_4)_3 \cdot 10H_2O$	单斜	11.577	9.643	10.169		118.87	
$Eu_2(C_2O_4)_3 \cdot 10H_2O$	单斜	11.089	9.635	10.120		114.25	
$Gd_2(C_2O_4)_3 \cdot 10H_2O$	单斜	11.516	9.631	10.08		118.82	
$Tb_2(C_2O_4)_3 \cdot 10H_2O$	单斜	10.997	9.611	10.020		114.11	
$Dy_2(C_2O_4)_3 \cdot 10H_2O$	单斜	11.433	9.615	9.988		118.76	

草酸盐	晶系	晶格常数					
		$a/10^2$ pm	$b/10^2$ pm	$c/10^2$ pm	$\alpha/(°)$	$\beta/(°)$	$\gamma/(°)$
$Ho_2(C_2O_4)_3 \cdot 10H_2O$	单斜	11.393	9.906	9.955		118.75	
$Er_2(C_2O_4)_3 \cdot 10H_2O$	单斜	11.359	9.616	9.940		118.72	
$Er_2(C_2O_4)_3 \cdot 6H_2O$	三斜	9.644	8.457	9.836	93.54	105.99	85.05
$Tm_2(C_2O_4)_3 \cdot 6H_2O$	三斜	9.620	8.458	9.808	93.44	106.12	85.13
$Yb_2(C_2O_4)_3 \cdot 6H_2O$	三斜	9.611	8.457	9.778	93.33	106.24	85.29
$Lu_2(C_2O_4)_3 \cdot 6H_2O$	三斜	9.597	8.455	9.578	93.42	106.27	85.41

所有稀土草酸盐在水中的溶解度都很小，而轻稀土可以定量地以草酸盐的形式从溶液中沉淀出来。一些稀土草酸盐的溶解度如表 1.15 所示。在一定酸度条件下，随着稀土原子序数的增加，草酸盐的溶解度增大；在碱性金属草酸盐溶液中，轻稀土和重稀土的溶解度存在着显著的差异。在此过程中，随着草酸根的配合物的形成，重稀土草酸盐的溶解度显著升高。如需溶解草酸盐，可以将草酸盐和碱性溶液煮沸，使它转化为氢氧化物沉淀，再将其溶于酸中。

表 1.15　稀土草酸盐在水中的溶解度

$RE_2(C_2O_4)_3 \cdot 10H_2O$	溶解度（无水盐）/(g/L)	$RE_2(C_2O_4)_3 \cdot 10H_2O$	溶解度（无水盐）/(g/L)
La	0.62	Yb	0.69
Ce	0.41	Gd	0.55
Pr	0.74	Sm	3.34
Nd	0.74		

在热分解过程中，稀土草酸盐会生成碱式碳酸盐和氧化物，在 800～900℃之间，会完全转化为氧化物。由于稀土氧化物在较高温度时很容易与含有硅石的容器壁发生反应而形成硅酸盐，因此灼烧稀土草酸盐必须在铂皿中进行。

7）稀土原色的磷酸盐及多磷酸盐

在 pH=4.5 的稀土溶液中加入磷酸钠可得到稀土磷酸盐沉淀。稀土磷酸盐的组成为 $REPO_4$ 或 $REPO_4 \cdot nH_2O$(n=0.5～4)。La～Gd 的 $REPO_4$ 属于单斜晶系，其中 $LaPO_4$、$CePO_4$ 和 $NdPO_4$ 各有两种晶态，另一晶态为六方晶系。Tb～Lu 和 Y 的水合磷酸盐属于四方晶系，La～Dy 的水合磷酸盐属于六方晶系，Ho～Lu 的水合磷酸盐属于四方晶系。稀土磷酸盐在水中溶解度较小，$LaPO_4$ 的溶解度为 0.017 g/L、$GdPO_4$ 为 0.0029 g/L、$LuPO_4$ 为 0.013 g/L。用类似于磷酸盐的制备方法，也可得到焦磷酸盐。焦磷酸盐的组成为 $RE_4(P_2O_7)_3$。它们在水中的溶解度为 10^{-3}～10^{-2} g/L，如表 1.16 所示。稀土磷酸盐可被加热的浓硫酸分解，当用碱中和含有磷酸根的硫酸溶液时，在 pH=2.3 时，可析出酸式稀土磷酸盐 $RE_2(HPO_4)_3$，而磷酸钍则在 pH=1 时便析出，据此可实现稀土与钍的初步分离。

$$RE^{3+} + PO_4^{3-} \longrightarrow REPO_4 \cdot nH_2O \downarrow (n = 0.5 \sim 4)$$

$$4RE^{3+} + 3P_2O_7^{4-} \longrightarrow RE_4(P_2O_7)_3 \downarrow (n = 0.5 \sim 4)$$

表 1.16　稀土焦磷酸盐在水中的溶解度（25℃）

盐的组成	饱和溶液的 pH	溶解度/(g/L)	盐的组成	饱和溶液的 pH	溶解度/(g/L)
$La_4(P_2O_7)_3$	6.50	1.2×10^{-2}	$Gd_4(P_2O_7)_3$	7.00	9.0×10^{-3}
$Ce_4(P_2O_7)_3$	6.80	1.1×10^{-2}	$Dy_4(P_2O_7)_3$	6.93	9.4×10^{-3}
$Pr_4(P_2O_7)_3$	6.87	1.05×10^{-2}	$Er_4(P_2O_7)_3$	6.90	9.9×10^{-3}
$Nd_4(P_2O_7)_3$	6.95	9.8×10^{-3}	$Lu_4(P_2O_7)_3$	6.80	1.15×10^{-3}
$Sm_4(P_2O_7)_3$	6.95	9.5×10^{-3}	$Y_4(P_2O_7)_3$	7.00	7.0×10^{-3}

8）稀土元素的卤素过氧酸盐

稀土氧化物、稀土氢氧化物，以及稀土草酸盐都可以与高氯酸水溶液（浓度比为 1∶1）进行反应，生成水合高氯酸盐。其主要成分为 $RE(ClO_4)_3 \cdot nH_2O$，其中 n=8（RE=La、Ce、Pr、Nd、Y）和 n=9（RE=Sm、Gd）。水合高氯酸盐在水中溶解度高，在空气中容易吸收水分。在 250～300℃的条件下，高氯酸盐在高温下发生逐级脱水，生成 REOCl，再升高温度时则生成对应的氧化物。$Ce(ClO_3)_3$ 分解生成 CeO_2。

利用溴酸钡与硫酸稀土之间的复分解反应可以制得稀土元素的溴酸盐：

$$RE_2(SO_4)_3 + 3Ba(BrO_3)_2 \longrightarrow 2RE(BrO_3)_3 + 3BaSO_4$$

$$RE(ClO_4)_3 + 3KBrO_3 \longrightarrow RE(BrO_3)_3 + 3KClO_4$$

溴酸盐的结晶水通常为九水合物，在水中溶解度较大且温度系数为正值，早期曾用稀土溴酸盐的分级结晶来分离单个稀土元素（特别是重稀土）。

碘酸盐在水中微溶，在酸性溶液中溶解度较好，但在 4～5 mol/L 的酸性溶液中，$Ce(IO_3)_4$ 同样不能溶解。在受热分解时，稀土碘酸盐分解为对应的氧化物。

1.2　稀土矿物与资源

1.2.1　稀土资源分布

地壳中的稀土元素丰度如表 1.17 所示。17 个稀土元素的克拉克值达到

0.0236%，其中铈组元素为 0.01592%、钇组元素为 0.0077%，比铜(0.01%)、锌(0.005%)、锡(0004%)、铅(00016%)、镍(0008%)、钴(0003%）等都高。稀土元素中含量最少的是钷，其次是铥、镥、铽、钬、铒、铕、镱等，但其含量也比铋、银、汞、金等的高。

表 1.17 稀土元素在地壳中的丰度

原子序数	元素名称	元素符号	丰度/ppm	原子序数	元素名称	元素符号	丰度/ppm
21	钪	Sc	25	64	钆	Gd	6.1
39	钇	Y	31	65	铽	Tb	1.2
57	镧	La	35	66	镝	Dy	4.5
58	铈	Ce	66	67	钬	Ho	1.3
59	镨	Pr	9.4	68	铒	Er	1.3
60	钕	Nd	40	69	铥	Tm	0.5
61	钷	Pm	0.45	70	镱	Yb	3.1
62	钐	Sm	7.06	71	镥	Lu	0.8
63	铕	Eu	2.1				

1. 稀土元素在地壳中的分布及赋存状态

地壳上的稀土元素分布比较分散，独立矿床数量很少；铈组的稀土含量高于钇组稀土并且稀土元素的分布也很不均匀，由镧至镥呈现波浪式递减的规律，通常原子序数为偶数的元素含量高于邻近两个原子序数为奇数元素的含量。

在自然界中，稀土主要富集在花岗岩、碱性岩、碱性超基性岩及与它们有关的矿床中。稀土元素在矿物中的赋存状态，按矿物晶体化学分析主要有三种。

（1）稀土元素掺加矿物的晶格，构成矿物必不可少的组成部分。这类矿物通常称之为稀土矿物。独居石、氟碳铈矿都属于此类。

（2）稀土元素以类质同象置换矿物中 Ca、Sr、Ba、Mn、Zr 等元素的形式分散在矿物中。这类矿物在自然界中较多，但是大多数矿物中的稀土含量较低。含稀土的萤石、磷灰石均属于此类。

（3）稀土元素呈离子吸附状态赋存于某些矿物的表面或颗粒之间。这类矿物属于风化壳淋积型矿物，稀土离子吸附于哪种矿物与该种矿物风化前所含矿母岩有关。例如，风化前的岩石由云母和氟碳铈矿组成，风化后，稀土离子则吸附在云母矿表面上。目前已发现这类矿物中的稀土元素大多数是以离子状态吸附在高岭石和云母表面上，只有少量的稀土元素仍以未风化前的稀土矿物存在。

2. 稀土矿床的分布及稀土储量

稀土内生矿床主要产于碱性岩-碳酸岩中,集中分布在中国的白云鄂博、美国的芒廷帕斯(Mountain Pass)及澳大利亚的韦尔德山(Weld Mountain)几个矿床内。1990 年统计数据显示,这三个矿山的稀土储量占世界总储量的 90%以上。

稀土的外生矿床主要是海滨砂矿,在非洲东海岸、印度东西海岸、中国东南沿海、马来半岛、印度尼西亚、澳大利亚东西海岸及巴西海岸带都有分布。印度与澳大利亚的东部和西部沿海拥有全球最大的独居石储备与产出。在 1950 年之前,印度最大的海滨砂矿——西海岸的特拉凡科尔(Telafainkor)拥有全球 40%的独居石产量,而现在,它已经被位于澳大利亚西海岸的伊尼亚巴矿取代。全球百万吨级(以 REO 计)以上稀土矿床的概况如表 1.18 所示。

表 1.18 全球百万吨级以上稀土矿床概况

国别	矿床名称	矿床类型	主要稀土矿物	REO/%	资源量/Mt	备注
澳大利亚	韦尔德山	碳酸盐风化壳	独居石	9.4	7.4	岩体直径 4 km,富矿体面积 1 km²,矿体厚 40~90 m
			水磷铝铅矿族	4.5	39.0	
			水磷钇矿	0.3	6.4	
	奥林匹克坝	钾交代体	独居石,氟碳铈矿	0.5~0.9	4.0~9.0	矿石 20 亿吨,含 CuI 6%,U_3O_8 0.064%,Au 6 g
俄罗斯	托姆托尔	磷酸盐风化壳	独居石	10.78	3.23	富矿体面积~1 km²,平均厚度 12~14 m,一般矿体面积 2~3 km²,厚度约 100 m
			烧绿石	2~4	8.0~12.0	
			纤磷钡铅石英	1~2	12.60	
	希宾	磷霞岩	磷灰石	0.5~2	9.0~20.0	磷矿石 20 亿~40 亿吨,精矿含 REO 0.8%~1.0%
	洛沃泽尔	异性霞石正长岩	异性石钛铌钙铈矿		>4.0	ZnO_2 储量 5000 亿吨,异性石含 REO 2.3%
			氟钙钠钇石			
	卡图加	碱性花岗岩	氟碳铈矿	1.0	>2.0	LREE/HREE=1,共生 Nb、Ti、Zr、Hf 等
	卡拉苏	碳酸岩、铁矿、正长岩		0.5~7.0	1.0~2.0	若干碳酸岩透镜体与铁矿共生
巴西	阿腊夏	碳酸盐风化壳	水磷铝锡矿族	1~2	8.0	Nb_2O_5=2.48%,储量 1146 万吨
			独居石	10.5	0.055	
	赛斯拉古什	碳酸盐风化壳	水磷铝锡矿族	1~2	50~90	三个岩体直径分别为 5.5 km、0.75 km、0.5 km,Nb_2O_5=2.85%,资源量 8100 万吨
			独居石			
加拿大	圣雷诺雷	碳酸岩	独居石、氟碳铈矿	1.5~4.5	5.0~20.0	稀土矿带长 1200 m,宽 800 m

续表

国别	矿床名称	矿床类型	主要稀土矿物	REO/%	资源量/Mt	备注
美国	芒廷帕斯	碳酸岩	氟碳铈矿	7.0	5.0	局部品位达 40%
越南	茂塞	碳酸岩	氟碳铈矿	3~5	3.0~9.0	矿化带长 7 km，宽 1 km
印度	西海岸	滨海砂矿	独居石		2.4~15.0	特拉瓦歌尔砂矿钛铁矿储量 1 亿吨，独居石占 12%，约 1500 万吨

　　中国白云鄂博铁、铌、稀土矿床，四川牦牛坪氟碳铈矿矿床和南方风化壳淋积型稀土矿床；澳大利亚东海岸和西海岸的独居石砂矿床，韦尔德山碳酸岩风化壳稀土矿床；美国芒廷帕斯碳酸岩氟碳铈矿矿床；巴西阿腊夏和赛斯拉古什碳酸岩风化壳稀土矿床；俄罗斯希宾磷霞岩、托姆托尔碳酸岩风化壳稀土矿床；越南茂塞碳酸岩稀土矿床等，储量均在百万吨到千万吨不等，多的甚至过亿吨，是全球稀土资源的主要来源。

　　虽然稀土的绝对量很大，但就目前为止能真正成为可开采的稀土矿并不多，而且在世界上分布也极不均匀。根据美国地质调查局（USGS）公布数据显示，从全球储量来看，2021 年全球稀土资源总储量约为 1.2 亿吨，中国储量为 4400 万吨，越南为 2200 万吨，巴西为 2100 万吨，俄罗斯为 2100 万吨，四国总计占全球储量的 86%；从全球产量来看，2021 年全球稀土产量为 28 万吨，其中，中国产量为 16.8 万吨，占全球总产量的 60%。其余国家中，美国 2021 年稀土产量为 4.3 万吨，缅甸产量为 2.6 万吨，澳大利亚产量为 2.2 万吨，上述四国占 2021 年全球稀土产量的 92.50%。由此可见，全球稀土资源的集中度较高，中国产量、储量均为全球第一。

　　我国从 20 世纪 50 年代开始稀土资源的勘查与开发，到 80 年代末期发现了一批大型稀土矿床。据统计，到 2000 年末，我国已探明稀土资源达到 10000 万吨以上，预计其储量将超过 21000 万吨，显示出我国稀土资源量的巨大潜力。西部地区是我国轻稀土的重要分布区域，单内蒙古白云鄂博矿区就发现了 1000 万吨左右的稀土资源，并预计其储量将在 13500 万吨以上；四川凉山州地区的稀土资源储量为 250 万吨左右，远景储量在 500 万吨左右；山东微山湖地区的稀土资源储量已达 400 万吨。我国南方七省区（江西、广东、广西、湖南、云南、福建、浙江），中重稀土资源分布最为集中，已发现稀土资源量 840 万吨，远景储量 5000 万吨。我国已探明稀土工业储量如表 1.19 所示。

　　同世界各国的稀土资源相比较，我国的稀土资源具有如下特点：

　　◇储量大。我国的稀土工业储量占现已探明世界储量的 41.36%。

　　◇分布广。我国稀土资源及成矿地区在地理上呈现出面广、相对集中的特征。内生矿床主要分布在内蒙古白云鄂博地区、四川牦牛坪地区、湖北庙垭地区、山东的微山地区。华南地区是外生矿床的主要分布地。海南岛东部沿海及台湾西部沿海地区是中国海滨砂矿的主要产地。由于稀土常常被当作其他矿物的副产物加以回收，因此这些矿床没有作为产地登记，无论在中国还是国外，拥有的稀土矿床或矿产地的数量远远超过目前掌握的数量。我国主要稀土矿物分布如表 1.20 所示。

表 1.19　我国已探明稀土工业储量（REO*）

地区	工业储量/万 t	比例/%
内蒙古白云鄂博	4350	83.6
山东微山	400	7.70
四川凉山	150	2.90
南方七省区	150	2.90
其他	150	2.90
总计	5200	100

* 因为资料来源不同，某些数据并不一致。

表 1.20　我国主要稀土矿物分布表

分布地区		主要稀土矿床类型
华北地区	内蒙古自治区	沉积变质-氟、钠交代型铌-稀土-铁矿床，硅钛铈矿稀土及含有稀土稀有元素的伟晶岩矿床
西北地区	甘肃省	含铌、稀土碳酸盐型矿床
	陕西省	含铌、稀土、铀脉状矿床和含磷稀土矿床
	青海省	含磷稀土块状矿床
华东地区	江西省	含稀土花岗岩风化壳型矿床，含稀土花岗岩风化壳及稀土离子吸附型矿床
	福建省	含稀土花岗岩风化壳型矿床
	山东省	含氟碳铈矿重晶石碳酸盐脉状矿床
	台湾省	独居石海滨砂矿床
中南地区	广东省	稀土砂矿床，混合型稀土矿床，含稀土花岗岩风化壳及离子吸附型矿床
	广西壮族自治区	稀土砂矿床，混合型稀土矿床，含稀土花岗岩风化壳及离子吸附型矿床
	湖南省	稀土砂矿床，含稀土花岗岩风化壳型矿床
	湖北省	含铌、稀土正长岩、碳酸盐矿床，重稀土矿床及稀土砂矿床
	河南省	含稀土脉状矿床，含稀土碱性花岗岩矿床
西南地区	四川省	含稀土伟晶岩矿床，含稀土碱性花岗岩矿床，含稀土脉状矿床
	云南省	含稀土磷块状岩矿床，稀土砂矿床
	贵州省	含稀土磷块状岩矿床，铝土矿床
东北地区	辽宁省	含稀有元素、稀土碱性岩矿床，独居石、磷钇矿冲积砂矿床
	吉林省	含稀土伟晶岩矿床，独居石砂矿床，含稀土沉积铁矿床

◇矿种全。在我国具有工业意义的稀土各种矿种都有发现，而且颇具规模，并得到开发利用。

◇高价值稀土元素含量高。内蒙古白云鄂博地区的稀土矿物在组成上表现为富铈贫钇，高富集钕、镨、铕等特点。高价值的稀土元素钕、镨和铕的含量都比美国芒廷帕斯氟碳铈矿的含量高。其中，华南地区的风化壳淋积型稀土矿具有重稀土含量高、种类全、易开采的特点，此外，寻乌淋积型稀土矿中钐、铕、钇和镱的含量分别比美国芒廷帕斯氟碳铈矿中的含量高 10 倍、5 倍、12 倍、20 倍，具有非常高的经济效益。表 1.21 和表 1.22 分别列出我国生产的几种稀土精矿的主要化学成分和国内外主要稀土矿的稀土配分。

表 1.21　我国生产的几种稀土精矿的主要化学成分（%）

精矿名称 （产地）	REO	TFe (Fe_2O_3)	P (P_2O_5)	CaO	BaO	SiO_2	ThO_2	U_3O_8	其他元素
氟碳铈矿 （四川）	60.12	(0.61)		0.46	11.45		0.230		F 6.57
混合型矿 （内蒙古）	50.40	3.70	3.50	5.55	7.58	0.56	0.219		F 5.90
独居石 （中南）	60.30	(1.80)	(31.5)			1.46	4.70	0.22	
磷钇矿 （南方）	55.0	0.5	(26～30) (5～8)	1.0		3.0	1～2		
含钨磷钇矿 （南方）	10～20		2.10		1.0		3～10	0.5～1	WO_3 15～25
褐钇铌矿 （广西）	24.27		1.96			5.20	10.5	2.47	$(NbTa)_2O_5$ 20.05
褐钇铌矿 （湖南）	20.82		1.33			4.43	5.60	2.24	$(NbTa)_2O_5$ 26.99
褐钇铌矿 （广东）	30.66					2.56	5.00	2.19	$(NbTa)_2O_5$ 26.09

中国既是全球稀土资源大国，又在资源质量、品种、供应等诸多方面具备显著的优势，是中国稀土产业可持续发展的根本资源保障，同时也为中国稀土在国际市场上立于主导地位创造了条件，为新时代新材料和新技术革命的到来奠定坚实的物质基础。事实表明，我国在稀土资源勘探方面取得了重大突破，发现和成矿理论上的创新已居世界先进水平。

表 1.22　国内外主要稀土矿的典型稀土配分

| 稀土组分 | 中国 | | | | | 美国 | 俄罗斯 | 澳大利亚 | 马来西亚 |
| | 混合矿 (包头) | 氟碳铈矿 (四川) | 吸附型离子矿 | | | 氟碳铈矿 | 铈铌钙 钛矿 | 独居石 | 磷钇矿 |
			A 型	B 型	C 型				
La_2O_3	25.00	29.81	38.00	27.56	2.18	32.00	25.00	23.90	1.26
CeO_2	50.07	51.11	3.50	3.23	<1.09	49.00	50.00	46.30	3.17
Pr_6O_{11}	5.10	4.26	7.41	5.62	1.08	4.40	5.00	5.05	0.50
Nd_2O_3	16.60	12.78	30.18	17.55	3.47	13.50	15.00	17.38	1.61
Sm_2O_3	1.20	1.09	5.32	4.54	2.37	0.50	0.70	2.53	16.61
Eu_2O_3	0.18	0.17	0.51	0.93	<0.37	0.10	0.09	0.05	0.01
Gd_2O_3	0.70	0.45	4.21	5.96	5.69	0.30	0.60	1.49	3.52
Tb_4O_7	<0.1	0.05	0.46	0.68	1.13	0.01	—	0.04	0.92
Dy_2O_3	<0.1	0.06	1.77	3.71	7.48	0.03	0.60	0.69	8.44
Ho_2O_3	<0.1	<0.05	0.27						
Er_2O_3	<0.1	0.034	0.88	2.48	4.26	0.01	0.80	0.21	6.52
Tm_2O_3	<0.1	—	0.13	0.27	0.60	0.02	0.10	0.01	1.14
Yb_2O_3	<0.1	0.018	0.62	1.13	3.34	0.01	0.20	0.12	6.87
Lu_2O_3	<0.1	—	0.13	0.21	0.47	0.01	0.15	0.04	1.00
Y_2O_3	0.43	0.23	10.07	24.26	64.97	0.10	1.30	2.41	61.87

3. 我国稀土矿床的类型

目前我国稀土矿床的主要工业类型为变质矿床的沉积变质-热液交代型铌-稀土-铁矿床、次生矿床的各类风化壳矿床和砂矿。铌-稀土-铁矿床和砂矿为轻稀土元素的主要原料，各类风化壳矿床为重、中稀土的原料。

1) 沉积变质-热液交代型矿床

内蒙古地区分布着沉积变质-热液交代型铌-稀土-铁矿床。该矿床中的绝大部分稀土元素呈独立稀土矿物存在，只有 10% 左右的稀土分布在铁、铌矿物及其他脉石矿物中。共发现 18 种稀土矿物及 10 多种含少量稀土的矿物。其中，氟碳铈矿和独居石是最主要的矿物，占稀土总量的 90% 以上，主要与萤石、白云石、重晶石、钠辉石、钠闪石、赤铁矿、磁铁矿、磷灰石等矿物伴生。易解石在工业上也有重要的应用价值。

该矿床还含有一定量的钪，各类矿石中 Sc_2O_3 的含量为 0.006%～0.016%，其中以钠闪石型铁矿中的钪含量最高，主要分散于稀土和铌矿物中，其中独居石、氟碳铈矿、易解石中的钪含量分别为 0.024%、0.047%、0.023%。

2）风化壳稀土矿床

风化壳稀土矿床广泛分布于我国南岭、福建和四川一带花岗岩型、混合岩型稀土矿床及含稀土元素的火山岩发育区。

风化壳型稀土矿床具有明显的分层结构，由上至下可划分为表土层、全风化层、半风化层及基岩。风化壳型稀土矿床按稀土元素的赋存状态又将其划分为矿物型风化壳稀土矿床和离子吸附型风化壳稀土矿床两种类型。

a. 矿物型风化壳稀土矿床

矿物型风化壳稀土矿床中稀土元素主要赋存于独立的稀土矿物中，少数以离子吸附形式赋存于黏土矿物中。其中部分工业用稀土矿物是以褐钇铌矿为主，也有些是以磷钇矿、独居石为主。这类矿物具有易于开采和分选的特征。

b. 离子吸附型风化壳稀土矿床

该类矿床中约 75%～95%的稀土元素以离子吸附状态赋存于高岭土和云母中（二者的比例为 20∶1），其余约10%的稀土元素则以矿物相（氟碳铈矿、独居石、磷钇矿等）、类质同象（云母、长石、萤石等）和固体分散相（石英等）的形式存在（其比例为 6∶3∶1）。

离子吸附型风化壳稀土矿中的稀土氧化物含量一般为 0.1%左右，也有高达0.3%以上者。离子吸附型稀土矿的矿物组成如表 1.23 所示。

表 1.23　离子吸附型稀土矿的矿物组成

矿物	含量/%	稀土元素赋存状态
石英	40～50	含固体分散相的微量稀土
高岭石类	30～40	离子相稀土的主要载体，少量稀土呈类质同象存在
长石类	10～15	含少量类质同象稀土
云母	3～5	含离子相稀土和少量类质同象稀土
独立稀土矿物	少量	离子相稀土的主要载体，少量稀土呈类质同象存在

根据离子吸附型风化壳稀土矿中的稀土的配分值，可将其划分为富钇重稀土型、中钇重稀土型、富铕中钇轻稀土型、富镧-钕富铈低钇轻稀土型、中钇低铕轻稀土型、富铈轻稀土型和无选择配分型七种类型。其中，前四种类型是最重要的。

3）砂矿床

砂矿包括独居石-褐钇铌矿残坡积砂矿、冲积砂矿和海滨砂矿三类。

残坡积砂矿具有类似于风化壳矿床的特征，但其在工业上的应用价值很低。冲积砂矿分为河相冲积砂矿和湖相冲积砂矿两类，后者在工业上具有重要的地位。独居石（磷钇矿）是这一砂矿的主要类型。海滨砂矿可划分为两种类型，一种是海成砂矿，另一种是海陆混合成因砂矿，前者是主要的类型。

1.2.2　稀土矿物分类与特征

稀土矿物可以划分为稀土元素的独立矿物和副矿物。所谓的独立矿物，是指以稀土元素为主要成分或基本成分，且在矿物的化学组成中，稀土含量几乎没有改变的矿物，例如独居石。所谓副矿物，是指某些非稀土元素的矿物，因类质同象置换而使其稀土含量超过 5%，例如楣石就是其中之一，有些还具有工业应用价值。

而在某些造岩矿物中，稀土元素往往以痕量掺杂的形式存在，形成种类繁多且复杂的含稀土极少的矿物，如磷灰石，由于其稀土含量极低，通常未被纳入稀土矿物的行列，但又是苏联最主要的稀土开采来源。与此类似，产于美国墨西哥州的异性石、加拿大伊利奥特湖等地的铀矿物，通常也未被视为稀土工业矿物，然而，从异性石中提取锆，从铀矿中提取铀后，其他稀土元素会在副产物中被富集，从而更易提炼出稀土产品，因而这两种矿物也是提取稀土的重要原料。因此，判断一种稀土矿物有无工业意义，必须从其直接回收价值与综合利用两个方面入手来确定。

目前，世界上已发现的稀土矿物有 169 种。若将含有稀土元素的矿物计算在内，则至少在 250 种以上。具有工业意义的独立或复合的稀土矿物只有 50 余种，但真正被冶金工业所利用的稀土矿物只有 10 余种。一些重要的稀土矿物及性质见表 1.24。

表 1.24　主要稀土矿物及其一般性质

矿物名称	分子式	大致成分含量/%	晶型	颜色	相对密度
独居石	$REPO_4$	铈元素为主，其中 $REO\approx$ $50\sim68$ $CeO_2/REO\approx45\sim52$ $ThO_2\approx50\sim68$ $U_3O_8\approx0.1\sim0.3$ $P_2O_5\approx22\sim31$	单斜晶系	黄褐、黄绿、红褐	$4.8\sim5.2$
氟碳铈矿	$REFCO_3$ 或 $REF_3\cdot RE_2(CO_3)_3$	$REO\approx74$ $CeO_2/REO\approx45\sim52$ $ThO_2\approx0.13\sim0.17$ $F\approx10\sim12$	三方晶系	红褐、浅绿	$4.7\sim5.1$
氟碳铈钙矿	$(Ce,La)_2Ca(CO_3)_3F_2$	$REO\approx53\sim62$ $CeO_2/REO\approx50$ $F\approx6\sim7$ Th、U 微量	三方晶系	红褐、浅绿	$4.2\sim4.5$

续表

矿物名称	分子式	大致成分含量/%	晶型	颜色	相对密度
磷钇矿	YPO₄	REO≈60 P₂O₅≈32 Y₂O₃/REO≈52~62 ThO₂≈0.2 UO₂≈5	四方晶系	浅黄、棕色、浅黄绿	4.4~4.8
硅铍钇矿	Y₂FeBe₂Si₂O₁₀	REO≈50 Y≈40 BeO≈9~10 SiO₂≈23~25 FeO≈10~14 ThO₂≈0.3~0.4	单斜晶系	黑、褐绿	4.0~4.6
褐钇铌矿	(Y,U,Th)·(Nb,Ta,Ti)O₄	REO≈31~42 Y₂O₃/REO≈52~62 ThO₂≈0~4.85 UO₂≈4.0~8.2 Nb₂O₅≈2~50 Ta₂O₅≈0~55 TiO₂≈0~6	四方晶系	黑、褐	4.9~5.8
黑稀金矿	(Nb,Ta,Ti)₂·(Y,U,Th)O₆	REO≈31~42 Y₂O₃/REO≈25~33 ThO₂≈2.4 UO₂≈11.7 Ta₂O₅≈3.7 TiO₂≈23 Nb₂O₅≈26.7	四方晶系	黑、褐	4.9~5.8
风化壳淋积离子吸附型矿	[Al₂Si₂O₅(OH)₄]ₘ·REO	REO≈0.056~0.224 重稀土型: Y₂O₃/REO≥40; 轻稀土型以La、Nd为主; 中钇富铕型: Y₂O₃/REO≈20~30 Eu₂O₃/REO≈0.8~1.0 SiO₂≈64~75 Al₂O₃≈13~17			

主要有氟化物(如钇萤石、氟铈矿等)、碳酸盐及氟碳酸盐(如氟碳铈矿等)、磷酸盐(如独居石、磷钇矿等)、氧化物(如褐钇铌矿、易解石、黑稀金矿等)和

硅酸盐（如硅铍钇矿、钪钇石等）。在诸多矿物中，工业上利用最多的是氟碳铈矿、独居石、磷钇矿、褐钇铌矿等。

1. 稀土矿物的分类

从稀土元素在矿物中的化学组成、配分、晶体结构及晶体化学特征等方面，对稀土矿物进行了分类。根据其化学组成，将其划分为 12 类；根据稀土元素的配分，可以将其分成两类。

1）按矿物的化学组成分类

按矿物的化学组成，并参考其晶体结构和晶体化学特征，可将稀土矿物划分为 12 类，其中复酸盐类矿物又可分为六个不同的亚类，具体分类如下：

◇氟化物类：其结构特征是只有一个阴、阳离子，而没有阴离子基团，如钇萤石、氟铈矿、氟钙钠钇石等。

◇简单氧化物类：这类矿物是由单一的阴离子和阳离子构成的，其中的阴离子是氧，而没有阴离子基团，如方铈石等。

◇复杂氧化物类：其结构特点是具有大阳离子、中等大小的及小阳离子的复杂堆积，如钙钛矿族中的铈铌钙钛矿和锶铁钛矿族中的镧铀钛铁矿、钛钡铬石及兰道矿等。

◇钽铌酸盐和偏钛钽铌酸盐类：它们是含有八面体的阴离子基团，如褐钇铌矿族、易解石族、黑稀金矿族、铌钇矿族及烧绿石族等。

◇碳酸盐类：这类矿物的结构是含有三角形的碳酸根阴离子基团，如氟碳铈矿、碳锶铈矿等。碳酸盐类和氟碳酸盐类矿物共有 36 种，我国有 13 种，其中 7 种是在白云鄂博矿床中首次发现，它们是中华铈矿、大青山矿、氟碳钡铈矿、氟碳钕钡矿、氟碳钙钇矿和直氟碳钙钇矿。

◇磷酸盐类、砷酸盐和钒酸盐类：它们含有孤立的四面体阴离子基团，如独居石、磷钇矿、砷钇矿、钒钇矿等。磷酸盐类稀土矿共有 17 种，其中独居石和磷钇矿是最重要的工业稀土矿物。此外，对磷矿分离过程中产生的副产物——磷灰石进行了充分地回收利用。

◇硫酸盐类：其结构为含硫酸根的四面体，如水氟钙铈钒。

◇硼酸盐类：其中含有硼酸根，在自然界中罕见，如水铈钙硼石。

◇复酸盐类：这类矿物分为碳酸硅酸盐类、碳酸磷酸盐类、硅酸磷酸盐类、硅酸硼酸盐类、硅酸砷酸盐类、硫酸砷酸盐类矿物等。

◇多酸盐类：其晶体结构中含三种不同酸根，如含硅酸、磷酸、硫酸根的磷硅铝钇钙石；含磷酸、硫酸、砷酸根的砷锶铝钒。

◇硅酸盐类：其晶体结构中含有孤立的、两两相连的或环状的硅氧四面体阴离子基团，如钪钇石、硅铍钇矿、兴安矿、铈硅石、铈硅磷灰石、羟硅铈矿等。硅酸盐矿物的成分及稀土含量差异较大，有些稀土含量高达 76%，例如钪钇石；

稀土配分有轻稀土型、重稀土型两种类型，也有任意配分型。

◇钛、锆或铝的硅酸盐类：其结构特点是含有四面体和八面体的阴离子基团，如褐帘石、层硅铈钛矿、硅钛铈矿、赛马矿等。

在自然界中，一些矿物通常以多酸盐的形态赋存，例如铈硅磷灰石（硅酸磷酸盐）、硼硅钡钇矿（硅酸硼酸盐）等。因此，也可根据不同类矿物的共存方式，对复酸盐类矿物进行再分类。

2）按稀土元素配分分类

根据稀土元素的配分，稀土矿物可分为完全配分型和选择配分型两类。

◇完全配分型：在此类矿物中，铈组与钇组稀土元素的含量相差不大，如铈磷灰石中铈组稀土元素的含量略高于钇组稀土元素。

◇选择配分型：富铈组矿物中，铈组稀土元素含量远大于钇组稀土元素，如独居石、氟碳铈矿和褐帘石以及易解石等。富钇组矿物中，钇组稀土元素含量明显高于铈组稀土元素，如磷钇矿、褐钇铌矿以及离子吸附型矿等。所以习惯上称前者为轻稀土矿，后者为重稀土矿。其中，磷钇矿、褐钇铌矿和离子吸附型矿多分布在我国南方，又被称为"南方稀土矿"。

应当指出，不论哪种选择配分型矿物，其中只有一两种稀土元素特别富集。如独居石和氟碳铈矿中铈的含量约为50%，镧的含量约为25%～35%；在磷钇矿中，钇在50%以上；褐钇铌矿中钇和镝的含量较高。同时，稀土矿物的配分并非固定不变，而是随成矿条件而变化，尤其以独居石最为明显。如白云鄂博稀土矿中的独居石比其他产地的独居石贫镧而富钕和铈。即使在同一矿床中，同一矿物的稀土配分值也会因产状而异。

2. 稀土矿物的特征

稀土元素在地壳中主要呈三种形态存在：呈单独的稀土矿物存在于矿石中，如独居石、氟碳铈矿、磷钇矿等；呈类质同象置换矿物中的钙、锶、钡、锰、锆、钍等组分而存在于造岩矿物和其他金属矿物及非金属矿物中，如磷灰石、钛铀矿等；呈离子形态吸附于某些矿物晶粒表面或晶层间，如稀土离子吸附于黏土矿物、云母类矿物的晶粒表面或晶层间形成离子吸附型稀土矿床。

稀土矿物的主要特征如下：

◇赋存形式多：稀土元素在地壳中呈独立的矿物相，如氟碳铈矿等；以类质同象进入矿物中，包括锆石、石榴子石等副矿物和长石、云母等造岩矿物；呈不溶的氧化物或氢氧化物胶体附着相；呈可交换的水合阳离子形式被黏土矿物吸附，如风化壳淋积型稀土矿。

◇类质同象置换活跃：稀土矿物种类很多，除了它的赋存形式多外，更主要的是稀土元素与相邻的元素钙、锶、钡、钛、锆、铪、铌、钽、铀、钍等在成矿过程中容易发生类质同象置换，稀土元素进入某些矿物。

◇伴生产出：在自然界已知的稀土矿物中，稀土均以伴生形式存在，目前还未发现单一稀土元素的稀土矿物。

◇具有放射性：由于类质同象取代的结果，放射性元素铀、钍会进入稀土矿物结晶构造中，使得大部分稀土矿物都具有放射性。

◇成盐矿物的阴离子多：在自然界中，稀土矿物多呈氧化物、硅酸盐、碳酸盐、氟碳酸盐、磷酸盐、氟化物、砷酸盐、钒酸盐等。此外还有碳-磷、碳-硅等复合盐矿物。另外一类是很特殊的准稀土矿物，稀土离子以水合阳离子的形式吸附在黏土矿物上。

3. 稀土矿物的特点

◇密度较大，通常为 $3.5 \sim 5.5$ g/cm³，易从大多数脉石矿物中分离；

◇折射率范围宽，多数介于 $1.6 \sim 1.8$，氧化物类稀土矿物的折射率最高，如易解石、褐钇铌矿等的折射率大于 2.0；

◇硬度较大，一般为 $4 \sim 6$，只有水合稀土矿物的硬度较小，仅 $2 \sim 3$；

◇磁性较弱；

◇具有放射性，放射性强弱取决于矿石中铀、钍的含量，通常在富铈组稀土矿物中含有大量的钍，而在富钇组中则含有大量的铀；

◇部分稀土矿物能溶于盐酸和硫酸。

4. 工业稀土矿物

所谓工业稀土矿物，是指现在已经存在，或在不久的将来可以被工业部门使用的矿产。尽管全球已知 250 余种稀土矿物，但在现有生产水平的条件下，仅 50 余种稀土矿物有工业应用价值。而作为稀土元素主要来源的工业矿物，在自然界有 10 余种，诸如氟碳铈矿、独居石、磷钇矿、褐钇铌矿、风化壳淋积型稀土矿、硅铍钇矿、黑稀金矿和褐帘石等，其中前 5 种是主要工业矿物。根据统计，含氟碳铈矿、独居石矿的稀土资源储量约为 91.62%，它们是重要的工业用稀土矿物，不但具有丰富的稀土含量，还具有处理过程相对简便的特点，并且在自然界中有大量聚积。

主要工业稀土矿物可大致分为两类：一类是富铈组稀土矿物，如氟碳铈矿、独居石和易解石；另一类是富钇组稀土矿物，如磷钇矿、褐钇铌矿、菱氟钇钙矿等。但各种稀土矿物仅对几个稀土元素特别富集，如氟碳铈矿、独居石选择富集铈、镧，磷钇矿选择富集钇、镱，易解石选择富集铈、钕，褐钇铌矿则选择富集钇、铈等。稀土矿物的稀土配分值随生成条件而异，并不是一成不变的，大多数矿物都可以是任意配分型。

值得注意的是，目前公认的工业型稀土矿物并非是一成不变的，随着现代科技的发展，对稀土需求量的增大，工业矿物的数量必然会不断增加，现有的工业矿物的相对重要性亦会发生程度不同的变化。如我国白云鄂博产出的黄河矿、氟碳铈钡矿以及镧石等，都是以氟碳铈矿、独居石为主的工业矿物为原料进行综合利用。若氟碳铈矿、独居石矿没有开采价值，那么，稀土矿物的综合回收利用也就失去了重要的工业意义。许多硅酸盐类矿物，如褐帘石、硅钛铈矿、榍石、铈磷灰石及淡红硅钇矿等，虽然在自然界中有一定程度的富集，但因其加工工艺复杂、提取成本高，限制了其工业化应用价值。通常情况下，磷灰石并未被包括在稀土矿物中，但是在苏联，它是一种很有价值的稀土资源。美国墨西哥州出产的异性石，通常也不被视为稀土矿物，但不久后其中的锆和钇很快得到开发。加拿大伊利特奥湖富铀砾岩中的晶质铀是最具代表性的一种铀矿物，是加拿大提取钇的重要矿物原料。

总之，稀土矿物的工业意义是相对的、有条件的，除了矿物自身的高稀土含量和易选冶以外，还要看该矿区的技术经济状况。

在主要工业矿物中，将重点介绍下列矿物：氟碳铈矿、独居石、褐钇铌矿、磷钇矿、硅铍钇矿、氟碳钙铈矿、风化壳淋积型稀土矿、易解石和黑稀金矿等。

1）氟碳铈矿(bastnaesite)

氟碳铈矿的分子式为 $REFCO_3$ 或 $REF_3 \cdot RE_2(CO_3)_3$，其中含 REO 74.77%、CO_2 20.17%、F 8.73%（理论值），主要含铈族稀土，还含微量钍，机械混入物主要有钙、硅、铝、铁、磷等。

a. 矿石特性

化学组成简单：矿石中主要元素有稀土、氟、钡、钙和锶等，除了稀土之外，还有氟和钡等具有工业利用价值。

伴生矿物少：矿石中主要伴生矿物是重晶石、方解石和萤石。

嵌布粒度变化大：在矿石中有的氟碳铈矿是以星点状、长带状、串珠状细粒分布，如白云鄂博矿；有的则以板状、柱状、浸染状分布，嵌布粒度较粗，如微山稀土矿。

矿石泥化严重：如牦牛坪氟碳铈矿泥化率高达 13.31%～20.35%。

b. 化学行为

氟碳铈矿可溶于多种无机酸中，其溶解顺序为高氯酸＞硝酸＞盐酸，在 30%的高氯酸中溶解度最大。将质量为 0.05～0.1 g 纯矿物用 50 mL 10%盐酸溶解，30 min后，氟碳铈矿的溶解率为 20.8%。

氟碳铈矿受热极易分解释放二氧化碳，导致矿物晶格被破坏，矿物呈多孔状，易碎，稍加压力即可成粉末。

c. 光学性质

白云鄂博氟碳铈矿在偏光显微镜下薄片中无色透明，或呈黄色，多色性弱。折光率 Ne=1.798～1.812、No=1.712～1.723，干涉色高，一轴晶，正光性。

牦牛坪氟碳铈矿在偏光显微镜下薄片中呈无色，少数呈黄色，柱面切面平行消光，正延性，高级白干涉色，一轴晶，正光性，实测折光率 No=1.719～1.731。

　　d. 化学组成

　　不同来源的氟碳铈矿的化学组成存在细微的差异，但均为以铈、镧、钕等元素最为富集的选择性轻稀土类型。

　　我国产出的氟碳铈矿中稀土氧化物含量明显偏高，二氧化碳含量偏低，其中牦牛坪产出的氟碳铈矿中稀土氧化物含量最高，产于碱性伟晶岩性的氟碳铈矿中稀土氧化物含量均高出理论值（74.77%）。

　　表 1.25 和表 1.26 分别列出我国几种氟碳铈矿的主要化学组成和稀土配分。

表 1.25　氟碳铈矿的化学组成（%）

产地	REO	SiO_2	ThO_2	Fe_2O_3	CaO
牦牛坪（重晶石型 AK2）	77.66	0.25	0.24	0.03	0.56
牦牛坪(方解石型 AK14）	74.40	2.35	0.20	0.06	2.47
牦牛坪(方解石型 AK14）	71.04	0.13	0.67	0.08	1.87
白云鄂博(主矿)	74.26	0.11	0.11	0.27	0.69

产地	MgO	Na_2O	CO_2	P_2O_5	F
牦牛坪（重晶石型 AK2）	0.00	0.02	16.40	0.03	6.40
牦牛坪(方解石型 AK14）	0.00	0.02	14.90	0.24	5.90
牦牛坪(方解石型 AK14）	—	0.02	18.99	0.42	7.23
白云鄂博(主矿)	0.31	—	16.18	—	7.31

表 1.26　氟碳铈矿的稀土配分（以 RE 为 100%计）

产地	La	Ce	Pr	Nd	Sm	Eu	Gd
牦牛坪（重晶石型 AK2）	38.64	47.18	3.22	9.61	0.78	0.08	0.23
牦牛坪(方解石型 AK14）	39.82	46.04	3.59	9.41	0.60	0.08	0.19
牦牛坪(方解石型 AK14）	35.06	48.71	3.83	10.22	0.59	0.04	1.28
白云鄂博(东矿)	27.50	50.08	5.40	14.30	1.10	0.20	0.30

产地	Tb	Dy	Ho	Er	Tm	Yb	Lu
牦牛坪（重晶石型 AK2）	0.04	0.05	0.01	0.03	0.004	0.009	0.001
牦牛坪(方解石型 AK14）	0.06	0.04	0.014	0.021	0.014	0.006	0.001
牦牛坪(方解石型 AK14）	0.004	0.17	0.004	0.004	0.004	0.004	0.004
白云鄂博(东矿)	0.20	—	—	—	—	—	—

　　注：四个产地的氟碳铈矿中稀土配分分别为 0.11、0.115、0.004、0.20。

2）氟碳钙铈矿(parisite)

氟碳钙铈矿是与碳酸钙按 1：1 组成的钙系列氟碳钙铈矿之一，其化学式为 $(Ce,La)_2Ca(CO_3)_3F_2$，稀土元素主要是铈族。另外还含有锶、镁、铁、锰、铝、钍等元素。该矿物呈黄、红、褐、棕色，玻璃或油脂光泽，条横色淡黄或无色，贝壳状断口，硬度 4.2～4.6，密度 4.2～4.5 g/cm^3，理论密度 4.40 g/cm^3。薄片下无色或淡黄色，一轴晶（+），N_e=1.770，N_o=1.670，Ne-N_o=0.100。多色性弱。

氟碳钙铈矿的酸溶解性质：能很好地溶于盐酸、硝酸、硫酸等强的无机酸中，其溶解性能优于氟碳铈矿。将质量为 0.05～0.1 g 纯矿物用 50 mL 10%的盐酸溶解，30 min 后，氟碳钙铈矿的溶解率达到 96.2%，而氟碳铈矿的溶解率仅为 20.8%。

氟碳钙铈矿的主要化学组成：其理论化学组成为 REO 60.89%、CaO 10.44%、CO_2 24.58%、F 7.07%，而实际化学组成如表 1.27 所示。

表 1.27　氟碳钙铈矿的化学组成(%)

产地	REO	ThO_2	CaO	(Ba, Sr)O	Na_2O	CO_2	F
白云鄂博	61.89	1.10	8.92	0.16	0.46	23.11	6.47
牦牛坪 Wr-1	60.03	0.34	9.81	—	0.001	24.58	7.07

氟碳钙铈矿精矿中，REO 53%～62%、CeO_2/REO 约 50%、CaO 10%～12%、CO_2 23%～24%、F 6%～7%。

氟碳钙铈矿的稀土配分如表 1.28 所示。

表 1.28　氟碳钙铈矿的稀土配分（以 RE 为 100%计）

产地	La	Ce	Nd	Sm	Eu
白云鄂博	16.25	44.84	25.53	1.87	0.30
牦牛坪 M35	30.63	4.61	13.53	1.15	0.24

产地	Ga	Tb	Ho	Er	Y
白云鄂博	0.60	0.31	—	0.19	1.70
牦牛坪 M35	0.51	0.079	0.032	0.089	0.426

3）独居石(monazite)

独居石的化学式为$(Ce,La,\cdots)PO_4$，属轻稀土型，主要以铈为主，也有以镧和钕为主者。稀土和磷的理论含量分别为 REO 69.76%、P_2O_5 30.27%。独居石砂矿中的主要杂质有磁铁矿、钛铁矿、锆英石和云母等。另外，独居石中还含有 ThO_2 5%～10%、U_3O_8 0.2%～0.6%及少量镭。

独居石是世界上分布最广的稀土矿物，具有多种类型的矿床，包括外生矿床和内生矿床两类。在不同类型的矿床中，或者在不同的产地，其矿物成分是有差异的，但变化不大。独居石砂矿包括风化壳矿、坡积砂矿、冲积砂矿和海滨砂矿四种类型，而海滨砂矿是最主要的，具有较高的经济价值。

独居石是火成岩中较为普遍分布的副产物，花岗伟岩中有大晶体（单斜晶系）出现，并在热液矿床中大量富集。因其化学性质稳定，密度较大，常富集为砂矿。

独居石的外观呈黄、黄绿、棕、红、褐等色，玻璃至油脂光泽，解理{100}完全，{010}不完全，硬度 5～5.5，密度 4.9～5.5 g/cm³，性脆，有放射性。薄片中淡黄色、红褐或无色，二轴晶（+），$2V=n°-15°$，$N_g=1.837\sim1.849$，$N_m=1.788\sim1.801$，$N_p=1.786\sim1.800$，$N_g-N_p=0.049\sim0.051$。

某些独居石的化学组成和稀土配分分别列于表 1.29 和表 1.30。

表 1.29　某些独居石的化学组成（%）

产地代号	CaO	MgO	Fe₂O₃	Al₂O₃	REO	SiO₂	ThO₂	P₂O₅	灼减
主—19	痕	—	0.13	0.10	69.36	0.69	0.17	29.75	0.23
主—46	痕	—	0.09	0.09	68.93	0.49	0.31	29.13	0.22
东—20	痕	—	0.06	0.14	67.76	1.14	0.29	24.74	4.24
076	0.11	0.43	0.99	—	56.89	3.74	12.31	23.60	1.08
084	0.06	0.71	1.08	0.01	60.03	2.28	8.40	25.36	1.22

注：主—19 产于白云鄂博主矿上盘钠辉石型矿石中，主—46 产于白云鄂博主矿块状铁矿的晚期脉中，东—20 产于白云鄂博主东矿下盘萤石稀土条带中，076 产于内蒙古花岗伟晶岩中（黑云母型），084 产于内蒙古花岗伟晶岩中（白云母型）。

表 1.30　某些独居石中的稀土配分（以 RE 为 100%计）

产地	La	Ce	Pr	Nd	Sm	Eu	Ga	Dy	Y
主—19	7.7	46.6	5.4	16.6	2.4	0.4	0.4	0.2	0.2
主—46	23.0	51.8	5.8	16.8	1.1	0.2	0.6	0.3	0.4
东—20	32.5	52.6	4.2	9.9	0.4	—	0.4	0.1	0.1

注：三个产地的独居石中稀土总量分别为 69.36%、68.93%、67.76%，表中产地代号同表 1.29。

4）褐钇铌矿(fergusonite)

褐钇铌矿的化学式为(Y,U,Th)(Ti,Nb,Ta)O₄。该矿物为稀土钽铌酸盐，其中有富铌、富钽、富铈族稀土及富钇族稀土者。此外尚含有放射性元素铀、钍及钙、镁、锰、铁、铝、硅、钛、锡等元素，因此出现不同的种名。褐钇铌矿精矿中 REO 31.36%～42.2%，其中 Y₂O₃/REO 约为 52%～62%；其他杂质元素 UO₂ 4.0%～8.2%，ThO₂ 0～4.85%，TiO₂ 0～6%，Nb₂O₅ 2.0%～50%，Ta₂O₅ 0～55%。

该矿物呈浅黄、黄、灰、褐、棕、红、黑等色，玻璃光泽或油脂光泽，解理

{111}，断口贝壳状，硬度 5.5～6.5，密度 4.98～5.82 g/cm³，薄片下透明至半透明，黄、褐、红色，一轴晶或二轴晶，折射率（N）=2.05～2.19，有时有异常干涉色，常为光学均质。

我国姑婆山花岗岩(I)和白云鄂博西矿(II)产出的两种褐钇铌矿的主要化学组成如表 1.31 所示，稀土配分如表 1.32 所示。

表 1.31 褐钇铌矿的主要化学组成（%）

产地	ΣCe_2O_3	ΣY_2O_3	CaO	Al_2O_3	UO_3	ThO_2	SiO_2	TiO_2	Nb_2O_5	Ta_2O_5
I	3.96	37.79	1.53	1.20	2.20	2.07	1.66	1.44	42.30	1.70
II	11.54	40.04	0.24	0.14	1.25	1.21	0.12	0.41	46.55	0.30

表 1.32 褐钇铌矿的稀土配分(以 RE 为 100%计)

产地		I				II	
配分	La	0.69	Dy	8.59	La	0.19	Dy	12.0
	Ce	2.07	Ho	4.02	Ce	1.57	Ho	—
	Pr	0.77	Er	5.19	Pr	0.88	Er	4.43
	Nd	3.36	Tm	2.10	Nd	9.90	Tm	2.09
	Sm	2.48	Yb	5.36	Sm	7.53	Yb	3.10
							Lu	1.83
							Y	42.16

5）磷钇矿(xenotime)

磷钇矿是一种在花岗岩和碱性花岗岩中分布较广的副矿物，也产于热液矿床中，因化学性质稳定而常产于砂矿中。

磷钇矿的化学式为 YPO_4，其中 Y_2O_3 和 P_2O_5 的理论含量分别为 61.40%和 38.60%。稀土元素除钇外主要为钇族稀土，置换钇的有锆、钍、铀等元素，同时伴随有硅置换磷。

磷钇矿呈白、黄、黄绿、红褐、红棕等色，玻璃至油脂光泽，条痕色淡褐，{100}解理中等，硬度 4.5～5.0、密度 4.4～4.8 g/cm³。薄片中无色透明，有时为浅黄浅褐色，一轴晶(+)，N_e=1.816～1.827，N_o=1.721～1.726，N_e-N_o=0.095～0.107。

内蒙古花岗伟晶岩-046(I)、内蒙古花岗伟晶岩-94(II)、花山花岗岩(III)、西华山花岗岩(IV)、内蒙古花岗伟晶岩-21(V)几种磷钇矿的主要化学组成和稀土配分分别列于表 1.33 和表 1.34。

磷钇矿精矿中 REO 约 60%，其中 Y_2O_3/REO 52%～62%；其他杂质元素 UO_2 5.0%、ThO_2 0.2%、P_2O_5 31.7%。

表 1.33 磷钇矿的化学组成（%）

产地	ΣCe₂O₃	ΣY₂O₃	P₂O₅	Al₂O₃	Fe₂O₃	ThO₂	SiO₂	CuO	MnO	灼减
I	0.47	63.06	34.32	—	痕	1.32	0.40	0.06	—	0.48
II	1.18	62.13	31.76	1.48	0.51	1.96	1.11	痕	—	—
III	2.50	59.52	33.93	0.79	0.86	0.31	1.05	031	0.12	0.89
IV	—	62.72	33.01	0.29	0.82	0.69	1.58	0.36	0.06	—
V	0.20	62.63	35.31	0.04	0.36	1.01	0.21	0.09	—	0.27

表 1.34 磷钇矿的稀土配分(RE=100%)

元素	配分	元素	配分	元素	配分
La	1.2	Eu	0.2	Tm	1.3
Ce	3.0	Ga	5.0	Yb	6.0
Pr	3.6	Tb	1.2	Lu	1.8
Nd	3.5	Dy	9.1	Y	59.3
Sm	2.2	Er	5.6		

6）硅铍钇矿(gadolinite)

硅铍钇矿($Y_2FeBe_2Si_2O_{10}$)主要产于花岗岩、花岗伟晶岩、碱性花岗岩、碱性岩及碱性伟晶岩中。岩浆后期的各类热液脉中亦有产出，是一种分布较广的稀土工业矿物。

硅铍钇矿外观呈浅绿、绿、黑绿色，玻璃光泽或油脂光泽，条痕色浅灰绿，贝壳状断口，硬度 6.5～7.0，密度 4.0～4.65 g/cm³。薄片下多色性强，变化于绿、褐之间，二轴晶(+)，色散强($r>v$，即红色光的折射率大于紫色光的)，N_g=1.777～1.842、N_m=1.780～1.812、N_p=1.772～1.801、N_g-N_p=0.010～0.023。

硅铍钇矿属稀土、铁、铍的硅酸盐，钇族稀土为主，铈族稀土为主者较少见。硅铍钇矿族矿物的化学通式为：$W_{2～3}X(B,Be)_2(Si,B)_2(O,OH)_{10}$，式中 W=Ca、Ce、Y、Yb，X=Y、$Fe^{2+}$、Mg。矿物中还含有少量的钍和铀。

西华山黑云母花岗岩中硅铍钇矿的主要化学组成如表 1.35 所示。

表 1.35 硅铍钇矿的主要化学组成（%）

序号	CaO	FeO	Fe₂O₃	Al₂O₃	BaO	REO	ThO₂	UO₃	SiO₂
I	1.39	—	13.65	—	9.47	50.87	0.73	0.42	23.18
II	2.60	9.41	5.62	1.38	8.43	46.03	0.65	0.63[*]	23.28

*此数据为 U_3O_8。

兴安矿床（Xingganite）是一种与硅铍钇矿床相似的矿床，产于兴安岭花岗斑岩中。富钇族的被命名为钇兴安矿，富铈族的被命名为铈兴安矿，富镱族的被命名为镱兴安矿。其中，兴安石、铌铁矿、锆英石等有较好的综合利用价值。脉石矿物以石英和长石类为主，其次是少量的铁矿物，钇兴安矿的化学组成见表1.36。

表1.36　钇兴安矿的化学组成（％）

K₂O	Na₂O	Al₂O₃	SiO₂	TiO₂	CeO₂	RE₂O₃(铈、钇除外)	Y₂O₃	H₂O
0.78	1.63	1.70	25.20	0.10	13.60	25.50	15.73	2.94

兴安矿为单斜晶系，细小粒状。外观呈白色、乳白色，密度 4.42 g/cm³，折光率 N_g=1.675、N_m=1.753、N_p=1.744、N_g-N_p=0.021。

硅铍钇矿精矿中 REO 约 50%，其中 Y₂O₃：REO=12：1～0.75；其他杂质元素 BeO～10%，FeO 10%～14%，SiO₂ 23%～25%，ThO₂ 0.3%～0.4%。

7）离子吸附型矿(ion-absorbed)

离子吸附型矿也称为风化壳淋积型稀土矿，其矿床属于花岗岩风化壳矿床。其中的稀土是以阳离子状态吸附于具有交换吸附阳离子性能的高岭石等铝硅酸盐矿物上。矿床呈面型分布，矿层厚度小，但分布广泛，大部分裸露在外，易于开采。

风化壳淋积型矿的矿物成分相对简单，大量出现的脉石矿物有石英、钾长石、高岭石和黑云母等。矿物中有90%以上的稀土不是稀土矿物，而是呈阳离子状态赋存于高岭石类黏土矿物上，其物理化学特性符合交换吸附规律。传统的物理选矿方法难以将其有效地分离出来，只有通过无机盐溶液的浸取才能实现。

因地质生成条件的不同，不同产地或者同一产地的不同矿点的风化壳淋积型矿的稀土配分相差较大。富镧者为轻稀土型，富钇者为重稀土型，介于这两种类型之间的是中钇型。具有代表性的轻稀土型(I)、重稀土型(II)、中钇型(III)三种风化壳淋积型矿的稀土配分如表1.37所示。

表1.37　风化壳淋积型矿的稀土配分(%)

矿物类型	La₂O₃	CeO₂	Pr₆O₁₁	Nd₂O₃	Sm₂O₃	Eu₂O₃	Gd₂O₃	Tb₄O₇
I	29.84	2.18	7.41	30.18	6.32	0.51	4.21	0.46
II	2.18	1.09	1.08	3.47	2.34	<0.1	5.69	1.13
III	19.66	0.87	4.31	16.73	3.37	0.46	4.70	0.67

矿物类型	Dy₂O₃	Ho₂O₃	Er₂O₃	Tm₂O₃	Yb₂O₃	Lu₂O₃	Y₂O₃
I	1.77	0.27	0.88	0.13	0.62	0.13	10.07
II	7.48	1.60	4.26	0.60	3.34	0.47	64.10
III	5.47	0.47	3.03	0.30	2.08	0.30	37.68

8）黑稀金矿(euxenite)

黑稀金矿床赋存于花岗伟晶岩、碱性花岗岩和蚀变花岗岩中，在冲积砂矿床中亦有分布。

黑稀金矿族矿物是一种含有稀土的偏钛钽铌酸盐类矿物，化学通式为：BA_2X_6，A 为稀土、钍、铀、钙、二价铁、镁、锰、铅、钠、钾、铋等，B 为铌、钽、钛、三价铁、锡、锆等以及机械混入物中的硅和铝，A 组阳离子往往不足，X 为氧或羟基。因等价或异价离子置换复杂而出现许多矿物种和矿物变种。黑稀金矿富铌，而复稀金矿富钛。

黑稀金矿呈黄、灰、褐、红、棕、黑等色，半透明或不透明，油脂光泽或金刚光泽，性脆，贝壳状断口，条痕色褐或黄。硬度 5.5～6.5，密度 4.1～5.8 g/cm³，单四方晶系，具有放射性。薄片下褐色、黄色，因非晶化而呈光性均质，N=2.06～2.26。

黑稀金矿精矿中 REO 31%～42%，其中 Y_2O_3/REO 25%～33%；其他杂质元素 UO_3 11.7%，ThO_2 2.4%，TiO_2 23%，Nb_2O_5 26.7%，Ta_2O_5 3.7%。

9）易解石(aeschynite)

易解石族矿物在花岗岩、花岗伟晶岩、碱性岩和伟晶岩中均有分布。在矽卡岩和热液矿床中均能大量产出。

易解石族矿物是一种含有稀土的偏钛钽铌酸盐类矿物，除钛、铌、钽、稀土外，尚含有钙、镁、铁、锰、钍、铀等。易解石族矿物种类繁多，常见的易解石有铈易解石，富铈族稀土；钇易解石，富钇族稀土等。

易解石外观呈黄、褐、棕、红、黑等色，油脂光泽，金刚光泽，解理｛010｝不明显，性脆，贝壳状断口，硬度 4.5～6.5，密度 5.0～5.4 g/cm³，具有放射性，个别为晶质，大部分为非晶质，变生程度不一，变生后的矿物硬度、密度、折光率均下降。

薄片下褐色、黄色、棕色、红色，多色性明显，二轴晶，正光性，个别为负光性 N_p=2.28，N_g=2.34，N_g-N_p=0.06，干涉色为矿物颜色掩盖，变生强烈者为光性均质。

我国易解石族某些矿物中的稀土配分如表 1.38 所示。

5. 钪的资源

钪在地壳内主要赋存于基性岩和超基性岩的铁-镁矿物中，一般含 Sc_2O_3 为 $5×10^{-4}$%～$100×10^{-4}$%，随着矿脉酸性的增大，其含量逐渐减少。其赋存形态以氧化物、复合氧化物、硅酸盐、磷酸盐为主。

钪在自然界中分布分散，但是并不稀有，和钨非常接近，在地壳中的克拉克值为 $5×10^{-4}$%～$6×10^{-4}$%，与砷的丰度相近，比某些常见元素如 Sb、Bi、Au 丰富。钪在常见岩石中的丰度如表 1.39 所示。

表 1.38　易解石族某些矿物中的稀土配分(以 REO 为 100%计)

元素	铈易解石，白云鄂博(RE=100%)	钕易解石，白云鄂博主矿	铈铌易解石，白云鄂博(RE=100%)	钇易解石，内蒙古	富钛钇易解石，江西
La	5.4	2.70	3.79	1.73	0.34
Ce	32.5	23.98	39.12	7.03	1.67
Pr	7.6	8.28	8.07	1.45	0.46
Nd	31.5	48.15	33.79	9.22	2.07
Sm	7.8	7.27	5.78	7.74	3.18
Eu	1.9	—	0.98	—	—
Gd	0.5	4.37	2.70	13.29	6.79
Tb	0.4	—	0.86	2.04	1.73
Dy	2.3	2.45	1.54	12.55	14.04
Ho	0.4	—	—	1.86	2.28
Er	0.5	—	—	3.49	6.85
Tm	—	—	—	0.31	1.08
Yb	0.2	—	0.09	1.43	8.42
Lu	—	—	—	—	1.17
Y	5.3	2.79	3.72	37.42	49.79
REO=100%	35.43	35.49	31.80	39.28	32.41

表 1.39　钪在常见岩石中的丰度

岩石类型	含量/%
基性岩（玄武岩、辉长石等）	2.4×10^{-3}
沉积岩（黏土岩、页岩）	1×10^{-3}
两份酸性岩和一份基性岩	1×10^{-3}
石陨石（球粒陨石）	6×10^{-4}
超基性岩（纯橄榄岩等）	5×10^{-4}
酸性岩（花岗岩、花岗闪长岩）	3×10^{-4}
中性岩（安山岩、闪长岩）	2.5×10^{-4}

　　目前已知含钪矿物多达 800 种，在花岗伟晶岩类型矿的副产物中几乎都可找到钪的踪迹，但它们的含量很少。钪矿物通常分布于其他矿物中，如钛铁矿、锆铁矿、锆英石、钒钛磁铁矿、钨矿、锡矿、铀矿和煤等，且含量很低。以钪为主要成分的矿物有钪钇石、水磷钪石、铍硅钪矿、硅钪钡镁石、钪锰钽矿和钪钛硅

钇铈矿等。这些矿物中的含钪量都较高，但其来源却很少，在自然界中很少见到。特别是品位高于 0.05% 的矿物极为罕见，且大多与其他矿物伴生。

天然钪钇石（thortveitite）含 33.8%～42.3% Sc_2O_3 和大约 15% REO，其通式可表示为 $(Sc, REO)_2Si_2O_7$。与独居石等矿物共生于伟晶岩中。颜色为灰绿到近黑色，莫氏硬度 6～7，相对密度 3.58，属单斜晶系。

水磷钪石（sterrittite）含 39.22% Sc_2O_3、40.35% P_2O_5 和 20.43% H_2O，其通式可表示为 $ScPO_4 \cdot 2H_2O$。其变体是硅磷铍石（kolbeckite）。颜色为深蓝到铅灰色，相对密度 2.35，硬度为 4，属单斜晶系。

铍硅钪矿（bazzite）含 14.5% Sc_2O_3、13% BeO。其通式为 $Be_3Sc_2Si_6O_{18}$ 或 $Be_3(Sc, Al)_2Si_6O_{18}$。它是绿柱石的变体，其外观呈蓝色六角形结晶，相对密度 2.77，硬度为 6.5～7。

硅钪钡镁石（magbasite）的通式为 $KBa(Sc, Al)Fe^{2+}Mg_5F_2Si_6O_{20}$，其中含 2.1% Sc_2O_3，外观为无色或带粉红的紫色，硬度约为 5，相对密度 3.14。

钪锰钽矿（Sc-ixiolite）的通式为 $(Ta,Nb,Sn,Mn,Fe,Sc,\cdots)_2O_4$。含 5%～6.1% Sc_2O_3，实测值为 5～6，计算值为 6.09。呈暗灰色，属斜方晶系。

钪钛硅钇铈矿(Sc-perrierite)的通式为 $(Ce,La,Ca)_4(Fe^{2+},Sc)(Ti,Fe^{3+})_2Ti_2[O_4/Si_2O_7]_2$，含 4.3% Sc_2O_3 和大于 45% REO。相对密度 4.25，薄的断片呈黑色或黑带红色。

含钪矿物及钪含量如表 1.40 所示。

表 1.40　含钪矿物及钪含量

矿物名称		主要组成	钪含量/%
氧化物矿物	锡石	SnO_2	0.0～0.30
	铌钇矿	$(Y,U,Th)(Nb,Ti,Fe)_2O_5$	0.0～0.75
	钛铈铁矿	$(Ti,Fe,U,Ce,Pb,Ca)O_2$	0.0～0.05
	斜锆石	$\beta\text{-}ZrO_2$	0.0～0.07
	黑钨矿	WO_3	0.0～0.20
	钇铀烧绿石	$(Y,Na,Ca,U)_{12}(Nb,Ta,Ti)_2O_6(OH)F$	0.0～0.15
含氧酸盐矿物	钨锰铁矿	$(Fe,Mn)WO_4$	0.0～0.30
	钨酸锰矿	$MnWO_4$	0.0～0.07
	钨酸铁矿	$FeWO_4$	0.0～0.46
	钪锰钽矿	$(Ta,Nb,Sn,Mn,Fe,Sc,\cdots)_2O_4$	5.0～6.1
	水磷钪石	$ScPO_4 \cdot 2H_2O$	30.0～40.0
	钛铁矿	$FeTiO_2$	0.0～0.20
	钛铁金红石	$(Ti,Fe)O_2$	0.0～0.05

续表

矿物名称		主要组成	钪含量/%
硅酸盐矿物	钪钇石	$(Sc,Y)_2Si_2O_7$	33.8～42.3
	铌钛硅酸稀金矿	$Sc(Nb,Ti,Si)_2O_5$	18～20
	硅铍钇矿	$Y_2FeBe_2(SiO_4)_2O$	0.0～1.2
	褐帘石	$(Ca,Ce)_2(Al,Fe)_3Si_3O_{12}[O,OH]$	0.0～0.1
	铁云母	$KAl[(Al,Fe)Si_3O10](O,OH)_2$	0.0～0.2
	绿柱石	$Be_2Al_2(Si_6O_{18})$	0.0～0.02
	钪钛硅钇铈矿	$(Ca,Ce,La)_4(Fe^{2+},Sc)(TiFe^{2+})_2Ti_2[O_4/Si_2O_7]$	3.0～4.3
	硅钪钡镁石	$KBa(Al,Sc)Fe^{2+}MgF_2Si_6O_{20}$	1.0～2.1
	褐帘矿	$(Ca,Ce)_2(Al,Fe)_2Si_4O_{12}(O,OH)_2$	0.0～0.2

然而，在大部分含钪矿物中，钪主要以类质同象置换存在的。其中，钪在冶炼渣或处理溶液中的富集是最多的。煤灰中也含有钪，燃烧后残留在灰渣中。钪的主要来源为这些冶炼渣或处理溶液和煤灰渣。某些选钛、选铁的尾矿中也含有钪，广西某钒钛磁铁矿尾渣中的钪含量可达到 63 g/kg，是一种极具开发价值的钪资源。

世界范围内已探明的钪矿储量为 200 万吨，其中 90%～95%以铝土矿、磷块岩和钛铁矿为主，少数分布于铀、钍、钨、稀土矿中。目前，国际上最具工业价值的钪资源有铀矿石、钛铁矿、黑钨矿和锡石、铝土矿的尾矿或废渣。

我国含钪大型矿床分布于山东、河南、山西和扬子地台西缘（主要包括云南、贵州、四川）的铝土矿和磷块岩。铝土矿含 Sc_2O_3 40～150 μg/g；磷块岩中平均含 Sc_2O_3 650 μg/g；攀枝花地区的钒钛磁铁矿中的超镁铁盐和镁铁盐含 Sc_2O_3 13～40 μg/g；华南地区的斑岩型和石英型钨矿及风化壳淋积型稀土矿都含有钪。其中黑钨矿含 Sc_2O_3 78～377 μg/g，最高可达 1000 μg/g；风化壳淋积型稀土矿中含 Sc_2O_3 20～50 μg/g，为伴生钪矿床（含 Sc_2O_3 大于 50 μg/g 为独立钪矿床）；内蒙古白云鄂博地区的稀土铁矿石中的 Sc_2O_3 平均含量为 50 μg/g；广西的贫锰矿中的钪含量为 181 μg/g。

自 20 世纪 70 年代开始，国内对钪资源的研究不断取得新发现。如浙江的钨铍石英脉矿、江西的钨锡矿、福建的磁铁矿、广西的黑钨矿、广东的砂锡矿和钛铁矿等。

江西风化壳淋积型稀土矿中的钪资源也是一个值得注意的问题，其中以石英闪长石风化壳中的氧化钪为最多，其他母岩风化壳中也含有氧化钪，前者已成为独立的钪矿床，后者也达到伴生矿床品位。在风化壳淋积型稀土矿中，钪与铈具有相似之处，在上层矿体中钪含量很高。钪以氢氧化钪胶体形式沉淀在黏土矿物中，故可用酸性淋洗剂将氢氧化钪交换出来。

具有工业意义的钪资源主要包括铝土矿、钨锡矿、钽铌矿、稀土矿及钛铁矿的副产物。美国、加拿大和澳大利亚从铀和钨的副产物中回收钪；我国和苏联主要从钛的副产物中提取钪。直接作为工业矿床开发的只有挪威、马达加斯加和莫桑比克的花岗伟晶岩的钪钇矿和美国的水磷钪矿。

目前，我国提取钪的主要原料为黑钨矿和锡矿石的冶炼渣、高钛渣和人造金红石的氯化烟尘及钛白水解母液。特别是我国黑钨矿资源十分丰富，钪元素含量超过 0.05%，为钪的提取提供了条件。

值得注意的是，在白云鄂博矿区，钪的丰度高于地壳中平均值的 4～8 倍。各类矿石含氧化钪为 40～160 ppm，其平均值为 82 ppm，岩石含氧化钪的平均值为 50 ppm。贫氧化矿中，氧化钪含量高达 120 ppm，为国内外含钪资源的数倍，而且储量很大。氧化钪含量最高的矿物是硅镁钡石和铌铁金红石，分别为 21000 ppm 和 1540ppm。稀土矿物中含氧化钪最高的矿物是氟碳铈矿 490 ppm，其次是氟碳钙铈矿 400 ppm。脉石矿物中含氧化钪最高的矿物是金云母 520 ppm，其次是钠闪石 450 ppm。白云鄂博矿区的钪资源非常罕见，具有极高的综合回收价值。

白云鄂博稀土矿石的选别研究发现，在磁选过程中，进入强磁中矿的钪量达到 31%，其中氧化钪的含量达到 226.15 g/t，另有 30%的钪进入强磁精矿，其中氧化钪的含量达到 130.80 g/t。在此基础上，进一步通过铁、铌、稀土浮选，使钪在富铌铁精矿、浮选铌尾矿和铁矿石浮选尾矿中得到富集，为钪资源的综合利用提供了良好的前景。

选矿过程中钪的走向和选矿得到的各种产品的氧化钪含量及回收率如表 1.41 所示。

表 1.41 选矿产品中的氧化钪含量及回收率

名称	Sc$_2$O$_3$ 含量/(g/t)	回收率/%	名称	Sc$_2$O$_3$ 含量/(g/t)	回收率/%
强磁中矿	226.50	31.53	稀土次精矿	140.92	2.14
铁精矿	65.20	19.45	高铌铁精矿	249.92	3.99
反浮泡沫	59.56	4.14	浮选尾矿	244.15	29.00
强磁尾矿	109.23	26.59	铁正浮尾矿	227.69	13.38
稀土精矿	117.69	1.31	尾矿	121.93	100.00

富铌铁精矿在高炉-转炉-电炉冶炼铌铁中，90%以上的钪进入高炉渣，氧化钪含量达到 600 ppm，从中可以进一步回收钪。

6. 资源综合利用

稀土资源种类繁多，在实际生产过程中，应选择哪一种资源路线及工艺，既要考虑成本，又要考虑可行性。在资源路线选定后，如何实现资源的高效利用，是一个涉及经济、社会、环境等多个方面的重大课题，并且会对国民经济的可持续发展产生深远影响。因此，资源的综合利用水平已成为衡量一个国家工业发展水平高低的一个重要标志。

稀土矿床一般都含有多种有用组分。内生稀土矿床中的铌（钽）、钪、铀（钍）、锆、铁、钛及磷灰石、重晶石、萤石、金云母等可作为综合回收的对象。

美国芒廷帕斯地区的氟碳铈矿稀土矿床，因其具有高达 20%～25%的重晶石资源而被回收利用。近年来，加拿大雷神湖地区的一个铍-铌-稀土矿床，主要矿物是硅铍钇矿，同时还产出磷钇矿、钇萤石、氟碳铈矿、铌铁矿、铀钍石、锆石、硅铍石及锡石，可综合利用铍、钇、铌、钽、锆、铀、钍及锡等。

除了已开发的稀土、铁、铌外，我国的白云鄂博稀土矿床还可以综合回收利用钪、重晶石、萤石、磷灰石等资源；对该矿床中的钾长石岩进行了研究，并认为它是一种潜在的钾肥来源。

某些矿物并不能成为单独开采的稀土矿物，但可以从中回收稀土，比如苏联科拉半岛多处岩石中含有大量的磷灰石、霞石和磁铁矿，其中的稀土就成为重要的综合回收对象。事实上，海滨砂矿的主要采掘对象是钛铁矿、金红石、锆石、锡石等，独居石仅是综合利用对象。

矿产资源综合开发利用是世界各国都非常重视的重大战略，尤其是稀土与其他矿物或其他矿物伴生的稀土元素，值得关注。

随着工业化的发展，人们的生活质量不断改善，但工业也产生了大量的废渣、废水和废气，这些废物如果直接排放到环境中，将会带来很大的危害。如果将其转化为可再生资源，通过物理和化学处理，便可转化为有用的产品或能源。这样既能节省资源，又能有效地控制污染，保护环境。

当前，我国的能源综合利用仍然存在着高消耗、高浪费和低效率的问题。例如，目前我国的矿产资源总体回收率只有30%左右，与国际先进水平相比，低20%；共生、伴生矿物资源仅占三分之一，综合回采率不到20%。

近年来，尽管我国出台了一系列鼓励开展资源综合利用的政策和措施，但管理仍未将其纳入法律的轨道，这在某种程度上制约了资源综合利用的健康发展。为了适应我国经济增长方式的转变，实现可持续发展，必须大力开展资源综合利用技术。

以白云鄂博稀土资源开发利用为例，其选矿回收率仍然不高，多数矿石中的稀土品位仅为 50%～55%，这就给湿法冶金带来了诸多难题。目前，我国大部分湿法浸出流程仍然以高温浓硫酸焙烧为主，且存在大量难处理的废液（含氨氮废液）及废渣（低放射性废渣）。传统方法生产的复合碳酸稀土中硫酸根含量较高，在酸溶过程中，不仅要消耗大量毒性较大的氯化钡，而且还会生成一定量的二次废渣（硫酸钡渣）。

尽管烧碱分解工艺对环境污染有很好的治理效果，但是受矿石品位的制约，至今仍无法实现大规模化的工业生产。

无论采用浓硫酸焙烧法还是烧碱分解法，都不能很好地解决含磷、氟、钍等元素的资源回收问题。所以，如何发展新型的、经济的、环境友好的新技术成为研究的热点。

综上所述，资源综合利用应根据其组成，通过对资源前期分离的深入研究，开发、研究新工艺，提高稀土精矿的质量和稀土回收率。发展环境友好、资源节约的稀土萃取新技术，为有价元素的综合利用、深加工与高附加值利用提供有利条件。

参 考 文 献

程建忠, 侯运炳, 车丽, 2007. 白云鄂博矿床稀土资源的合理开发及综合利用[J]. 稀土, 23(1): 5.

胡斌, 殷俊, 2006. 稀土元素分离检测技术新进展[J]. 中国稀土学报, 24(4): 385.

李良才, 2011. 稀土提取及分离[M]. 赤峰: 内蒙古科学技术出版社: 17, 194-378.

李梅, 2016. 稀土现代冶金[M]. 北京: 科学出版社.

王中刚, 于学元, 1989. 稀土元素地球化学[M]. 北京: 科学出版社: 18-22.

吴炳乾, 1997. 稀土冶金学[M]. 长沙: 中南工业大学出版社: 1-4.

吴文远, 2005. 稀土冶金学[M]. 北京: 化学工业出版社: 3-13, 22-25, 232-243.

稀土编写组, 1978. 稀土(上)[M]. 北京: 冶金工业出版社: 10-15.

徐光宪, 1995. 稀土(上)[M]. 2 版. 北京: 冶金工业出版社.

第2章 白云鄂博稀土矿浓硫酸冶炼技术

针对白云鄂博稀土矿的特点，开发出浓硫酸焙烧分解工艺。第一代酸法工艺采用的是低温（300℃以下）浓硫酸焙烧-水浸出-复盐沉淀-碱转化-盐酸优先溶解-混合稀土氯化物，其特点是放射性元素钍进入水浸液；第二代、第三代分别为高温（750℃左右）浓硫酸焙烧-水浸出-石灰中和-环烷酸或脂肪酸萃取转型-混合稀土氯化物、高温（750℃左右）浓硫酸焙烧-水浸出-氧化镁中和-P$_{204}$萃取分离转型（或碳酸氢铵沉淀转型）-混合稀土氯化物两种分解工艺。其特点是放射性元素钍进入水浸渣。

两种工艺的主要区别在于：高温焙烧过程中，精矿中的钍生成了难溶性的焦磷酸钍，浸出过程中与未分解的矿物一起进入渣中，随渣而封存；低温焙烧过程中，精矿中的钍生成了可溶性的硫酸钍，浸出过程中同稀土一起进入浸出液中，待进一步分离。

由于高温焙烧的产物在浸出和净化过程中消耗化工原料少、工艺流程短、相对于低温焙烧工艺的生产成本低，被生产企业广泛采用。

2.1 浓硫酸低温冶炼技术

2.1.1 浓硫酸低温分解的原理

将浓硫酸与混合型稀土精矿混合并搅拌均匀，在差热分析（DTA）仪上测试其在不同温度下的差热变化，发现有 6 个明显的吸热反应峰（图 2.1）。每个峰所对应的分解反应分别如下所述。

第一个吸热峰（181℃）峰宽在 150～300℃的范围内，主要是矿物中的氟碳酸盐、磷酸盐、萤石、铁矿物等与浓硫酸反应：

$$2REFCO_3+3H_2SO_4 {=\!=\!=} RE_2(SO_4)_3+2HF\uparrow+2CO_2\uparrow+2H_2O\uparrow \qquad (2.1)$$

$$2REPO_4+3H_2SO_4 {=\!=\!=} RE_2(SO_4)_3+2H_3PO_4 \qquad (2.2)$$

$$CaF_2+H_2SO_4 {=\!=\!=} CaSO_4+2HF \qquad (2.3)$$

$$Fe_2O_3+3H_2SO_4 {=\!=\!=} Fe_2(SO_4)_3+3H_2O\uparrow \qquad (2.4)$$

反应产物 HF 与矿物中 SiO$_2$ 的反应：

$$SiO_2+4HF {=\!=\!=} SiF_4\uparrow+2H_2O\uparrow \qquad (2.5)$$

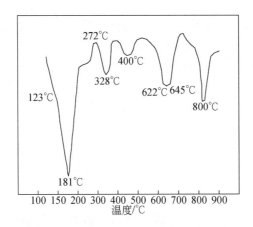

图 2.1　浓硫酸与混合型稀土精矿差热曲线

在此温度区间还存在磷酸脱水转变为焦磷酸，焦磷酸与硫酸钍作用生成难溶的焦磷酸钍的反应：

$$2H_3PO_4 \rule[0.5ex]{2em}{0.4pt} H_4P_2O_7 + H_2O\uparrow \qquad (2.6)$$

$$Th(SO_4)_2 + H_4P_2O_7 \rule[0.5ex]{2em}{0.4pt} ThP_2O_7 + 2H_2SO_4 \qquad (2.7)$$

生成焦磷酸钍的反应趋势随温度增加而增强，当焙烧温度超过 200℃时，ThP_2O_7 的生成量明显增加。

第二个吸热峰（328℃）所对应的化学反应主要是硫酸的分解反应：

$$H_2SO_4 \rule[0.5ex]{2em}{0.4pt} SO_3\uparrow + H_2O\uparrow \qquad (2.8)$$

第三个吸热峰（400℃）是硫酸铁分解成碱式硫酸铁和焦磷酸脱水等反应：

$$Fe_2(SO_4)_3 \rule[0.5ex]{2em}{0.4pt} Fe_2O(SO_4)_2 + SO_3\uparrow \qquad (2.9)$$

$$H_4P_2O_7 \rule[0.5ex]{2em}{0.4pt} 2HPO_3 + H_2O \qquad (2.10)$$

第四个吸热峰（622℃）和第五个吸热峰（645℃）部分重叠，此时盐基性硫酸铁继续按下式分解：

$$Fe_2O(SO_4)_2 \rule[0.5ex]{2em}{0.4pt} Fe_2O_3 + 2SO_3\uparrow \qquad (2.11)$$

第六个吸热峰出现在 800℃，此温度下稀土硫酸盐将分解成碱式硫酸稀土：

$$RE_2(SO_4)_3 \rule[0.5ex]{2em}{0.4pt} RE_2O(SO_4)_2 + SO_3\uparrow \qquad (2.12)$$

$$RE_2O(SO_4)_2 \rule[0.5ex]{2em}{0.4pt} RE_2O_3 + 2SO_3\uparrow \qquad (2.13)$$

通过上述反应可以看出：

（1）精矿中的氟碳铈矿、独居石、萤石、铁矿石、硅石等主要成分在 300℃以前即可被硫酸分解，稀土矿物转化成可溶性的硫酸盐，这有利于在浸出过程中回收稀土。

（2）以磷酸盐形式存在的钍［$Th_3(PO_4)_4$］，300℃以前首先被硫酸分解为可溶性的硫酸盐，而后硫酸盐又与 H_3PO_4 的分解产物焦磷酸和偏磷酸反应生成难溶性

的 ThP_2O_7 和 $Th(PO_3)_4$。当焙烧温度高于 250℃时，硫酸钍生成难溶性化合物的反应趋势增加，在浸出时留于浸出渣中的量增加，反之，200℃以下时，硫酸钍生成难溶性化合物的趋势减小，浸出时随稀土进入溶液中的量增加。在工业生产中应根据焙烧产物中钍存在的化学形式及溶解性能来确定工艺路线。为了防止放射性元素钍危害从业人员的健康和对环境的污染，生产中希望在精矿分解后的第一工序（浸出）过程将钍分离并回收。

（3）提高焙烧温度有利于稀土矿物的分解，但是在过高的温度（800℃以上）下稀土硫酸盐会分解成碱式硫酸稀土，甚至氧化稀土，这将降低稀土的浸出率，对回收稀土不利。

2.1.2 浓硫酸低温分解混合稀土精矿动力学分析

王少炳、李解等针对浓硫酸低温分解混合稀土精矿工艺，基于热重-差热实验数据，采用 Freeman-Carroll 微分法、Achar-Brindley-Sharp-Wendworth 微分法和一般积分法三种方法，全面分析了硫酸分解稀土精矿的反应动力学行为，推断其反应机理，计算反应表观活化能、反应级数、频率因子等动力学参数，确定不同温度段反应的限制性环节。

1. 动力学计算原理及方法

对于某一反应，根据热重曲线先计算出失重率 α：

$$\alpha = \frac{W_0 - W}{W_0 - W_\infty} = \frac{\Delta W}{\Delta W_\infty} \tag{2.14}$$

式中，W_0 为起始重量；W 为 t 时的重量；W_∞ 为反应最终的重量；ΔW 为 t 时的失重量；ΔW_∞ 为反应的最大失重量。在描述反应的动力学问题时，可用两种不同形式的方程：

$$\frac{d\alpha}{dt} = Kf(\alpha) \tag{2.15}$$

$$G(\alpha) = Kt \tag{2.16}$$

结合阿伦尼乌斯公式：$K=Ae^{-E/RT}$，可得到关于失重率的微分方程和积分方程：

微分式：
$$\frac{d\alpha}{dT} = \frac{A}{\beta} e^{-E/RT} f(\alpha) \tag{2.17}$$

积分式：
$$G(\alpha) = \int_0^\alpha \frac{d\alpha}{f(\alpha)} = \frac{A}{\beta} \int_{T_0}^T e^{-E/RT} dT \tag{2.18}$$

若采用 Freeman-Carroll 微分法，首先固定了反应机理函数，能求出表观活化能 E 和反应级数 n，而利用 Achar-Brindley-Sharp-Wendworth 微分法和一般积分法，要从 41 种机理函数中经计算确定反应机理函数，然后得出反应的表观活化能 E 和频率因子 A，最终确定反应的限制性环节。

采用 Freeman-Carroll 法时，首先令 $f(\alpha)=(1-\alpha)^n$，推导得

$$\frac{\Delta\lg\left(\dfrac{\mathrm{d}\alpha}{\mathrm{d}T}\right)}{\Delta\lg(1-\alpha)}=-\frac{E}{2.303R}\left[\frac{\Delta\left(\dfrac{1}{T}\right)}{\Delta\lg(1-\alpha)}\right]+n \tag{2.19}$$

将失重数据代入方程中，用最小二乘法进行直线拟合，由拟合直线的截距和斜率可求出表观活化能 E 和反应级数 n。而采用 Achar-Brindley-Sharp-Wendworth 微分法，推导得

$$\ln\left[\frac{\dfrac{\mathrm{d}\alpha}{\mathrm{d}T}}{f(\alpha)}\right]=\ln A-\frac{E}{RT} \tag{2.20}$$

同理，采用一般积分法，可推导出：

$$\ln\left[\frac{G(\alpha)}{T^2}\right]=\ln\left[\frac{AR}{\beta E}\left(1-\frac{2RT}{E}\right)\right]-\frac{E}{RT} \tag{2.21}$$

将失重数据代入方程中，从包括形核长大、相边界反应、化学反应和 $n(n=1,2,3)$ 维扩散在内的 41 种机理函数中进行筛选，用最小二乘法进行直线拟合，根据拟合直线的相关性大小选取相关系数 R 最高的 $f(\alpha)$ 和 $g(\alpha)$ 来确定为反应机理函数，然后由拟合直线的截距和斜率可求出表观活化能和频率因子，最终确定不同温度段反应的限制性环节。

这样，采用上述三种方法，基本可以揭示反应的动力学机理（动力学参数、反应机理、限制性环节）。

2. 浓硫酸低温分解稀土精矿反应动力学计算

根据混合稀土精矿酸浸焙烧的差热分析和失重数据，分别将两个反应阶段：阶段 I（160～220℃）和阶段 II（310～340℃）的数据采用三种不同的计算方法进行处理。

首先，将稀土精矿与浓硫酸反应过程中两个阶段的数据采用 Freeman-Carroll 微分法处理，令 $f(\alpha)=(1-\alpha)^n$，图 2.2 为曲线结果。

从图 2.2 可知，经最小二乘法拟合数据后，分解反应在阶段 I 的拟合直线方程为：$y=-1724.51x+0.51$，经计算反应的表观活化能 E 为 33.02 kJ/mol、反应级数 n 为 0.51；而在阶段 II 的拟合直线方程为：$y=-9544.33x+0.61$，E 为 182.75 kJ/mol、n 为 0.61。

然后，将两个反应阶段的数据采用 Achar-Brindley-Sharp-Wendworth 微分法计算，经最小二乘法拟合，从 41 种机理函数中根据相关系数 R 选择相关性最高的机理函数 $f(\alpha)$，结果如图 2.3 所示。

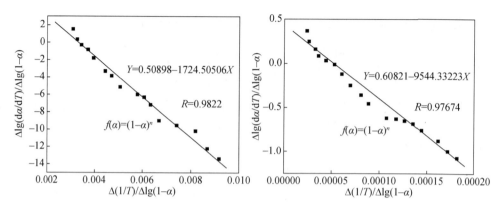

图 2.2　不同温度段稀土精矿酸浸反应的 $\Delta\lg(d\alpha/dT)/\Delta\lg(1-\alpha)$ 对 $\Delta(1/T)/\Delta\lg(1-\alpha)$ 曲线图

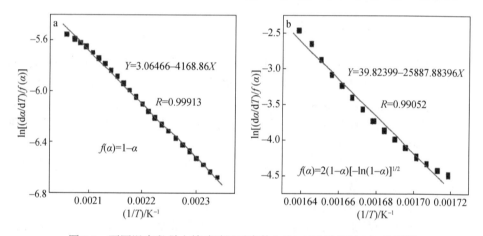

图 2.3　不同温度段稀土精矿酸浸反应的 $\ln[(d\alpha/dT)/f(\alpha)]$ 对 $1/T$ 曲线图

由图 2.3 可得，稀土精矿酸浸反应在阶段 I 的机理函数为 $f(\alpha)=1-\alpha$，符合 Mample 单行法则，其反应机理为随机成核和随后生长的化学反应，由拟合直线方程 $y=-4168.86x+3.06$ 计算出表观活化能 E 为 34.66 kJ/mol、反应因子 $\ln A$ 为 3.06；而在阶段 II 反应的机理函数为 $f(\alpha)=2(1-\alpha)[-\ln(1-\alpha)]^{1/2}$，符 Avrami-Erofeev 方程，反应机理为随机成核和随后生长的化学反应，由拟合直线方程 $y=-25887.88x+39.82$ 计算出 E 为 215.23 kJ/mol、$\ln A$ 为 39.82。

最后，采用一般积分法对两个反应阶段的数据进行处理，同理，经最小二乘法拟合，根据相关系数 R 选择相关性最高的机理函数 $G(\alpha)$，结果如图 2.4 所示。

由图 2.4 看出，稀土精矿酸浸反应在阶段 I 的机理函数为 $G(\alpha)=[-\ln(1-\alpha)]^{3/2}$，由拟合直线方程为 $y=-4614.36x-5.146$ 计算反应表观活化能 E 为 38.36 kJ/mol，反应因子 $\ln A$ 为 -5.15；而阶段 II 反应的机理函数为 $G(\alpha)=[-\ln(1-\alpha)]^{3/2}$，由拟合直线

方程 $y=-24712.63x+29.63$ 计算出 E 为 205.46 kJ/mol，lnA 为 29.63。两个反应阶段的机理函数都符合 Avrami-Erofeev 方程，反应机理均为随机成核和随后生长的化学反应。

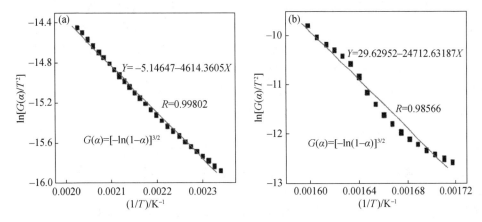

图 2.4　不同温度段稀土精矿酸浸反应的 $ln[G(\alpha)/T^2]$ 对 $1/T$ 曲线图

总之，采用 Freeman-Carroll 微分法、Achar-Brindley-Sharp-Wendworth 微分法和一般积分法得到的表观活化能相差不大，说明机理函数确定的较合理，计算较准确。表 2.1 为稀土精矿酸浸反应动力学分析结果。

表 2.1　稀土精矿酸浸反应动力学分析结果

参数	Freeman-Carroll 微分法		Achar-Brindley-Sharp-Wendworth 微分法		一般积分法	
	阶段 I	阶段 II	阶段 I	阶段 II	阶段 I	阶段 II
活化能 /(kJ/mol)	33.02	182.75	34.66	215.23	38.36	205.46
反应级数	0.51	0.61	—	—	—	—
指前因子	—	—	3.06	39.82	−5.15	29.63
机理函数	$f(\alpha)=(1-\alpha)^n$	$f(\alpha)=(1-\alpha)^n$	$f(\alpha)=(1-\alpha)$	$f(\alpha)=2(1-\alpha)$ $[-\ln(1-\alpha)]^{1/2}$	$G(\alpha)=$ $[-\ln(1-\alpha)]^{3/2}$	$G(\alpha)=$ $[-\ln(1-\alpha)]^{3/2}$
限制性环节			化学反应	化学反应	化学反应	化学反应

2.1.3　浓硫酸低温分解工艺

浓硫酸高温焙烧工艺是目前包头混合稀土精矿的主要加工工艺，但是浓硫酸高温焙烧法产生的大量含硫、氟的混合强酸性废气和放射性废渣，尤其是经高温焙烧产生的放射性废渣很难回收，造成越来越大的环境压力。浓硫酸低温焙烧法与浓硫酸高温焙烧法在焙烧过程中所完成的化学反应是相同的。

浓硫酸焙烧的化学原理在于将不溶于水的 $REFCO_3$ 与 $REPO_4$ 转变为可溶于水的 $RE_2(SO_4)_3$，浓硫酸低温焙烧法与浓硫酸高温焙烧法的差异在于对反应（2.1）与反应（2.2）的控制。浓硫酸高温焙烧法由于产生了一个高温过程，反应（2.8）的大量发生导致硫酸消耗量增加，并生成大量酸性废气；而发生后续反应（2.7），生成焦磷酸钍和其他焦磷酸盐。焦磷酸钍不溶于酸、碱，而且强酸、强碱也难以分解，因此焦磷酸钍只能并入水浸渣，使水浸渣成为放射性废渣。浓硫酸低温焙烧法旨在通过对焙烧温度的控制抑制反应（2.6）与反应（2.8）大量发生，达到减少硫酸消耗量，避免焦磷酸钍生成的目的。

虽然浓硫酸低温焙烧法从理论上和实验上均是可行的，但是浓硫酸低温焙烧分解方法实现工业化却困难重重。采用传统的高效内热式回转焙烧窑进行焙烧，由于回转焙烧窑长度至少大于 25 m，要保持 25 m 回转焙烧窑温度在低温焙烧的合理区间即 200~250℃，则燃烧系统无法保障，同时浓硫酸低温焙烧容易产生窑体结圈现象，因此包头稀土精矿浓硫酸低温焙烧的工业化过程难以实现。

实践证明，250~300℃时，浓硫酸（H_2SO_4＞93%）就能使精矿中的稀土转变成易溶于水的硫酸盐。但对于稀土品位较低（REO 20%~35%）、铁等杂质含量高的精矿，水浸出分解产物时，浸出液中杂质含量较高。所以只能采用复盐沉淀方法去除杂质才能得到合格的混合氯化稀土产品，低温浓硫酸焙烧分解工艺如图 2.5 所示。

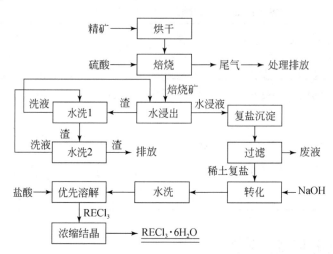

图 2.5　低温浓硫酸焙烧制取稀土氯化物工艺流程

1. 精矿的干燥

浓硫酸焙烧分解工艺的一个重要工艺条件是酸矿比。为了使精矿计量准确、便于用螺旋给料机、圆盘给料机准确进料以及防止精矿中的水分将浓硫酸稀释而腐蚀钢质回转窑，所以在浓硫酸焙烧分解之前，必须将精矿中的水分除去。

精矿的干燥脱水通常是在外热式钢质回转窑内进行，要求精矿中的水分由 5%～10%降低至 0.2%以下。

回转窑内温度不宜过高，否则会使部分氟碳铈矿分解，其中的铈也会被氧化，从而影响稀土的水浸出率。

2. 浓硫酸焙烧

浓硫酸焙烧是在内热式钢质回转窑内进行。回转窑需要在负压下运转。负压低时火焰很难深入窑体内部，且废气易逸出窑体而污染环境。若负压过大，则窑内温度梯度被破坏，窑尾温度过高，造成硫酸挥发量增加。同时也会使稀土精矿分解率下降。在工业生产中，窑尾负压控制在 30～50 Pa。先按要求的酸矿比将干精矿与浓硫酸加入混合器混匀，再经输料管流入窑尾。物料在窑内翻动且匀速地向窑头移动，完全分解成焙烧矿后从窑头流出并进入调浆槽，用泵输送至水浸出工序。废气从窑尾排出导入净化系统。

反应物料温度在 250～300℃下焙烧 1～2 h 即可使稀土精矿分解完全。实际上物料从进入窑体至出窑总共停留约 3 h。要求焙烧产物（焙烧矿）为直径 5～20 mm 的蜂窝状小球，刚出窑头时冒酸烟，用硬物可压碎。如焙烧矿不冒酸烟，坚硬且发白甚至发红色，表明焙烧过度；反之，质软色深绿，且冒浓烟，则表明反应不完全。后两者皆使稀土的水浸出率降低。正常情况下稀土精矿的分解率为 95%～97%。

3. 焙烧矿的水浸出

焙烧矿中的稀土以硫酸盐形式存在，可用水将其溶解成水溶液。稀土硫酸盐在水中的溶解度随温度升高而降低，所以要用冷水浸出。因焙烧矿中还含有部分过剩的硫酸，冷水浸出实质上是稀硫酸浸出，因此可将从窑内排出的焙烧矿直接用自来水浸出。浸出方式可以用单槽浸出，也可用多槽连续共流浸出。浸出工艺条件：水∶精矿=7～8∶1，在 30～40℃(或室温)下浸出 2～3 h。水浸液稀土浓度应按精矿稀土品位来调整，浸出稀土品位为 20%～25%的精矿，水浸液稀土浓度以约 38 g/L 为宜；浸出稀土品位为 30%～35%的精矿，则水浸液稀土浓度约为 35 g/L。

浸出过程结束后，加絮凝剂沉降，澄清 4～6 h 后，虹吸上清液并转到下一道工序。进行过滤和洗涤，滤液即为水浸液，洗液返回进行下一次浸出，浸出渣排放。水浸出工序稀土的回收率为 96%～98%。

表 2.2 为水浸液的组成。水浸渣中稀土含量为 1%～2%，其余主要成分是碱土金属的硫酸盐，渣的放射性比活度低于 1.85×10^4 Bq/kg。

4. 水浸液的复盐沉淀

复盐沉淀工艺是在浸出液中加入沉淀剂（NaCl 或 Na_2SO_4），稀土生成硫酸

表 2.2 水浸液的组成

REO	ThO$_2$	Fe	CaO	Mn	P$_2$O$_5$	F	[H$^+$]/(mol/L)
26.75	—	13.9	0.65	1.39	6.2	—	0.7
34.10	0.155	19.8	—	1.84	10.6	0.244	1.6
35.40	0.148	21.0	0.77	1.87	10.2	0.210	1.5

钠复盐沉淀，而非稀土杂质大部分留在溶液中，从而达到稀土与非稀土杂质分离的目的。同时也为稀土转型创造了条件。

一般使用 Na$_2$SO$_4$ 作沉淀剂，但浸出液中有相当数量的 SO$_4^{2-}$，因此加入 NaCl 也可使稀土以硫酸复盐沉淀析出：

$$x\text{RE}_2(\text{SO}_4)_3 + 2y\text{NaCl} + y\text{H}_2\text{SO}_4 + z\text{H}_2\text{O} === x\text{RE}_2(\text{SO}_4)_3 \cdot y\text{Na}_2\text{SO}_4 \cdot z\text{H}_2\text{O} \downarrow + 2y\text{HCl}$$

一般情况下，x、y=1，z=2。

应当指出，由于钍也能生成复盐 Th(SO$_4$)$_2$·2Na$_2$SO$_4$·6H$_2$O，所以有部分钍也进入沉淀物中。

工业实践证明，浸出液中 [H$^+$] >1 mol/L 时，若用 NaCl 为沉淀剂，中重稀土硫酸钠复盐的溶解度下降，则其损失率降低。同时，也可减少杂质钙的沉淀量。

由于稀土硫酸钠复盐的溶解度随温度升高而降低，所以沉淀作业应在 90℃ 以上进行。NaCl 用量为 NaCl∶REO=1.4～1.5∶1。沉淀时间为 2 h。反应完成后趁热过滤，并用 2% 的食盐溶液淋洗滤饼。复盐和滤液的分析结果如表 2.3 所示。

表 2.3 复盐和滤液分析结果

项目	REO	ThO$_2$	Fe	CaO	Mn	P$_2$O$_5$	F	H$_2$O	[H$^+$]/(mol/L)
复盐/%	42.5	0.09	0.15	—	—	0.31	—	15	
	45.4	0.23	0.20	1.60	—	0.33	—	22	
滤液/(g/L)	0.13	0.021	21.4	0.55	2.28	11.2	0.23		1.45
	0.13	0.046	22.4		2.14	10.9	0.22		1.62

工业生产中，稀土沉淀率可达 98%。损失在溶液中的重稀土为其总量的 10% 左右。

5. 稀土硫酸钠复盐的碱转化

在加热条件下，NaOH 溶液与稀土硫酸钠复盐反应生成稀土氢氧化物：

$$\text{RE}_2(\text{SO}_4)_3 \cdot \text{Na}_2\text{SO}_4 + 6\text{NaOH} === 2\text{RE(OH)}_3 \downarrow + 4\text{Na}_2\text{SO}_4 \quad (2.22)$$

$$\text{Th(SO}_4)_2 \cdot \text{Na}_2\text{SO}_4 + 4\text{NaOH} === \text{Th(OH)}_4 \downarrow + 3\text{Na}_2\text{SO}_4 \quad (2.23)$$

将稀土硫酸钠复盐与 NaOH 溶液加入钢制碱转化槽，在 95℃ 下搅拌 4～6 h。为使反应进行完全，必须保持反应体系中游离 [OH$^-$] >0.5 mol/L，反应结束后沉降，澄清，虹吸上清液，再加热水错流洗涤，以除去硫酸钠。洗涤至上清液的 pH=7～8，过滤得 RE(OH)$_3$。

在碱转化过程中或氢氧化物在空气中放置时,有部分 Ce^{3+} 被氧化成 Ce^{4+}:

$$4Ce(OH)_3+O_2+2H_2O=\!=\!=4Ce(OH)_4 \tag{2.24}$$

工业生产中,由于多次洗涤、虹吸等操作而造成部分稀土损失。稀土硫酸钠复盐碱转化工序的稀土回收率为 95%~96%。

6. 碱转化产物 RE(OH)₃ 的盐酸溶解

先将碱转化产物 $RE(OH)_3$ 用适量水调浆,再加盐酸溶解:

$$RE(OH)_3+3HCl=\!=\!=RECl_3+3H_2O \tag{2.25}$$

$$Th(OH)_4+4HCl=\!=\!=ThCl_4+4H_2O \tag{2.26}$$

最终控制溶液的 pH≈1,稀土浓度[REO]≈200 g/L。

溶解过程中,浓盐酸能还原部分 Ce^{4+}:

$$2Ce(OH)_4+8HCl=\!=\!=2CeCl_3+8H_2O+Cl_2\uparrow \tag{2.27}$$

加入过氧化氢将 Ce^{4+} 还原可加速 $Ce(OH)_4$ 的溶解,同时避免氯气放出。

$$2Ce(OH)_4+H_2O_2+6HCl=\!=\!=2CeCl_3+8H_2O+O_2\uparrow \tag{2.28}$$

加入过氧化氢还可将溶液中的 Fe^{2+} 还原为 Fe^{3+},以便于中和除去。

稀土氯化物溶液中含有少量铁、钍等杂质,可再加入 $RE(OH)_3$ 浆液将溶液的 pH 调至 3,然后用稀氨水将溶液的 pH 调至 4.0~4.5,以沉淀铁、钍:

$$Fe^{3+}+3OH^-=\!=\!=Fe(OH)_3\downarrow \tag{2.29}$$

$$Th^{4+}+4OH^-=\!=\!=Th(OH)_4\downarrow \tag{2.30}$$

溶液中加入 $BaCl_2$,以除去少量的 SO_4^{2-}:

$$SO_4^{2-}+Ba^{2+}=\!=\!=BaSO_4\downarrow \tag{2.31}$$

除去杂质后的稀土氯化物溶液再通过浓缩、结晶制备成稀土氯化物产品。

浓硫酸低温焙烧低品位精矿工艺的流程长、固液转换多、稀土损失较大,且化工试剂及能量消耗也较多,因此该工艺的稀土总回收率约为 80%。

2.1.4 浓硫酸低温分解工艺的改进

针对浓硫酸低温焙烧低品位精矿制取混合稀土氯化物工艺的缺点进行了改进,主要有:

焙烧前,精矿与硫酸混合并在 40~150℃下熟化,然后在低温下进行焙烧,从而使焙烧矿的分散性变好,不易黏结窑壁;低温焙烧,抑制了浓硫酸的分解,不仅降低了硫酸消耗量,而且也提高了尾气中氟化氢的纯度,更有利于氟化氢的净化与回收,精矿的分解率也有所提高,从而实现了连续低温动态(在外热式回转窑内)焙烧。

采用浓硫酸低温焙烧-碳酸氢铵热分解回收氟化氢工艺是在焙烧窑烟道内设置一个产生氨气的装置,将焙烧过程产生的氟化氢与氨气反应生成氟化铵固体,使尾气得以净化并达到国家排放标准。

浓硫酸低温焙烧时，加入适量的分解助剂，在 250～300℃下，精矿中钍的浸出率可达到 90% 以上。焙烧矿经水浸、过滤可得到非放射性废渣和含钍的硫酸稀土溶液，再经中和净化则得到纯净的硫酸稀土溶液。

非皂化混合萃取剂在硫酸介质中萃取分离稀土工艺克服了 P_{204} 低酸度下萃取易乳化和中、重稀土反萃困难、负载有机相稀土浓度低、反萃液酸度高的缺点，从而可直接以浓硫酸焙烧水浸液为原料，进行 Nd/Sm 萃取分组转型，或直接进行 Ce/PrNd/Sm 三出口萃取分离，一步萃取可得到三种产品。该工艺不仅简化了流程，而且从源头上消除了因氨皂化而产生的 "氨氮" 废水，酸碱等化工材料消耗降低 20% 以上，并节省了大量废水处理费用。

浓硫酸低温静态焙烧-伯铵萃钍-P_{204} 全萃取转型生产混合氯化稀土工艺的优点是能够有效地回收稀土矿中的钍，使水浸渣达到国家低放射性渣的排放标准；存在的问题是：低温静态焙烧时，精矿分解率较低，焙烧矿中残余酸量大且处于潮湿状态，容易黏结在容器壁上，难以实现动态连续化工业生产。伯铵萃钍后的萃余液采用 P_{204} 全萃取转型时，由于 P_{204} 萃取中、重稀土的能力强，造成反萃困难，反萃液的酸度较高，增加了生产成本。同时由于中、重稀土反萃不完全，反萃液重稀土配分波动较大，从而给后续分离工序带来不必要的麻烦。该工艺只完成了工业试验，未能应用于工业生产。

2.1.5　浓硫酸低温分解新工艺

2.1.5.1　硫酸浆化分解混合稀土精矿工艺研究

崔建国等提出一种浆化分解含氟矿物的工艺，即混合稀土精矿通过 H_2SO_4 溶液分解后，分解产物硫酸稀土经过结晶进入酸浸渣中，水浸后得到硫酸稀土溶液，由于没有 H_2SO_4 的分解，使含氟尾气成分单一化，显著降低了硫酸、能源消耗与废气、废渣处理难度。为了进一步扩展其工业应用，揭示 H_2SO_4 溶液浆化循环分解稀土精矿机理，节省 H_2SO_4 溶液的消耗，本小节主要研究低温低浓度下 H_2SO_4 溶液中氟碳铈矿多级循环分解情况，确定混合稀土精矿的元素迁移方向和多级循环过程中氟碳铈矿分解稳定性，考察酸浸液中 REO、F 和 P_2O_5 等元素富集情况，对氟磷资源回收起到借鉴作用，从而实现氟、磷和稀土资源分类回收，为工业化混合稀土精矿浆化循环分解奠定基础。

将低浓度 H_2SO_4 溶液置于烧杯中进行机械搅拌，搅拌速度 200～250 r/min，升温至设定温度后，加入混合稀土精矿，开始计时，经过规定的时间后，反应结束，过滤、洗涤得到酸浸液和酸浸渣。酸浸渣与一定比例的水混合，置于烧杯中，搅拌 2 h 后，过滤洗涤得到水浸渣和硫酸稀土溶液，对水浸渣中 REO、F、P_2O_5 含量进行分析，工艺流程见图 2.6。

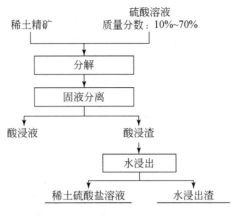

图 2.6　工艺流程图

1. 反应温度对稀土浸出率的影响

首先研究温度对各矿物分解的影响，当 H_2SO_4 浓度为 60%，液固比为 4∶1 (mL/g)，反应时间为 2 h 时，不同反应温度对 REO、F 和 P_2O_5 浸出率的影响规律如图 2.7 所示。由图可知，随着温度升高，F 和 REO 浸出率上升显著，说明温度对矿物分解影响较大，当温度达到 120℃时，F 浸出率为 98.9%，此时精矿中含氟矿物基本完全分解，继续升高温度，F 和 REO 浸出率保持稳定，其他稀土矿物未发生分解。P_2O_5 浸出率在 60℃达到 25.94%，且随着反应温度升高基本保持不变，这是由于精矿中磷灰石在该浓度的硫酸溶液中易于分解，且独居石矿物在该条件下未分解，磷灰石中的 P 元素已全部溶解进溶液，因此，分解氟碳铈矿最佳温度为 120℃。

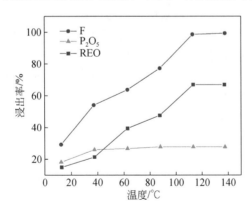

图 2.7　反应温度对 REO、F、P_2O_5 浸出率的影响

2. H_2SO_4 浓度对稀土浸出率的影响

H_2SO_4 浓度是影响矿物分解的重要因素，不仅影响反应速率、氟浸出率，还

会对溶液的可加热温度产生影响。为确保 H_2SO_4 溶液在加热过程不出现沸腾现象，本组实验选取 120℃ 作为反应温度，H_2SO_4 浓度分别为 50%、60% 和 70%，反应时间为 2 h，液固比为 4∶1(mL/g)，得到 REO、F 和 P_2O_5 浸出率随 H_2SO_4 浓度的变化规律，如图 2.8 所示。由图可知，当温度为 120℃，H_2SO_4 浓度达到 50% 时，REO 与 F 浸出率明显升高，F 浸出率为 93.67%，继续提高浓度到 60% 后，F 浸出率大于 98% 后基本保持不变，继续升高 H_2SO_4 浓度，对 REO 浸出率未有明显提升，因此，选取较佳硫酸浓度为 60%。

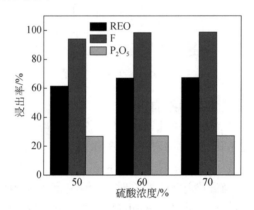

图 2.8　H_2SO_4 浓度对 REO、F、P_2O_5 浸出率的影响

3. 反应时间对稀土浸出率的影响

在反应温度为 120℃、H_2SO_4 浓度为 60%、液固比为 4∶1(mL/g)条件下，研究反应时间对 REO、F 和 P_2O_5 元素浸出率的影响，结果如图 2.9 所示。从图中可以看出，各元素浸出率随着反应时间的延长而升高，当反应时间为 0.5 h 时，F 浸出率达到 87%，延长反应时间至 2 h，F 浸出率达到 98.9%，REO 浸出率为 66.5%，继续延长时间，各元素浸出率无明显增加，表明此时含氟矿物已完全分解，因此，氟碳铈矿的最佳硫酸浆化分解时间应为 2 h。

4. 液固比对稀土浸出率的影响

当温度为 120℃、H_2SO_4 浓度为 60%、时间为 2 h，考察不同液固比对 REO、F 和 P_2O_5 元素浸出率的影响，结果如图 2.10 所示。由图可知，随着液固比的增大，REO 与 F 浸出率显著上升，P_2O_5 浸出率无明显变化。当液固比为 2∶1(mL/g)时，F 浸出率为 91%，REO 浸出率 61.2%；当液固比增加至 4∶1(mL/g)时，F 浸出率达到 98% 以上，REO 浸出率 66.5%，继续增大液固比，虽然可以促进离子间相互扩散，但综合考虑 REO 与 F 浸出率、能耗等因素，最终确定最佳液固比为 4∶1(mL/g)。

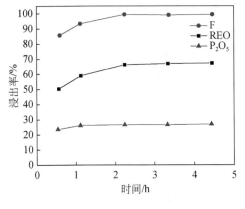
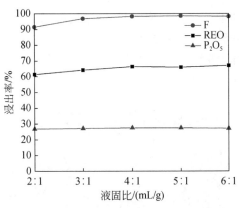

图 2.9　反应时间对 REO、F、P_2O_5　　　　　图 2.10　液固比对 REO、F、P_2O_5
　　　　浸出率的影响　　　　　　　　　　　　　浸出率的影响

5. 物相变化

图 2.11（a）为 H_2SO_4 浓度为 60%，反应时间为 2 h，不同温度下水浸渣 XRD 图谱。可以看到，随着温度的升高，氟碳铈矿的特征衍射峰逐渐减弱，当温度为 120℃时，图中已观察不到氟碳铈矿衍射峰，水浸渣物相仅为独居石。由此可知，硫酸浆化分解过程中，稀土矿物中仅有氟碳铈矿发生分解，与预期目标和结果相吻合。对 H_2SO_4 浓度为 50% 与 60% 条件下的水浸渣进行 XRD 分析，如图 2.11（b）所示，当酸度为 50% 时，水浸渣中物相包括氟碳铈矿与独居石，H_2SO_4 浓度升至 60%，水浸渣物相仅剩为独居石。对最佳反应条件下水浸渣进行 SEM-EDS 分析，结果如图 2.12 所示。图 2.12（a）为水浸渣 SEM 图，（b）~（d）分别为（a）中点 1、2 和 3 能谱图，可以看到矿物颗粒中主要元素为稀土、P 和 O 元素，未找

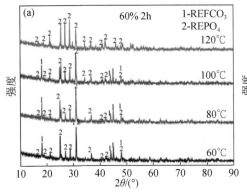
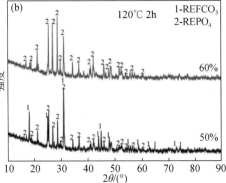

图 2.11　不同条件下水浸渣 XRD 图谱

到 F 元素，产物主要以独居石为主，氟碳铈矿已分解完全，通过 SEM 图可以看到矿物颗粒未受到明显侵蚀，因此独居石在浆化分解过程中并未发生反应。混合稀土精矿由于矿物成分复杂，难以通过选矿手段分离氟碳铈矿与独居石，通过硫酸浆化分解混合稀土精矿工艺，则可以优先分解氟碳铈矿，实现与独居石的分离。

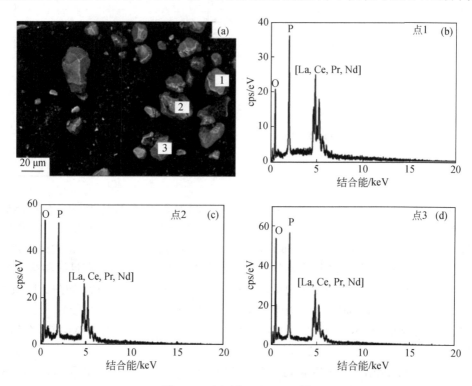

图 2.12　水浸渣 SEM-EDS 图

6. 反应表观动力学分析

通过研究矿物的分解规律，分析反应的限制环节，为进一步改善化学反应条件提供理论基础。控制 H_2SO_4 溶液分解矿物条件，对不同反应温度和时间下稀土出率进行动力学研究。图 2.13 为不同温度下稀土浸出率随时间的变化图，其他反应条件为 H_2SO_4 浓度为 60%，液固比为 4:1(mL/g)。可以看出，随着反应温度的升高，REO 浸出率逐渐升高，30 min 时，当反应温度在 100℃以下，REO 浸出率为 30%以下，当温度达到 120℃，REO 分解率接近 60%，反应时间在 30 min 之前，REO 浸出率显著上升，继续延长时间，REO 浸出率上升较缓后保持稳定。

基于上述反应条件实验基础上，在液-固反应条件下，如将稀土精矿作为球形颗粒，采用未反应收缩核模型对 H_2SO_4 溶液浆化分解稀土精矿过程进行分析。收缩核模型的不同动力学方程式如下所示。

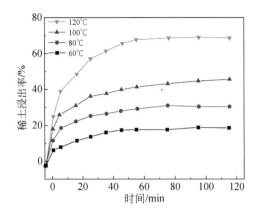

图 2.13　不同温度下稀土浸出率随时间变化的曲线

化学反应或者外扩散控制方程式：

$$K_1 t = 1 - (1-x)^{1/3} \qquad (2.32)$$

内扩散控制动力学方程式：

$$K_2 t = 1 - \frac{2}{3}x - (1-x)^{2/3} \qquad (2.33)$$

界面转移与扩散控制（收缩核变形模型）动力学方程式：

$$K_3 t = \frac{1}{3}\ln(1-x) + (1-x)^{-1/3} - 1 \qquad (2.34)$$

式中，K_i 为不同控制过程的速率常数，x 为 REO 浸出率，t 为实际分解时间。

根据图 2.13 数据，将反应初始阶段分解数据代入式（2.32）、式（2.33）和式（2.34）中，对计算结果与反应时间进行线性拟合，线性相关系数（R^2）如表 2.4 所示，可以看到，界面转移与扩散控制模型线性相关系数（R^2）>0.95，高于其他反应模型线性相关系数。通过图 2.14 可以看到，界面转移与扩散控制模型更好拟合了分解实验中动力学数据。进一步对该模型下 $\ln k$ 与 $1/t$ 进行阿伦尼乌斯公式拟合，如图 2.15 所示，可得到 H_2SO_4 溶液分解混合型稀土精矿过程的表观活化能 E_a=58.26 kJ/mol。

表 2.4　不同温度下三种动力学模型的线性相关系数（R^2）

温度/℃	$K_1 t = 1-(1-x)^{1/3}$		$K_2 t = 1-2/3x-(1-x)^{2/3}$		$K_3 t = 1/3\ln(1-x)+(1-x)^{-1/3}-1$	
	K_1	R^2	K_2	R^2	K_3	R^2
60	0.00154	0.7666	0.0000865	0.9767	0.0000484	0.9830
80	0.00282	0.7477	0.000277	0.9405	0.000170	0.9557
100	0.00402	0.7625	0.000552	0.9638	0.000374	0.9821
120	0.00721	0.8459	0.00156	0.9745	0.00133	0.9932

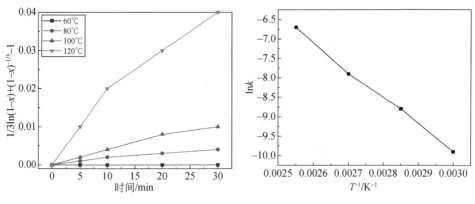

图 2.14 不同温度下 $1/3\ln(1-x)+(1-x)^{-1/3}-1$ 与反应时间的关系

图 2.15 $\ln k$ 与 $1/T$ 之间的线性关系

2.1.5.2 包头稀土精矿浓硫酸低温焙烧工艺技术

马莹等采用浓硫酸低温动态焙烧方式分解包头稀土精矿，考察了焙烧温度、矿酸比、回转窑倾角、转速等因素对稀土精矿中稀土和钍分解率的影响。结果表明，包头稀土精矿浓硫酸低温焙烧工艺可行，稀土和钍的浸出率均大于95%。水浸渣的放射性总比放达到国家非放射性渣排放标准，具有推广应用前景。

试验所用分析方法见表 2.5。

表 2.5 分析方法表

序号	项目	分析方法
1	溶液中稀土浓度	EDTA 络合滴定法
2	固体物中稀土含量	草酸盐重量法
3	二氧化钍含量	等离子质谱仪

影响稀土精矿分解的因素主要有焙烧温度、矿酸比、焙烧时间等。本小节考察了各影响因素对稀土、钍的浸出率和渣中残留率的影响，确定了最佳的焙烧工艺。按照所确定的工艺进行试验验证，检测了渣中的放射性总比放达到了国家非放射性渣的排放标准。

1. 焙烧温度

将包头稀土精矿与浓硫酸混合并加热到一定温度，矿物中的稀土和钍发生分解反应，生成可溶性的硫酸盐。铁、钙、锰等矿物也不同程度地分解生成硫酸盐。硫酸稀土、硫酸钍、硫酸铁、磷酸等基本上可以溶解。在温度较高时，磷酸分解生成焦磷酸或偏磷酸并与钍、钙的硫酸盐作用生成难溶的焦磷酸盐或偏磷酸盐。

主要分解反应如下：

（1）氟碳铈矿的分解：

$$2REFCO_3+3H_2SO_4\longrightarrow RE_2(SO_4)_3+2CO_2\uparrow+2HF\uparrow+2H_2O\uparrow \qquad (2.35)$$

（2）独居石矿的分解：

$$2REPO_4+3H_2SO_4\longrightarrow RE_2(SO_4)_3+2H_3PO_4 \qquad (2.36)$$

$$Th_3(PO_4)_4+6H_2SO_4\longrightarrow 3Th(SO_4)_2+4H_3PO_4 \qquad (2.37)$$

（3）焦磷酸钍、钙的生成温度在 200～300℃，磷酸脱水转变成焦磷酸，焦磷酸与硫酸钍作用生成难溶的焦磷酸钍。

$$2H_3PO_4\longrightarrow H_4P_2O_7+H_2O \qquad (2.38)$$

$$Th(SO_4)_2+H_4P_2O_7\longrightarrow ThP_2O_7\downarrow+2H_2SO_4 \qquad (2.39)$$

$$2CaSO_4+H_4P_2O_7\longrightarrow Ca_2P_2O_7\downarrow+2H_2SO_4 \qquad (2.40)$$

（4）在 338℃，硫酸开始分解：

$$H_2SO_4\longrightarrow SO_3\uparrow+H_2O\uparrow \qquad (2.41)$$

因此，在稀土精矿浓硫酸低温焙烧工艺中温度是关键因素。必须控制适当的焙烧温度使稀土、钍尽可能分解生成可溶性的硫酸盐进入溶液中。如果温度偏低，稀土和钍分解不完全，浸出率低；如果温度过高，钍转变为难溶的焦磷酸钍进入水浸渣，一方面浸出率低，另一方面会导致水浸渣中放射性总比放超标；同时如果温度超过 338℃，硫酸将会分解造成损失并进而导致浸出率低。因此进行了一系列的温度试验，结果见图 2.16。

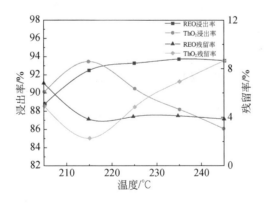

图 2.16　不同温度下对稀土精矿分解效果的影响

由图 2.16 可见，当温度在 200～250℃之间变化时，稀土的浸出率随温度升高而增加，在 215℃时达到最高，其后则无明显变化；钍的浸出率先随温度升高而升高，到 215℃时开始下降，说明此时已有焦磷酸钍生成。与此相对应渣中稀土的残留率随温度升高而下降，达到最低值后则不再有明显变化；渣中钍的残留率先随温度升高而下降,到一定温度后则迅速上升。

2. 矿酸比

矿酸比是指浓硫酸和稀土精矿的重量配比,是影响精矿分解的重要因素。精矿品位不同、反应温度不同,硫酸的挥发及分解用量也不同。图 2.17 为其他因素不变时不同矿酸比对稀土精矿分解的影响。由图可知,随着矿酸比增加时,稀土和钍的浸出率也增加。当矿酸比为 1∶1.5 时,二者的浸出率均可达到 90%以上,渣中的残留物随矿酸比增加而下降,同样地,当矿酸比为 1∶1.5 时,渣中的稀土和钍的残留率达到较低的水平。考虑到生产成本,确定稀土精矿浓硫酸低温焙烧的矿酸比为 1∶1.5。

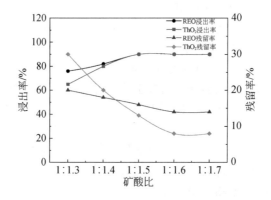

图 2.17　不同矿酸比对稀土精矿分解效果的影响

3. 窑体倾角试验

窑体倾角决定了稀土精矿在窑内的停留时间,也就是决定了焙烧时间。在其他因素不变的条件下,改变窑体倾角,考察其对精矿分解的影响,结果见图 2.18。

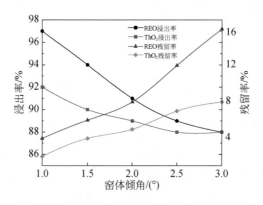

图 2.18　窑体倾角对稀土精矿分解效果的影响

由图 2.18 可见，增加窑体倾斜角度，稀土和钍的浸出率均明显下降。同时渣中的残留率也明显上升，说明焙烧时间缩短，不利于精矿分解完全。但是，窑体倾角增大，有利于湿矿在较短时间内进入高温区，减轻结圈现象；而相应的焙烧时间缩短，则不利于精矿分解。因此，应选择合适的倾角，使两者均能达到预定目标。故根据试验确定窑体倾角为 1°。

4. 窑体转速试验

与窑体倾角试验类似，在其他因素不变的条件下，改变窑体转速，相当于改变稀土精矿的焙烧时间。考察了其他因素不变时，窑体转速对精矿分解的影响，结果见图 2.19。

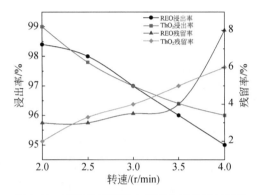

图 2.19　不同转速对稀土精矿分解效果的影响

由图 2.19 可见，随着窑体转速增加，稀土精矿在窑内停留时间缩短，导致稀土和钍的浸出率均下降；与之相对应，渣中稀土和钍的残留率均上升，说明焙烧时间缩短，不利于稀土精矿分解。同时发现窑体转速快有利于湿矿在较短时间内进入高温区，减轻结圈现象，但焙烧时间缩短，不利于精矿分解。因此，应选择合适的转速，使两者均能达到预定目标。故选择窑体转速为 2 r/min。

5. 验证试验

由以上各次试验结果确定了包头稀土精矿浓硫酸低温焙烧的适宜条件，并进行试验验证。各次试验的结果见表 2.6。

表 2.6　验证试验结果

实验编号	浸出率/%		渣中残留率/%	
	REO	ThO$_2$	REO	ThO$_2$
718-1	96.1	97.4	5.8	3.6
718-2	96.4	95.0	3.1	0.86
802-1	98.2	98.8	3.02	2.3
802-2	96.2	97.4	4.0	2.1

由表 2.6 可见，采用本小节确定的工艺条件，进行了一系列的验证试验，得到较为满意的结果。稀土和钍的浸出率均达到 95%以上，不低于现行工艺；渣中稀土和钍的残留率在 3%～5%之间。对水浸渣进行放射性总比放检测，均低于 7.4×10^4 Bq/kg，达到国家非放射性渣的排放标准，无需存入放射性渣库，可作为一般工业废物处理。放射性总比放的检测结果见表 2.7。

表 2.7　水浸渣的放射性总比放测量结果

样品	测量结果		
	放射性比活度/(Bq/kg)		
	α	β	总比活度
718-1	5.09×10^3	1.13×10^4	1.64×10^4
718-2	5.44×10^3	9.45×10^4	1.49×10^4
802-1	5.78×10^3	1.06×10^4	1.64×10^4
802-2	8.09×10^3	9.90×10^4	1.80×10^4

2.1.5.3　硫酸低温液相分解独居石行为过程研究

张鹏飞等以混合稀土精矿为原料，研究了硫酸低温液相分解独居石的行为过程。主要探究了硫酸浓度、反应温度、反应时间、反应液固比和浸出时间等因素对独居石分解率的影响，阐明了反应过程中的物相变化，分析了动力学过程。

1. H$_2$SO$_4$浓度对稀土浸出率的影响

在分解混合稀土精矿中独居石的过程中，H$_2$SO$_4$ 的浓度是十分重要的影响因素之一，不同的 H$_2$SO$_4$ 浓度会影响独居石的分解情况。本试验选取 H$_2$SO$_4$ 浓度为 60%～98%，反应时间为 120 min，反应温度为 130℃，反应液固比为 3∶1(mL/g) 的实验条件，观察不同时间下 REO、F 和 P$_2$O$_5$ 浸出率随硫酸浓度变化曲线，实验结果如图 2.20 所示。当 H$_2$SO$_4$ 浓度为 60%～70%时，P$_2$O$_5$ 浸出率为 37.86%，一直保持不变，这是因为稀土精矿中的 P$_2$O$_5$ 主要以磷灰石和独居石的形式存在，而磷灰石在此条件下易被分解，独居石未分解，所以此时 P$_2$O$_5$ 浸出率均由磷灰石提供。F 浸出率在 99.01%保持平衡，说明此 H$_2$SO$_4$ 浓度下氟碳铈矿基本完全分解。REO 浸出率在 64.81%保持不变。当 H$_2$SO$_4$ 浓度为 80%时，P$_2$O$_5$ 浸出率为 45.47%，REO 浸出率为 68.52%，说明此浓度下独居石开始发生分解。F 浸出率有所下降，为 96.23%。当 H$_2$SO$_4$ 浓度从 80%提升至 98%时，P$_2$O$_5$ 浸出率急剧升高，为 99.84%，说明此时独居石已经基本完全分解。F 浸出率为 76.38%，REO 浸出率为 72.46%，说明高浓度 H$_2$SO$_4$ 不利于氟碳铈矿的分解。因此，选择分解独居石的最佳 H$_2$SO$_4$ 浓度为 98%。

2. 反应温度对稀土浸出率的影响

硫酸分解混合稀土精矿中独居石过程中的反应温度不仅可以反映独居石分解效率，还会影响各元素在稀土精矿和水浸渣中的存在形式，因此值得探讨该过程。图 2.21 展示了在 98% H_2SO_4 下，反应液固比为 3∶1(mL/g)，20～160℃温度范围内对于 REO、F 和 P_2O_5 浸出率的影响。

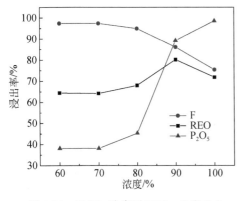

图 2.20　H_2SO_4 浓度对 REO、F 和 P_2O_5　　　图 2.21　反应温度对 REO、F 和 P_2O_5
　　　　　浸出率的影响　　　　　　　　　　　　　　浸出率的影响

在图 2.21 中可以看出，在不同反应温度下，氟碳铈矿和独居石与 H_2SO_4 发生反应，随着反应时间的增长，各元素的浸出率开始逐渐增大。在 20～70℃内，P_2O_5 浸出率缓慢升高。在 70℃时，P_2O_5 浸出率为 48.65%，REO 浸出率为 69.14%，F 浸出率为 90.69%，说明独居石刚开始分解。而随着温度升高，F 的浸出率快速升高，即氟碳铈矿分解速率加快。70～130℃时，P_2O_5 浸出率显著增加，即独居石的分解速率变快。在 130℃时，F 浸出率为 76.38%，REO 浸出率为 72.46%，P_2O_5 浸出率达到 99.84%，随着反应温度的升高，P_2O_5 浸出率一直保持平衡，因此认为此时独居石基本分解完全。F 浸出率开始缓慢下降，和 P_2O_5 的浸出率呈相反的情形。130℃之后，P_2O_5 浸出率基本保持不变，F 浸出率下降缓慢。因此，选择分解独居石的较佳反应温度为 130℃。

3. 反应时间对稀土浸出率的影响

反应时间影响着独居石的分解程度和进程，因此需要进一步探讨该过程。在 H_2SO_4 浓度为 98%、反应温度为 130℃、液固比为 3∶1（mL/g）条件下，探究反应时间对 REO、F 和 P_2O_5 浸出率的影响，结果如图 2.22 所示。可以看出，反应时间对于精矿的分解效率有着促进作用。随着反应时间的增长，该体系对于独居石表现出优异的分解能力，10～60 min 内，磷灰石和独居石快速分解，P_2O_5 的浸出率急剧增大，说明独居石和 98% H_2SO_4 开始剧烈反应，在 60 min 时，P_2O_5 的浸出率达到 97.10%，REO 浸出率为 68.18%，F 浸出率为 71.52%。60～120 min 时，

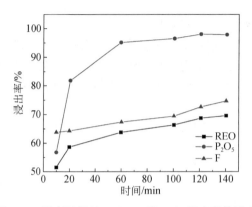

图 2.22 反应时间对 REO、F 和 P_2O_5 浸出率的影响

P_2O_5 的浸出率逐渐变缓，这是因为硫酸稀土固体产物层增多，硫酸浓度大，黏性高，从而导致流动性较差，因此 H_2SO_4 溶液的分解能力变弱。当反应时间达到 120 min 时，稀土精矿中 P_2O_5 的浸出率为 99.84%，REO 浸出率为 72.46%，F 浸出率为 76.38%。此时可以认为独居石几乎分解完全，随着反应时间的继续增长，P_2O_5 的浸出率基本保持不变。对于稀土精矿中的含氟矿物来说，反应初期具有良好的分解能力，但随着反应时间的增加，F 的浸出率变得十分缓慢。由于独居石一直在分解，所以 REO 浸出率有所升高，但增长缓慢。综合独居石的分解时间和能耗等方面来看，选择分解独居石的最佳反应时间为 120 min。

4. 反应液固比对稀土浸出率的影响

在反应温度为 130℃，反应时间为 120 min，H_2SO_4 浓度为 98% 的反应条件下，研究反应液固比对 REO、F 和 P_2O_5 浸出率的影响。选取反应液固比 3∶1～6∶1（mL/g）进行考察，结果如图 2.23 所示。

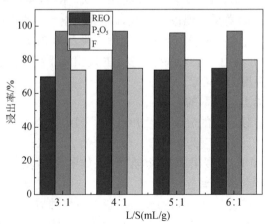

图 2.23 反应液固比对稀土浸出率的影响

在图 2.23 中，随着反应液固比的增大，P_2O_5 的浸出率基本保持平衡，一直维持在 99.84%，REO 和 F 的浸出率随着反应液固比的增加而缓慢升高。当液固比为 3∶1 时，P_2O_5 浸出率为 99.84%，REO 浸出率为 72.46%，F 浸出率为 76.38%；当液固比增大到 6∶1 时，P_2O_5 浸出率保持在 99.84%，说明在此液固比范围内独居石均可分解完全，REO 浸出率达到 74.32%，F 浸出率达到 78.93%，说明增大反应液固比可以促进氟碳铈矿的分解，但是 REO 和 F 浸出率增长缓慢，氟碳铈矿分解效果并不明显。基于独居石目标矿物的分解程度，以及混合稀土精矿中氟碳铈矿和独居石的比例、硫酸消耗和能耗等因素考虑，最终选择分解独居石的最佳反应液固比为 3∶1。

5. 浸出时间对稀土浸出率的影响

H_2SO_4 溶液分解稀土精矿得到的酸浸渣进行洗涤过滤之后需要将其进行浸出，此过程的目的是将硫酸稀土固体产物溶解到水溶液中。因此，研究了在最佳反应条件下，水浸液中 REO 浓度和浸出效率随浸出时间的变化规律，结果如图 2.24 所示。

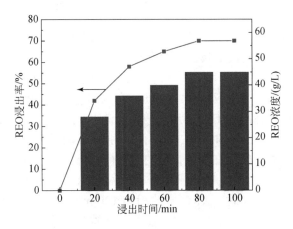

图 2.24　浸出时间对 REO 浸出率和浓度的影响

由于硫酸稀土溶液的浸出率随着浸出温度的升高而降低，因此选择在常温下进行浸出。在图 2.24 中可以看到，随着浸出时间的逐渐增加，水浸液中 REO 的浓度和浸出效率逐渐提高。在 0～20 min 内，REO 浸出效率大幅提升，在 20 min 时，REO 浓度为 28.34 g/L，浸出率为 42.37%。在 20～80 min 内，REO 浸出效率开始变缓，80 min 时，REO 浸出率达到最大，为 72.46%，浓度为 44.76 g/L，之后随着浸出时间的延长，REO 浸出率基本保持平衡。所以，最佳的 REO 浸出时间为 80 min。

6. 物相分析

为了更好探究反应过程中水浸渣成分组成，在最佳反应条件下，对不同条件浆化反应水浸后的水浸渣进行 XRD 分析，结果如图 2.25 所示。

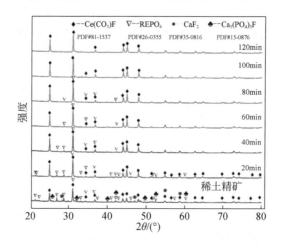

图 2.25 不同反应时间下水浸渣的 XRD 图

图 2.25 显示了 20～120 min 不同反应时间水浸渣的 XRD，水浸渣中的成分和含量反映了反应进行的程度。反应开始前稀土精矿存在氟碳铈矿（REFCO₃）、独居石（REPO₄）、萤石（CaF₂）和磷灰石［Ca₅(PO₄)₃F］等矿物，随着反应时间的增加，各矿物经历了不同的反应历程。20 min 时，CaF_2 和 $Ca_5(PO_4)_3F$ 的特征衍射峰消失，只存在 $REFCO_3$ 和 $REPO_4$ 的特征衍射峰，说明在此条件下 CaF_2 和 $Ca_5(PO_4)_3F$ 很容易被分解。20～100 min 时，$REPO_4$ 衍射峰强度逐渐减弱，在反应 100 min 时，$REPO_4$ 的衍射峰消失，仅存在氟碳铈矿的特征衍射峰。通过 ICP 测定后，显示在图 2.22 中，100 min 时 P_2O_5 的含量仅为 1.13%。XRD 所展现出的结果与图 2.22 的数据相吻合。120 min 时，XRD 中的相和 100 min 时保持一致，结合图 2.22 可知，P_2O_5 浸出率为 99.84%，说明此时独居石基本分解完全，共同佐证了 $REPO_4$ 的分解时间是 120 min，与实验结果保持一致。在整个反应过程中，发生以下反应。

$$CaF_2(s)+H_2SO_4(l)=\!=\!=CaSO_4(s)+2HF(g) \tag{2.42}$$

$$Ca_5(PO_4)_3F(s)+5H_2SO_4(l)=\!=\!=5CaSO_4(s)+3H_3PO_4(l)+HF(g) \tag{2.43}$$

$$2REFCO_3(s)+3H_2SO_4(l)=\!=\!=RE_2(SO_4)_3(l)+2HF(g)+2CO_2(g)+2H_2O(g) \tag{2.44}$$

$$2REPO_4(s)+3H_2SO_4(l)=\!=\!=RE_2(SO_4)_3(l)+2H_3PO_4(l) \tag{2.45}$$

$$SiO_2(s)+4HF(g)=\!=\!=SiF_4(g)+2H_2O(g) \tag{2.46}$$

由于不同时间内各矿物分解进行的程度不同，进而导致其水浸渣发生层次不一的改变，因此有必要进一步观察不同反应时间水浸渣的微观形貌。在反应温度为 130℃、H_2SO_4 浓度为 98%、液固比为 3∶1（mL/g）反应条件下，对水浸渣进行 SEM-EDS 分析，结果如图 2.26 所示。

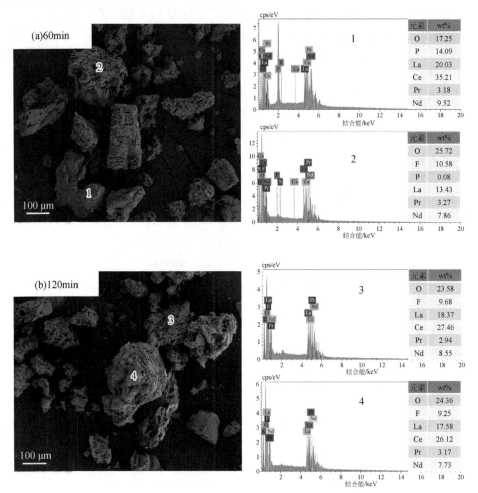

图 2.26　不同反应时间水浸渣的 SEM-EDS 图

图 2.26 显示了不同反应时间的稀土精矿分解后水浸渣的微观形貌和元素组成。在图 2.26（a）中，反应时间为 60 min 时，此时独居石的含量和微观形貌非常少，水浸渣由微量的独居石和大量的氟碳铈矿组成，P_2O_5 浸出率达到了 97.10%。未反应的独居石表面光滑，没有出现被侵蚀的痕迹，整体颗粒粒径为 15～25 μm。氟碳铈矿表面的刻蚀加重，产生较深的裂痕和孔隙，裂痕方向一致，直径约为 1～2 μm 孔隙内部有硫酸稀土固体生成，整体疏松多孔，呈现出絮状发丝态，凹凸不平，且出现部分矿物分散和坍塌，这是由矿物分解产生大量 CO_2、HF 等气体放出造成的。

当反应进行到 120 min 时，结合图 2.26（b）和图 2.25 可知，此时已经完全没有了独居石的特征衍射峰和微观形貌，在对应打点为 3、4 的能谱图中，可以看到矿物颗粒中主要元素为 Ce、F 和 O 元素，未出现 P 元素，水浸渣的矿物组分以 REFCO$_3$ 为主，说明随着反应时间的延长，REPO$_4$ 已经完全分解。REFCO$_3$ 的微观形貌变化相较图 2.26（a）来说变化不大，F 浸出率也没有明显的升高，说明在此条件下的 H$_2$SO$_4$ 溶液对于氟碳铈矿的分解效率和分解能力较弱，在反应开始侵蚀完 REFCO$_3$ 表面后，随着时间的延长，F 浸出率增长得十分缓慢。通过综合分析图 2.25 和图 2.26 可知，水浸渣 SEM-EDS 分析与 XRD 分析结果保持一致，进一步说明了高浓度 H$_2$SO$_4$ 分解独居石的适用性，更好地验证了最佳工艺参数的可行性。

为了进一步观察不同温度下反应过程中的形貌变化和相组成，在最佳反应条件下，对不同反应温度下水浸渣进行 XRD 和 SEM 研究分析，结果如图 2.27 和图 2.28 所示。

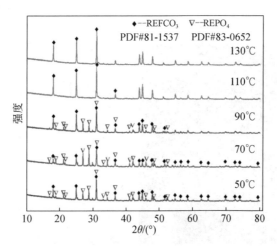

图 2.27　不同反应温度下水浸渣的 XRD 图

在图 2.28 中可以看出，在相同的反应时间下，温度对混合稀土精矿的分解能力的影响有着明显的差异，对于独居石的分解表现得尤为明显。50℃时，水浸渣中存在有氟碳铈矿和独居石的混合矿物的特征衍射峰，对应图 2.28（a）来看，存在着大量未分解的独居石和少量分解的氟碳铈矿。独居石表面光滑，未被刻蚀，氟碳铈矿质地出现凹凸不平的沟壑，沟壑内无新物质生成，侵蚀部分和未反应的部分交替出现。50～90℃时，在图 2.27 中，可以发现独居石的相越来越少，特征衍射峰的强度变弱，说明随着反应温度的升高，独居石开始分解。结合图 2.28(b)～（c），可以看到光滑的独居石矿物颗粒在明显减少，同时，氟碳铈矿的分解也同步发生，被侵蚀的氟碳铈矿物颗粒明显增多，表面粗糙，伴随有裂纹和孔洞，孔洞直径为 1～2 μm 左右，内部中空。从矿物颗粒截面可以看到大量疏松状气孔出现，这是由矿物分解产生大量 CO_2、HF 等气体逸出造成的。130℃时，在图 2.27 和图 2.28（d）中，独居石的特征衍射峰和微观形貌已经基本完全消失，只剩下氟碳铈矿的衍射峰及其被严重侵蚀的微观形貌，此时 P_2O_5 浸出率已经达到 99.84%，共同佐证了在 120 min 时独居石已经分解完全，与实验结果保持一致。

图 2.28　不同反应温度水浸渣的 SEM 图

因此，98% H_2SO_4 溶液随着反应温度的升高，高浓度的 H^+吸附在稀土矿物颗粒表面并开始发生反应，同时侵蚀稀土精矿表面，$REFCO_3$ 和 $REPO_4$ 开始分解。$REPO_4$ 和 $REFCO_3$ 分解生成 $RE_2(SO_4)_3$ 固体产物层。随着反应的进行，由于 98% H_2SO_4 对独居石的分解能力较为优异，可以快速将 $REPO_4$ 分解完全。然而，对于 $REFCO_3$ 来说，由于体系内 $RE_2(SO_4)_3$ 固体产物层较厚，H^+浓度高、黏度大、流动性差，降低了传质效果，共同阻碍了 98% H_2SO_4 溶液继续向核心收缩分解 $REFCO_3$，因而使其分解速率越来越慢，导致氟碳铈矿的分解率较低。

7. 反应动力学分析

为了研究独居石的分解和转化行为，有必要揭示 P 元素的转化动力学。通过寻找合适的动力学方法，构建相关的动力学模型，进而研究独居石的分解规律，分析反应的限制环节，为进一步改善反应条件提供理论基础。反应温度和反应时间对 P_2O_5 浸出率有着很大影响，因此需要对不同反应温度和时间下 P_2O_5 浸出率进行动力学研究，从而分析独居石分解的动力学过程。其他反应条件不变，均为最佳反应条件。结果如图 2.29 所示。

从图 2.29 中可以看出，随着反应温度的升高，P_2O_5 浸出率随之增加。60 min 时，当反应温度在 110℃时，P_2O_5 浸出率为 61.43%，130℃时，浸出率为 97.10%。反应时间在 60 min 之前，P_2O_5 浸出率显著上升，继续延长时间，上升缓慢后保持稳定，因此主要分析前 60 min 的动力学过程。

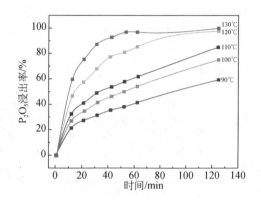

图 2.29　不同温度下 P_2O_5 浸出率随时间变化曲线

本实验中的反应过程都是采用独立的单因素实验，得到的数据曲线也是大量相互独立的实验结果结合产生的，在此基础上将稀土精矿视为球形单颗粒，采用先假设后验证的方法进行反应动力学研究，由于该浆化反应过程属于液-固的反应，因此可以将稀土精矿视为球形颗粒，并假设反应过程符合收缩核型模型特征。反应过程中经历的步骤均为速率控制步骤，而不同控制步骤的动力学模型方程如下所示。

化学反应控制动力学方程式：

$$K_1t = 1 - (1-X)^{1/3} \tag{2.47}$$

外扩散控制动力学方程式：

$$K_2t = 1 - 3(1-X)^{2/3} + 2(1-X) \tag{2.48}$$

界面转移与扩散控制（新型收缩核变形模型）动力学方程式：

$$K_3t = \frac{1}{3}\ln(1-X) + (1-X)^{-1/3} - 1 \tag{2.49}$$

式中，K_i 为不同控制过程的速率常数，X 为 P_2O_5 浸出率，t 为实际分解时间。

根据上述的数据，将反应初始阶段分解数据代入上式中，对计算结果与反应时间进行线性拟合，之后利用线性相关系数（R^2）值来评估上述的动力学模型与动力学数据之间的相关性，从而确定该反应动力学模型。经计算外扩散控制模型 $R^2 > 0.98$，高于其他反应模型线性相关系数，故该动力学模型能够很好地反映出硫酸低温液相分解独居石的反应过程。通过图 2.30 可以看到，外扩散控制模型更好地拟合了该实验中动力学数据。

以图 2.30 中各拟合线的斜率为反应速率常数 K，将每条拟合线的斜率进行对数计算，而后构建 $\ln K$ 与 $1/t$ 的阿伦尼乌斯关系，将纵坐标 $1/T$ 扩大 1000 倍以便于取值，结果如图 2.31 所示。

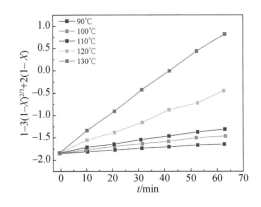

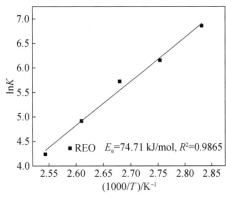

图 2.30　不同温度下 $1-3(1-X)^{2/3}+2(1-X)$ 与反应时间的关系

图 2.31　$\ln K$ 与 $1000/T$ 之间的线性关系

对微分形式的阿伦尼乌斯公式做不定积分，可得

$$\ln K = \frac{-E_a}{RT} + C \tag{2.50}$$

由上式可知，$\ln K$ 为线性方程的 y，$1/T$ 为线性方程的 x，那么$-E_a/R$ 即为直线的斜率 $[R=8.314\ \mathrm{J/(mol\cdot K)}]$，经过计算可得低浓度硫酸溶液浆化分解混合型稀土精矿过程的表观活化能 $E_a=74.71\ \mathrm{kJ/mol}$。

2.1.5.4　混合稀土精矿硫酸浆化循环分解过程研究

徐萌等以硫酸浆化分解混合稀土精矿工艺为基础，设计了多级循环浆化分解实验，考察了循环级数对精矿中稀土、氟和磷等元素的浸出规律，确立了循环分解过程中酸浸液中 REO、F 和 P 等元素的迁移规律，提出了混合稀土精矿多级硫酸浆化循环分解工艺。

此工艺条件为崔建国团队提出的硫酸浆化分解混合稀土精矿工艺研究的最佳工艺条件。将一定浓度的 H_2SO_4 溶液置于烧杯中进行机械搅拌，搅拌速度为 $200\sim250\ \mathrm{r/min}$，升温至设定温度后，加入混合稀土精矿，开始计时，经过规定的时间后，反应结束，过滤、洗涤得到酸浸液和酸浸渣。将酸浸液与洗涤液混合，通过补充一定量的浓 H_2SO_4 继续进行下一轮浆化反应，如此循环进行反应；酸浸渣与一定比例的水混合，置于烧杯中，搅拌 2 h 后，过滤、洗涤得到水浸渣和硫酸稀土溶液，对水浸渣中 REO、F 及 P_2O_5 含量进行分析。

1. 循环级数对各元素浸出率的影响

基于前期研究，研究了硫酸溶液浆化分解混合稀土精矿过程中影响稀土矿物分解的条件，为循环分解混合稀土精矿提供了最佳分解条件：当 H_2SO_4 的浓度为 60%、分解温度为 120℃、时间为 2 h、液固比为 4:1 时，REO 分解率为 66.5%、F 分解率为 98.9%。每轮通过补充上一轮硫酸实际消耗量，考察循环级数对混合稀土精矿中 REO、F 和 P_2O_5 分解的影响，不同循环级数对混合稀土精矿中 REO、F 和 P_2O_5 浸出率的影响规律如图 2.32 所示。

由图 2.32 中各元素不同循环级数浸出率可知，REO、F 和 P_2O_5 的浸出率稳定，当浆化酸浸液循环分解混合稀土精矿 100 轮后，平均 REO 浸出率为 62.2%、P_2O_5 浸出率为 30.6%、F 浸出率为 97.3%，硫酸浆化循环分解对含氟矿物分解有较好的适应性，并未随着循环次数增加而减弱矿物分解能力，REO 浸出率保持稳定，可实现氟碳铈矿的优先分解，P_2O_5 的浸出主要为稀土精矿中磷灰石分解导致的。

图 2.33 为不同循环级数酸耗量和除渣率变化规律，在 100 级循环实验中，浆化反应后水浸渣渣量趋于平稳，渣率在 45%～55% 之间，整体在合理的范围内波动。每 100 g 稀土精矿硫酸消耗在 60～70 g 之间，平均酸耗为 65.53 g，每级硫酸消耗量稳定。

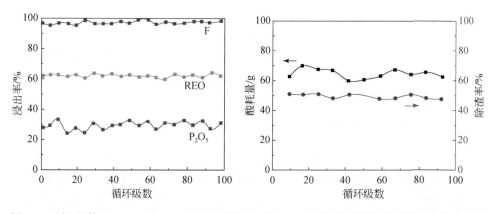

图 2.32　循环级数对 REO、F 和 P_2O_5 浸出率的影响　图 2.33　不同循环级数酸耗量和除渣率变化

2. 循环级数对酸浸液中元素富集的影响

通过矿相结果可知，混合稀土精矿中除了氟碳铈矿、独居石等稀土矿物，还含有较多含量的磷灰石、萤石等杂质矿物，在硫酸浆化分解过程中导致 F、P 等元素进入反应体系中。为考察酸浸液中 REO、P 和 F 元素对矿物分解的影响，对酸浸液中 REO、F 和 P_2O_5 的富集情况进行研究，结果如图 2.34 所示：随着循环分解级数的增多，酸浸液中 REO 与 F 浓度保持稳定，其中 F 浓度在 3 g/L 左右，这主要由于氟碳铈矿与萤石在反应过程中产生 HF 与 SiF_4，以气体形式进入尾气中，因此酸浸液中 F 浓度较低并保持稳定。REO 浓度在 10 g/L 左右，因为随着硫酸浓度升高，硫酸稀土溶解度逐渐降低，稀土矿物分解产生的大部分硫酸稀土以

结晶物形式存在于酸浸渣中，使酸浸液中 REO 浓度保持稳定状态。

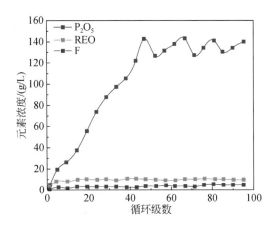

图 2.34　循环级数对酸浸液中元素富集的影响

随着循环级数增加，P_2O_5 浓度先显著上升后保持波动式平稳，可以看到，当循环 50 轮后，P_2O_5 浓度达到 150 g/L 左右，后随着循环级数增加，P_2O_5 浓度开始下降至 135 g/L 左右后继续升高，在 130～150 g/L 之间波动，酸浸中 P_2O_5 来源主要为磷灰石分解产生 H_3PO_4 进入到酸浸液中。随着循环级数的增加，酸浸液中 P_2O_5 的浓度不断富集，但当 P_2O_5 浓度达到一定值后，在一定范围内保持稳定，因为当酸浸液中 P 元素含量过高时，PO_4^{3-} 和 RE^{3+} 结合生成 $REPO_4$ 固体沉淀，进而酸浸液中 P_2O_5 浓度降低，当 P_2O_5 浓度随着分解次数继续上升后，与酸浸液中 RE^{3+} 继续反应，从而使 P_2O_5 浓度在一定范围内保持稳定。在这 100 轮循环分解实验中，循环酸浸液中 P_2O_5 在一定范围内波动，并未影响混合稀土精矿中各元素的浸出率，可使循环酸浸液无限循环利用，大大减少了硫酸的消耗，因此该工艺有利于实现工业化生产。对酸浸渣结晶物与水浸渣进行 XRD 分析，结果如图 2.35 所示。

图 2.35 为第 50 轮水浸渣及酸浸液结晶物 XRD 图谱，可知水浸渣中主要成分 $REPO_4$ 和酸浸液中析出的 $REPO_4$ 的衍射峰存在明显不同，同时浆化酸浸液中所析出的沉淀产物为 $REPO_4$，与 $REPO_4$ 的标准卡片基本契合。这是因为使用酸浸液分解混合稀土精矿时，随着循环级数的增多，混合稀土精矿中磷灰石易分解，使得 P_2O_5 在酸浸液中得到富集，当 P_2O_5 浓度富集到一定含量时，酸浸液中 P_2O_5 与酸浸液中的 REO 反应生成 $REPO_4$，通过前期实验条件可知，在此反应条件下，主要分解混合稀土精矿中氟碳铈矿、磷灰石与萤石，而独居石不分解，因此循环酸浸液中磷元素主要由磷灰石分解提供，而水浸渣为硫酸钙与独居石混合物，后续水浸渣中独居石可通过碱分解回收稀土与磷资源，实现混合稀土精矿中稀土、氟、

磷资源综合回收。

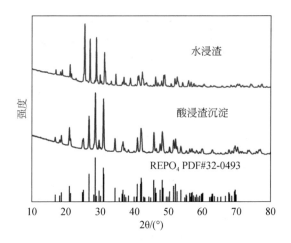

图 2.35　水浸渣与酸浸液结晶物 XRD 图

3. 物相分析

为了更好反映浆化循环分解混合稀土精矿过程的稳定性，对不同循环级数水浸渣进行 XRD 分析，结果如图 2.36 所示。

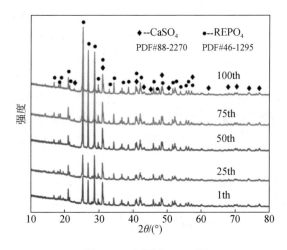

图 2.36　水浸渣 XRD 图

混合稀土精矿中主要相组成有氟碳铈矿、独居石、萤石和磷灰石等矿物。由图 2.36 可知，通过对混合稀土精矿进行 100 级循环反应后，不同循环级数下水浸渣相组成主要为 $REPO_4$ 和 $CaSO_4$，而稀土精矿中氟碳铈矿、萤石和磷灰石等矿物与硫酸溶液发生式（2.51）～式（2.53）反应，因此氟碳铈矿、萤石和磷灰石等矿物的特征衍射峰消失，只存在 $CaSO_4$ 和 $REPO_4$ 的特征衍射峰，说明通过对混合稀土精矿进行不同级数循环分解反应后，氟碳铈矿、萤石和磷灰石可充分进行反应，且每级反应较稳定，循环回用酸可充分循环利用，不影响混合稀土精矿中氟碳铈矿的分解，XRD 所展现出的结果与图 2.32 的数据相吻合。

$$CaF_2(s)+H_2SO_4(l)\Longrightarrow CaSO_4(s)+2HF(g) \tag{2.51}$$

$$Ca_5(PO_4)_3F(s)+5H_2SO_4(l)\Longrightarrow 5CaSO_4(s)+3H_3PO_4(l)+HF(g) \tag{2.52}$$

$$2REFCO_3(s)+3H_2SO_4(l)\Longrightarrow RE_2(SO_4)_3(l)+2HF(g)+2CO_2(g)+2H_2O(g) \tag{2.53}$$

为了更清楚了解水浸渣的成分，对部分不同级数水浸渣进行矿相组成测试，如表 2.8 所示，为第 1 轮、第 50 轮和第 100 轮水浸渣矿相组及含量。由表 2.8 知，通过浆化反应得到的第 1、50 和 100 轮的水浸渣中，其主要成分为独居石矿物和反应新生成的硫酸钙，其中独居石占比 55%～60%左右，石膏占比 30%～35%左右，其次水浸渣中还存在重晶石、方铅石等矿物，通过水浸渣矿相分析基本与水浸渣 XRD 分析数据一致。

表 2.8　水浸渣物相表（%）

循环级数	氟碳铈矿	独居石	磷灰石	萤石	方铅石	磁铁矿
1 st	0.21	56.45	0.03	0.04	2.25	0.10
50 th	0.49	59.77	0.02	0.14	1.94	0.17
100 th	0.52	57.44	0.04	0.12	2.45	0.11

循环级数	重晶石	石英	霓石	黄铁矿	石膏	其他
1 st	6.10	0.29	0.04	0.32	32.48	1.69
50 th	5.10	0.41	0.17	0.36	30.81	0.62
100 th	5.20	0.37	0.06	0.34	32.61	0.74

图 2.37 为混合稀土精矿和水浸渣粒径图，反应后的水浸渣出现双峰，第一个

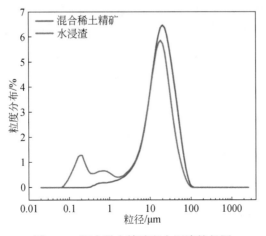

图 2.37　混合稀土精矿和水浸渣粒径图

峰在 0.2 μm 处，粒度较小，通过 SEM 分析可知，主要为产物硫酸钙，第二个峰与精矿一致为未分解的独居石。

4. 元素走向分析

硫酸浆化循环分解混合稀土精矿后，稀土精矿中各元素走向发生了很大变化，因此有必要分析稀土精矿中各元素走向分布，这有助于进行资源的综合回收利用，结果如表 2.9 所示。

表 2.9　稀土精矿元素走向分布表

元素	水浸渣	酸浸液	废气	水浸液
REO	30%～40%	<1%	—	60%～70%
F	<1%	<3%	>96%	<0.5%
P_2O_5	65%～75%	25%～35%	—	<1%
ThO_2	40%～50%	<1%	—	50%～60%
CaO	85%～90%	<1%	—	10%～15%
Fe_2O_3	20%～30%	<1%	—	70%～80%
SiO_2	10%～20%	<0.5%	80%～90%	<1%

由表 2.9 可知，REO 主要存在于水浸渣和水浸液中，其中水浸渣中含量为 30%～40%，水浸液中含量为 60%～70%，REO 在水浸渣中以 $REPO_4$ 的形式存在，即未分解的独居石，在水浸液中主要以 $RE_2(SO_4)_3$ 溶液的形式存在，这部分 REO 主要为氟碳铈矿分解所得。F 元素 96% 以上存在于尾气中，以 HF 与 SiF_4 的形式存在。P_2O_5 主要存在于水浸渣和酸浸液中，水浸渣中占据 65%～75%，以 $REPO_4$ 的形式存在；酸浸液中占据 25%～35%，以 H_3PO_4 溶液的形式存在。ThO_2 主要存在水浸渣和水浸液中，约 50%～60% 被分解进入水浸液中。CaO 主要存在于水浸渣和水浸液中，二者都以 $CaSO_4$ 的形式存在，因为 $CaSO_4$ 在水中的溶解度较小，所以溶解在水浸液中的 $CaSO_4$ 较少，85%～90% 在水浸渣中。SiO_2 主要存在于水浸渣和尾气中，水浸渣中以硅酸盐及二氧化硅形式存在，其中 80%～90% 在尾气中以 SiF_4 的形式存在。

2.2　浓硫酸高温冶炼技术

2.2.1　浓硫酸强化分解的原理

稀土精矿的焙烧过程在回转窑中进行。与浓硫酸均匀混合的稀土精矿从回转窑的尾部连续加入，随窑体的转动向窑头方向运动。回转窑为内热式，重油燃烧室设在窑头。燃烧气体通过辐射直接加热物料,焙烧反应气体与燃烧气体从窑尾排出,经排风机送入净化系统。窑内的温度由窑尾至窑头逐渐升高。根据物料在窑内的反应过程大致可将窑体分为低温区(窑尾部分),温度区间为150~300℃;中温区(窑体部分),温度区间为300~600℃;高温区(窑头部分),温度区间为600~800℃。根据前述的分解反应可知,低温区的主要作用是硫酸分解稀土矿物,其化学反应属于固-液-气多相反应;但是由于反应过程中在精矿颗粒表面生成的是多孔膜,扩散过程相对简化。为了便于讨论,现假设硫酸用量很大,反应过程中的酸浓度不变,液-固相间扩散膜造成的阻力极小,即扩散步骤可以忽略,分解反应速率主要受化学反应步骤控制,此时硫酸焙烧反应动力学方程为

$$1-(1-x)^{1/2}=[kc_0/(\rho\gamma_0)]\,t \qquad (2.54)$$

式中,x 为稀土矿物的反应分数(或表示精矿分解率);ρ 为精矿的密度;k 为化学反应速率常数;c_0 为硫酸的初始浓度;γ_0 为精矿的粒度;t 为反应时间。

利用动力学方程式对影响硫酸焙烧过程中稀土精矿分解的因素讨论如下。

1)焙烧温度

浓硫酸焙烧混合型稀土精矿的反应动力学受化学反应速率的限制。根据阿伦尼乌斯公式,化学反应速率常数 K 与反应温度 t 有关:

$$K=Ze^{-E/RT} \qquad (2.55)$$

式中,Z 为与反应物浓度和温度无关的常数;E 为活化能;T 为温度;R 为摩尔气体常量。

当提高焙烧温度 T 时,反应速率常数 K 增加,使分解率 x 增加。在高温强化硫酸焙烧工艺中,为了强化稀土矿物的分解反应,使稀土转变成可溶性硫酸盐,而钍、磷、铁、钙等非稀土元素则呈焦磷酸盐和不溶性的硫酸盐留于渣中,通常控制反应温度为300~350℃,窑尾温度(低温区)控制在250℃左右,窑头温度(高温区)控制在680~750℃。如果温度过低,分解速率慢,分解不完全,钍在浸出时分散于溶液和浸出渣中不便于回收;焙烧温度高于800℃时,稀土硫酸盐被分解成难溶的 $RE_2O(SO_4)_2$ 和 RE_2O_3,在浸出时进入渣中,导致稀土的回收率降低。对于以钍在浸出时进入溶液中而进一步回收为目的的焙烧工艺,必须合理地选择焙烧温度,防止温度过高,钍生成焦磷酸盐留于渣中,温度过低,稀土矿物分解不完全,造成分解率过低。

2)硫酸用量对分解率的影响

硫酸作为反应剂在反应前浸润于精矿颗粒的周围,当周围的硫酸浓度 c_0 越高时,分解率 x 越大。因此,硫酸加入量在生产中一般都多于理论计算量。实际上,硫酸的用量与精矿品位有关。精矿的品位越低,耗酸越多,因为矿物中的萤石、铁矿石等杂质均消耗硫酸。此外,还必须考虑焙烧温度下的硫酸分解导致的损失。

3）焙烧时间的影响

由硫酸焙烧反应动力学表达式和阿伦尼乌斯公式可以直观地看出，分解率 x 随温度 T 的增加而增加的规律。但是应注意到时间过长，会延长生产周期，降低回转窑的处理能力。从前面的硫酸焙烧分解反应可知，低温区是稀土矿物分解的区域，延长分解时间有利于分解率的提高，而对中、高温区而言，延长时间会造成硫酸的分解和稀土不溶性化合物的生成并因此导致硫酸消耗增加与稀土收率下降。这说明控制回转窑的各温度区段的长度是十分重要的。

4）精矿粒度的影响

由于硫酸对矿物的浸透能力强及固体产物的多孔性，反应剂和产物的扩散速率大，浓硫酸焙烧工艺对精矿粒度的要求较宽松，一般小于 200 目即可。不过粒度过大，将使精矿表面积减小，降低反应速率和分解率。

2.2.2 浓硫酸强化焙烧分解工艺

高品位稀土精矿的浓硫酸强化焙烧分解工艺可以抑制某些杂质进入浸出液，不仅简化工艺，而且降低了生产成本。浓硫酸强化焙烧分解工艺流程见图 2.38。

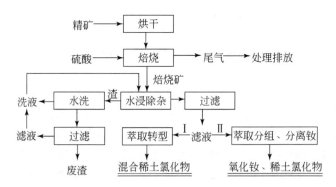

图 2.38 浓硫酸高温焙烧分解工艺流程

1）浓硫酸强化焙烧

焙烧过程在内热式回转窑内进行，具体操作条件为：矿∶酸（硫酸浓度≥92%）= 1∶1.2～1.4；窑头温度 700～800℃；窑尾温度 220～270℃；精矿分解率～94%。

2）水浸出与水浸出液的净化

由于焙烧产物中的稀土已转变成可溶性硫酸盐且含有少量游离硫酸，所以焙烧矿可直接用自来水进行调浆，并在常温下进行搅拌浸出。经沉降、过滤即可得到稀土硫酸盐溶液（水浸液）。

水浸液中的酸度和杂质含量都较高，对后续工艺的进行和混合稀土氯化物产品质量都有影响。通常采用中和法来中和浸出液中的酸并沉淀除去其中的杂质。

尽管中和沉淀法可以采用多种中和剂，但用 NaOH 或 NH_4OH 中和浸出液时，因生成稀土硫酸盐复盐而造成稀土损失。工业上多采用方解石粉（$CaCO_3$）和氧化镁作中和剂。

选用粒度为-120 目的方解石粉($CaCO_3$)作中和剂，且当水浸出液酸度从 $[H^+]$ = 0.2 mol/L 中和至 pH=3.4 时，铁与磷的沉淀率很高，且稀土损失很少。但随着方解石粉加入量的增加和溶液 pH 的升高，铁的沉淀率不再提高而稀土损失率则急剧增大。

用方解石粉从不同杂质含量的水浸出液中中和除杂质时，铁、磷含量的变化对沉淀效果有明显影响。对于铁含量高而磷含量低的溶液，铁的沉淀量随着方解石粉的加入量的增加（pH 值上升）而增加，溶液中铁含量显著减少。但当 pH 达到 4 以上，溶液中铁含量降至 0.04 g/L 时，再提高 pH 值则不能减少溶液中的铁含量，不过稀土损失也无明显增加。对于磷含量高而铁含量低的溶液，磷沉淀量随溶液的 pH 值升高而增加。但由于磷酸稀土的生成，从而使稀土损失显著增加。

由于在同一酸度下 $FePO_4$ 优先于磷酸稀土的沉淀，所以应根据浸出液中的磷含量加入适量的 $FeCl_3$，使其生成 $FePO_4$ 沉淀。当浸液中铁、磷的浓度比[Fe]/[P]= 2～3，再用方解石粉中和至 pH=3.5～4.0 时，除磷效果好且稀土损失也小。

工业生产的实际操作条件为：焙烧矿在常温下浸出 3～4 h 后，加入 $FeCl_3$ 使浸液中[Fe]/[P]=2～3 时，再加入方解石粉，使浸液 pH=3.5～4.0，然后采用板框压滤机过滤，滤液(硫酸稀土净化液)静置澄清 1 h 以上送下一道工序。水浸滤渣再放入搅拌槽内加水搅拌 2 h，滤液用来浸出下一批焙烧矿。

用方解石粉中和沉淀时，并未造成中重稀土的损失，所以工业生产中浸出净化工序稀土的回收率仍然比较高。

用作中和剂的方解石粉生成本低，但用方解石粉中和沉淀时，生成大量硫酸钙沉淀，这不仅增加了过滤量和二次废渣量，而且沉淀渣中的稀土夹带量也增加，影响了稀土的回收率。氧化镁作中和剂的中和沉淀过程与方解石基本相同。但用氧化镁作中和剂比方解石粉所产生的二次废渣量要少得多，因此，工业生产中全部采用氧化镁作中和剂。

净化后浸出液的技术要求：REO=25～40 g/L、Fe_2O_3<0.05 g/L、PO_4^{3-}<0.05 g/L、ThO_2<0.001 g/L。

3）硫酸稀土净化液的处理

处理净化液的方法有三种：一是萃取转型制取混合稀土氯化物；二是用 NH_4HCO_3 沉淀制取混合稀土碳酸盐；三是溶剂萃取分组，轻稀土部分再采用溶剂萃取法分离出钕（Nd_2O_3），同时得到少钕混合轻稀土氯化物。分组时还能得到中稀土及重稀土两种富集物。

工业实践中采用环烷酸或脂肪酸作萃取剂进行转型的优点是价格便宜、萃取容量大且易反萃。环烷酸或脂肪酸萃取转型的工艺流程如图 2.39 所示，其中数字代表萃取级数。

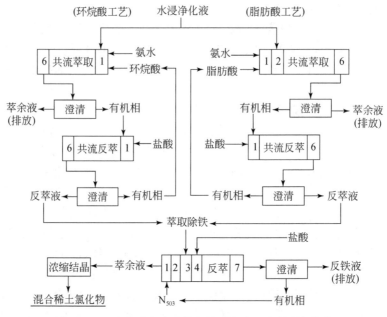

图 2.39　环烷酸或脂肪酸萃取转型生产混合稀土氯化物

环烷酸萃取转型制取混合稀土氯化物：先用 NH_4OH 或 NaOH 将萃取剂皂化：

$$(HA)_2+NH_4OH{=\!\!=\!\!=}ANH_4 \cdot HA+H_2O \tag{2.56}$$

萃取时，羧酸萃取剂的铵盐与 RE^{3+} 发生交换反应：

$$6ANH_4 \cdot HA+RE_2(SO_4)_3{=\!\!=\!\!=}2(REA_3 \cdot 3HA)+3(NH_4)_2SO_4 \tag{2.57}$$

盐酸反萃稀土的反应如下：

$$REA_3 \cdot 3HA+3HCl{=\!\!=\!\!=}3(HA)_2+RECl_3 \tag{2.58}$$

萃取转型反萃稀土时，工业盐酸中少量铁被带入反萃液中，影响混合稀土氯化物产品的质量。因此选择在盐酸介质中对铁有很强萃取能力的 N_{503}（二仲辛基乙酰胺）萃取分离铁，此时 RE^{3+} 基本上不被萃取。萃入 N_{503} 中的铁亦易被反萃下来，从而可有效地将 $RECl_3$ 溶液中的铁除去。环烷酸及脂肪酸萃取转型的工艺条件及结果分别列于表 2.10 和表 2.11。

P_{204} 萃取转型制取混合稀土氯化物：

用 P_{204} 作萃取剂将硫酸溶液中的稀土全部萃入有机相，然后用盐酸反萃，即可将硫酸稀土溶液转化为氯化稀土溶液。在萃取过程中可从萃余液中排除钙、镁、铁等杂质，并通过控制反萃剂的浓度和流量得到高浓度的氯化稀土溶液。

表 2.10　萃取转型工艺条件

名称	环烷酸转型工艺	脂肪酸转型工艺
有机相	20%环烷酸-20%异辛醇-60%黄化煤油（体积百分数）	20% 5～9 脂肪酸-20% 7～9 混合醇-60%黄化煤油（体积百分数）
皂化剂 反萃剂 洗涤水	5.0（±0.1）mol/L NH$_4$OH 5.0（±0.1）mol/L HCl	5.0（±0.1）mol/L NH$_4$OH 6.0（±0.1）mol/L HCl 砂滤水
流比	料比：有机：氨水：反萃酸 =1：1.34：0.17：0.183	料比：有机：碱液：氨水：反萃酸 =1：1.5：0.113：0.25：0.098
萃取	六级共流，混合 21 min，澄清 14 min	一级皂化，五级共流萃取，混合 23min，澄清 19min
水洗涤负载 有机 反萃	澄清 40 min 六级共流，混合 34 min，澄清 23 min	二级，混合 13min，澄清 27min，六级共流，混合 41min，澄清 45min
萃铁有机 反铁剂 流比 级数	33% N$_{503}$-67%黄化煤油（体积百分数） 0.1～0.3 mol/L HCl 料液：有机：反萃酸=1：2：1 三级逆流萃取，四级共流反萃	

表 2.11　萃取转型与除铁效果

萃取名称	溶液	pH	REO /(g/L)	Fe /(g/L)	P /(g/L)	ThO$_2$ /(g/L)	F /(g/L)	Ca /(g/L)	SO$_4^{2-}$ /(g/L)
环烷酸转型	RE$_2$(SO)$_4$溶液	2.6	46.8	0.0012	0.0023	0.2	1.4	0.35	
	萃取液	8.5	0.0022			<0.1	0.7		37.6
	反萃液(RECl$_3$)	[H]0.29mol/L	265.9	0.103	0.01	0.3		1.0	0.054
脂肪酸转型	RE$_2$(SO)$_4$溶液		31.61	0.026	0.00048				
			30.16	0.029	0.00072				
			30.66	0.033	0.00068				
	萃取液	5.62	0.017			<0.5	<0.1		
		5.66	0.006			<0.5	<0.1		
		5.40	0.0074			<0.5	<0.1		
N$_{503}$萃取铁	萃取铁后RECl$_3$液		277.31	0.0012	0.0098				0.022
			284.76	0.0037	0.0063				0.023
			284.76	0.0044	0.0080				0.029
	反铁液	0.38	0.12	3.35					
		1.20	0.0055	2.35					
		0.74	0.0059	4.97					

　　萃取转型条件：原料液 REO 15～17 g/L，pH=4；有机相为 1.3～1.5 mol/L P$_{204}$-煤油；流比：料液：有机相=1：1.2。

　　浓硫酸强化焙烧–萃取转型生产混合稀土氯化物工艺流程中，稀土总回收率约 87%，比低温（250～300℃）硫酸焙烧工艺高 4%～8%。

　　P$_{204}$ 萃取转型时，由于反萃取酸度较高，且部分重稀土并不能反萃干净，所以 P$_{204}$ 萃取转型制取混合稀土氯化物工艺只有少数工厂使用。

　　NH$_4$HCO$_3$ 沉淀制取混合稀土碳酸盐：

　　将焙烧矿水浸液经净化、除杂后得到的纯净的硫酸稀土溶液（REO 30～40 g/L）加热到 35～55℃，在搅拌（搅拌速度为 60～80 r/min）下缓慢加入 NH$_4$HCO$_3$（固体或水溶液）即生成 RE$_2$(CO$_3$)$_3$ 沉淀：

$$2RE_2(SO_4)_3+6NH_4HCO_3 =\!=\!= 2RE_2(CO_3)_3\downarrow +3(NH_4)_2SO_4+3H_2SO_4 \qquad (2.59)$$

　　反应中有硫酸生成，需要消耗较多的 NH$_4$HCO$_3$。因此，NH$_4$HCO$_3$ 用量高于理论需要量。一般为稀土氧化物质量的 1.5～1.6 倍。

　　NH$_4$HCO$_3$ 沉淀过程一般需要 4～6 h，当溶液的 pH 值稳定在 6.5 时，即可停止加 NH$_4$HCO$_3$。沉淀结束后，沉降澄清，虹吸上清液，再用水洗涤数次至溶液中 SO$_4^{2-}$ 含量小于 1 g/L，过滤。滤饼即为混合稀土碳酸盐产品，要求其中 REO 含量为 42%～45%、Fe$_2$O$_3$ 含量小于 0.5%、SO$_4^{2-}$ 含量小于 1.8%。尽管沉淀过程中会生成部分稀土硫酸铵复盐，但由于沉淀过程是在低温下进行的，所以稀土硫酸铵复盐的实际生成量较少。另外，由于稀土硫酸铵复盐的溶解度较大，在水洗过程中大部分被溶解并与过量的 NH$_4$HCO$_3$ 反应生成 RE$_2$(CO$_3$)$_3$ 沉淀。

　　由于 NH$_4$HCO$_3$ 沉淀工艺具有流程短、稀土回收率高、生产成本低等特点，在工业生产中已得到了广泛应用。

　　采用上述方法产出的混合稀土碳酸盐中，SO$_4^{2-}$ 和 Al$_2$O$_3$ 含量较高，分别为2%～3%（SO$_4^{2-}$/REO 4.76%～7.14%）和～0.03%（Al$_2$O$_3$/REO～0.7%）。因此，在进行单一稀土分离前，必须加 BaCl$_2$ 以除 SO$_4^{2-}$，并用环烷酸萃取分离 Al$_2$O$_3$。

　　用 BaCl$_2$ 除 SO$_4^{2-}$ 方法虽然有效，可以达到分离工艺要求，但会引出以下问题：第一，过程中使用了有毒物质氯化钡；第二，过程中会产生为数不少的二次废渣（BaSO$_4$）；第三，会造成部分稀土损失。初步计算，每溶解 1 t 稀土碳酸盐要消耗 BaCl$_2$·H$_2$O 78.8 kg，产出废渣（干基）75.2 kg。以年处理 1 万 t 稀土碳酸盐计，氯化钡消耗量为 788 t，产出废渣（干基）752 t，渣中稀土损失量为 22 t。

　　由于进行稀土碳酸盐沉淀时，沉淀物中夹带一定量的 SO$_4^{2-}$，另外在沉淀过程中会生成少量稀土硫酸铵复盐。前者可采用水洗将大部分 SO$_4^{2-}$ 洗除，而后者则因复盐的溶解度较小而难以用水洗除完全。若采用稀碱液洗涤法，则可除去稀土碳酸盐中的 SO$_4^{2-}$ 和 Al$_2$O$_3$。稀土硫酸铵复盐与碱反应生成氢氧化稀土和硫酸钠，再用水洗即可将 SO$_4^{2-}$ 去除，同时也可将沉淀物中的游离 SO$_4^{2-}$ 进一步去除，生成的氢氧化稀土也能被盐酸溶解，不会影响下一步盐酸溶解的溶出率。在碱性条件下，铝以可溶性的 $NaAlO_2$ 被洗除。

当用稀碱液洗涤、烧碱用量为稀土碳酸盐质量的 7%～9%时，洗涤后的碳酸盐中，SO_4^{2-}/REO 为 0.16%～0.061%，除去率为 98%～99%；Al_2O_3/REO 为 0.024%～0.022%，铝的除去率为～70%。

稀碱液洗涤法可使氯化稀土料液中的硫酸根含量达到要求，不需再用有毒的氯化钡材料，更加符合清洁生产的要求。

稀碱液洗涤法比氯化钡沉淀法的材料及处理成本低 10%，且在洗涤过程中大部分铝也被除去，在对产品中铝含量要求不高时，可省去环烷酸萃取除铝工序，进一步降低生产成本。

应当指出，由于稀碱洗涤时，对碱的质量没有特殊要求。因此在有条件时，可使用烧碱法分解稀土精矿的废碱液进行洗涤，从而可使生产成本大幅度降低。

P_{204} 萃取分离稀土：虽然浓硫酸焙烧分解工艺也能得到混合稀土氯化物，但从净化液中直接进行分组与分离则更有利于生产成本的降低。

从净化液中直接进行分组与分离的整个工艺分三部分：萃取分组、萃取分离钕、萃取转型。所有萃取剂均采用 P_{204}，工艺流程如图 2.40 所示。

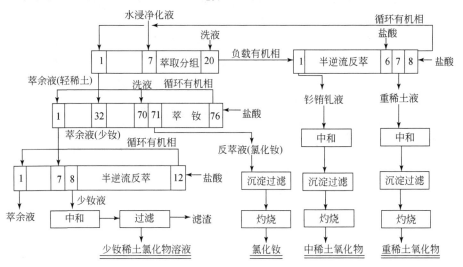

图 2.40 P_{204} 萃取分组、萃取分离钕、萃取转型工艺流程

P_{204} 萃取分组：将硫酸稀土净化液的酸度调到 0.2 mol/L，用 1 mol/L P_{204}-煤油进行萃取分组。工艺条件：有机相为 1 mol/L P_{204}-煤油，洗液为 0.49～0.51 mol/L硫酸，流比为 料液：有机相：洗液=1：0.183：0.06，级数：萃取+洗涤+反萃=7+13+8=28，反萃液酸度：6 mol/L HCl。

萃余液中 REO 浓度为 33.5～34.5 g/L，Sm_2O_3/REO＜0.1%，$[H^+]$=0.27 mol/L。负载有机相中为中、重稀土。因中、重稀土反萃困难，故采用半逆流反萃方式。反萃液组成如表 2.12 和表 2.13 所示。

表 2.12 反萃液组成分布（%）

编号	La_2O_3	CeO_2	Pr_6O_{11}	Nd	Sm	Eu	Gd	其他
1	＜0.05	＜0.03	＜0.05	＜0.03	66.5	13.9	17.9	1.7
2	＜0.05	＜0.03	＜0.05	＜0.03	64.9	14.9	18.9	1.6
3	＜0.05	＜0.03	＜0.05	＜0.03	65.5	14.9	17.6	2.0

表 2.13 重稀土反萃液组成（%）

Sm_2O_3	Eu_2O_3	gd_2O_3	Tb_4O_7	Dy_2O_3	Ho_2O_3	Er_2O_3	Tm_2O_3	Yb_2O_3	Lu_2O_3	Y_2O_3
＜0.1	＜0.1	＜0.1	0.32	27.60	3.26	3.69	0.40	0.24	＜0.1	64.37
1.04	0.22	0.36	0.10	21.79	3.10	3.35	0.38	0.30	0.1	68.01

分组得到的中间产品轻稀土、中稀土、重稀土分别占出料稀土总量的 97.7%、2%、0.3%。萃取工序稀土总收率达 99.5%。中、重稀土溶液的中和、沉淀、过滤、灼烧至氧化物的收率为 95%。

P_{204} 萃取分离 Nd_2O_3：以 Nd～Sm 分组萃余液为原料，用 1 mol/L P_{204}-煤油萃取分离出 Nd_2O_3，共 76 级。洗液为 0.5 mol/L 的硫酸水溶液，流比：有机相∶料液∶洗液=2∶1∶0.78。原料液、反萃液及萃余液组成列于表 2.14。

表 2.14 原料液、反萃液及萃余液组成表

溶液名称	REO/(g/L)	[H]/(mol/L)	La_2O_3/REO	CeO_2/REO	Pr_6O_{11}/REO	Nd_2O_3/REO	Sm_2O_3/REO	其他/REO
原料液	34.5	0.2	27.0	51.0	5.5	16.5	＜0.1	＜0.1
反萃液	168.8	0.9	＜0.1	＜0.1	0.4	基体	0.27	＜0.1
萃余液 1	16.6	0.60	30.36	62.71	4.95	1.98		
萃余液 2	16.2	0.56	33.65	60.58	4.31	1.46		
萃余液 3	16.9	0.69	31.25	62.39	4.59	1.77		
萃余液 4	17.3	0.58	30.75	62.03	5.38	1.84		
萃余液 5	17.4	0.62	30.59	62.72	5.08	1.61		

钕在有机相与水相中的分配分别为 90.3% 与 9.7%，萃取工序稀土总收率为 99%。反萃液（$NdCl_3$）经草酸沉淀、过滤、灼烧成 Nd_2O_3 的回收率为 97%～98%。

P_{204} 萃取转型：以分离钕后的萃余液为原料溶液，用 P_{204} 将其稀土全部萃入有机相中，再用盐酸反萃得到浓度较高的 RECl₃ 萃余液，并与原液中的碱金属、碱土金属等杂质分离。

萃取转型条件：原料液 REO15～17 g/L，pH=4；有机相为 1.3～1.5 mol/L P₂₀₄-煤油；流比：料液：有机相=1：1.2。

反萃液（少钕轻稀土 RECl₃ 液）中 REO 浓度约为 270 g/L，[H⁺] 为 0.3 mol/L 可制成稀土氯化物结晶料，也可进行其他单一稀土分离。萃余液中 REO 浓度为 0.1～0.3 g/L。转型工序稀土收率为 98.5%。

以混合型稀土精矿为原料，用浓硫酸强化焙烧工艺，萃取分组、萃取分离氧化钕、萃取转型制备氧化钕、中稀土富集物、重稀土富集物、少钕轻稀土氯化物四种产品，稀土总收率大于 80%。

虽然上述工艺的萃取分组、萃取分离氧化钕、萃取转型都是直接在硫酸体系中进行的，可以得到氧化钕、中稀土富集物、重稀土富集物、少钕轻稀土氯化物四种产品。但是由于水浸液中稀土浓度低（REO 35～40 g/L），萃取及辅助设备庞大，生产效率低，萃取剂占有量多且损失也大，从而在一定程度上限制了它的工业应用。实际上，大多数工厂并未采用这一工艺，而是采用净化水浸液的碳酸氢铵沉淀—盐酸溶解—萃取分离单一稀土工艺。

2.2.3 浓硫酸强化分解工艺的改进

尽管浓硫酸焙烧工艺已成为处理白云鄂博稀土精矿的主体工艺之一，但仍然存在某些缺点，诸如体系的转型、稀土的分离、焙烧尾气的净化以及净化尾气所得到的废酸的处理等。针对这些问题，冶金工作者开展了一系列改进工艺的研究工作。

1. 硫酸体系非皂化萃取转型工艺

利用 P₂₀₄、P₅₀₇、Cyanex272 等萃取剂结构和性质的差异和各自的优点，将它们进行有机组合，选择出合适的协同萃取体系。在现有工艺的基础上，改用协同萃取体系对硫酸稀土溶液转型，致使中重稀土容易反萃，酸碱消耗降低。

硫酸体系非皂化萃取转型工艺流程是：硫酸稀土溶液→钕钐分组→镧铈镨钕硫酸溶液→中和过滤→萃取转型→镧铈镨钕氯化物溶液。

与 P₂₀₄ 萃取转型体系相比，协同萃取体系具有以下优点：

萃取酸度低：进料酸度由 0.2 mol/L 降低到 pH=4；萃余液酸度由 0.32 mol/L 降低到 0.17 mol/L。

盐酸洗涤液和反萃液共用：洗涤段水相稀土浓度由 45 g/L 提高到 260 g/L 左右；反萃液稀土浓度由 120 g/L 提高到 210 g/L 以上；反萃液剩余酸度由 2.8 mol/L 降低到 1.5 mol/L 以下。

分离效果好：Sm₂O₃ 含量在萃取第 9 级已降至 0.01%，反萃液中 Nd₂O₃ 含量小于 0.01%。

稀土回收率高：萃余废水中稀土浓度＜0.002 mol/L，稀土回收率大于 98%。

非皂化萃取转型工艺的生产成本低于碳酸氢铵沉淀工艺。

2. 硫酸体系非皂化萃取分离稀土多出口工艺

非皂化酸性磷类协同萃取体系萃取全分离稀土工艺是采用非皂化混合萃取剂在硫酸稀土溶液中按 LaCe/PrNd/SmEuGd 切割分段萃取，可得到纯镧、镧铈、镨钕、钐铕钆和重稀土几种产品。

纯镧产品纯度为 99.98%；其余产品成分（%）分别为

镧铈产品 La_2O_3 18.23～25.93，CeO_2 81.34～73.71，Pr_6O_{11} ～0.4，Nd_2O_3＜0.01；

镨钕产品 La_2O_3 0.012～0.019，CeO_2 0.02～0.048，Pr_6O_{11} 11.24～20.53，Nd_2O_3 88.6～79.31，Sm_2O_3 0.13～0.089，Eu_2O_3 和 Gd_2O_3 均小于 0.01；

SmEuGd 富集物 Pr_6O_{11} 0.02，Nd_2O_3＜0.01，Sm_2O_3 57.8，Eu_2O_3 17.58，Gd_2O 322.82，Tb_4O_7 1.12，Y 0.58。

非皂化酸性磷类协同萃取体系萃取全分离稀土工艺的材料成本比碳酸氢铵转型-皂化 P_{507} 分离工艺降低 55%，比 P_{204} 萃取转型-皂化 P_{507} 分离工艺降低 41%。

3. 盐酸体系萃取分离技术的改进

P_{507}-盐酸体系改进的萃取分离工艺是在有机相萃取稀土离子的同时，用含镁或钙的碱土金属化合物保持萃取体系酸碱平衡，从而可得到含稀土离子的负载有机相。含稀土离子的负载有机相可直接用于稀土元素的萃取分离。

盐酸体系改进的萃取分离技术的优点是生产过程不引入氨氮，废水可直接排放；与现有皂化工艺相比，可节约材料成本 30%～50%；易于与现行工艺相衔接，设备改动较小；由于萃取稀土是在弱酸性介质中进行，不易产生第三相，铝、钙等杂质也不易被萃取；用氧化镁作中和剂的用量比氢氧化钙少，且含镁离子的废水较易回收处理，对环境影响较小；盐酸体系非皂化萃取分离工艺的投资成本和材料成本都低于现有碱皂化工艺。

2.2.4 浓硫酸强化分解工艺的发展

2.2.4.1 浓硫酸高温焙烧法的"三废"治理

北京有色金属研究总院从 20 世纪 70 年代开始研究开发浓硫酸焙烧法冶炼包头混合型稀土精矿，相继开发了第一代、第二代、第三代硫酸法工艺技术，其中浓硫酸高温强化焙烧工艺（"三代"酸法）从 20 世纪 80 年代开始投入使用并成为处理包头稀土精矿的主导工业生产技术，为我国稀土产业的发展做出了贡献。目前，90% 的包头稀土精矿均采用浓硫酸高温强化焙烧工艺处理。

该工艺的优点是对精矿品位要求不高，工艺连续易控制，化工试剂消耗少，运行成本较低，易于大规模生产，用氧化镁中和除杂使渣量减少，稀土回收率提高。但也存在着严重的缺点：钍以焦磷酸盐形态进入渣中，会产生放射性污染，并且无法回收，造成钍资源浪费；产生含氟和硫的废气以及工业废水，污染环境。

每焙烧 1 t 稀土精矿产生 0.59 t 放射性废渣，每吨废渣的堆放费为 260 元左右；由于焙烧精矿加入大量浓硫酸，F 元素以 HF 气态的形式排入大气，同时浓硫酸分解放出大量的含 S 酸性废气，处理 1 t 稀土精矿产生 6800 m^3 含 F、S 酸性废气，其中含 HF 80 kg，含硫酸性废气 60 kg；处理 1 t 稀土精矿会产生 90 m^3 废水，造成严重的"三废"污染。随着社会经济的发展和环保要求的不断提高，该工艺的环境污染问题越来越引起人们的重视。尤其是近几年来随着生产规模的扩大，且污染防治设施不完善和污染治理技术落后，在生产过程中产生大量的废气、废水和废渣，严重污染周围的环境和饮用水安全，制约了稀土产业的持续健康发展。

1. 水浸渣及治理

包头混合型稀土精矿经浓硫酸高温焙烧，钍在高温下生成焦磷酸盐，经水浸进入渣中，产生含钍水浸渣，Th 含量为 0.250%，U 含量为 0.0003%，放射性活度为 $9×10^4$ Bq/kg。一般产渣率为 59%，即处理 1 t 精矿，产生 0.59 t 渣，这些渣需要堆存于专用的渣库中，并交一定的费用，给企业造成了很大的负担。

水浸渣含有一定量的钍、铀等放射性元素，其放射性活度不高，属于非放射性废渣，但仍不能随意堆放，以防止二次扩散，造成环境污染。根据国家标准的要求，对水浸渣应建立渣坝（或渣场）进行固定堆放。渣坝应选择在容量较大、地质稳定的山谷中，尽可能建造在不透水的岩石地段或人工建筑不透水的衬底，与地下水要有足够的距离。渣坝要设有排洪设施和隔离设施。当渣坝被填满后，表面必须采取稳定措施，可用土壤、岩石、炉渣或植被等进行覆盖，以防废物受风雨的侵蚀而扩散，造成环境的更大面积污染。采用渣坝堆放非放射性固体废物是目前应用较广的方法。

近年来也有对水浸渣综合回收的研究。水浸渣通过重选-浮选工艺可得到稀土品位为 30%～35% 的稀土精矿和钍富集物（ThO_2 含量为 0.6%）。剩余的渣为放射性低于国家关于放射性建坝标准的废渣，其量占总渣量的 60%～70%，可直接排放。

2. 含氟废气及治理

浓硫酸焙烧法处理混合型稀土精矿会产生大量含氟废气，处理 1 t 稀土精矿会产生 6800 m^3 含 F、S 酸性废气，其中含 80 kg HF 和 60 kg 硫酸废气。废气氟含量（以 HF 和 SiF_4 计）一般为 14 g/m^3，此外还含有二氧化硫，氟含量超过标准 47 倍。根据 HF 和 SiF_4 的特点，常用的处理方法有以下几种。

1）水洗法

水洗法是处理含氟废气的常用方法，通常在填料吸收塔内进行，工艺流程如图 2.41 所示。用低温工业水从填料塔顶向下喷淋，含氟废气从塔底部向上流动

而进行气液两相逆流接触吸收,从而将废气中的 HF/SiF$_4$ 和 SO$_2$ 除去。反应式为

$$HF(g) + H_2O \rightleftharpoons HF(l) + H_2O \qquad (2.60)$$
$$3SiF_4 + 2H_2O \rightleftharpoons 2H_2SiF_6 + SiO_2 \qquad (2.61)$$
$$SO_2 + H_2O \rightleftharpoons H_2SO_3 \qquad (2.62)$$
$$2H_2SO_3 + O_2 \rightleftharpoons 2H_2SO_4 \qquad (2.63)$$

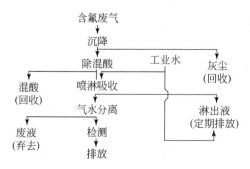

图 2.41 含氟废气净化流程

操作条件:灰尘沉降温度为 200~230℃,除混合酸(HF 和 H$_2$SO$_4$)温度为 150~200℃,喷淋时废气温度为 60℃,净化后废气排空温度应低于 60℃。主要设备:沉降室、除混酸塔、喷淋塔、汽水分离器及循环泵等。

经喷淋吸收后废气中氟排量由 84 kg/h 降至 0.096 kg/h,净化率为 97%~98%,二氧化硫排量降至 0.096 kg/h,均能达到排放标准。此法比较简单,但其水洗后的吸收液(混酸)具有很强的腐蚀作用。水洗量过小,吸收效率不高,水洗量过大,又不利于对吸收液的再处理。

2)氨水吸收法

氨水吸收法用氨水作吸收液洗涤含氟气体,其化学反应如下:

$$HF + NH_3 \cdot H_2O \rightleftharpoons NH_4F + H_2O \qquad (2.64)$$
$$3SiF_4 + 4NH_3 \cdot H_2O \rightleftharpoons 2(NH_4)_2SiF_6 + SiO_2 + 2H_2O \qquad (2.65)$$

此法通过净化含氟气体可得到氟化铵和硅氟酸铵。其吸收效率高,可达 95% 以上,同时吸收后溶液量较小。但是,在高温吸收时氨的损失量较大,所以在氨水吸收前对含氟废气进行强制冷却是十分重要的条件。

3)碱液中和法

碱液中和法用氢氧化钾和石灰水等碱性溶液吸收含氟气体,生产氟硅酸钾 (K$_2$SiF$_6$)和氟化钙(CaF$_2$)、氟硅酸钙(CaSiF$_6$)等,均可消除氟的危害。

3. 含氟酸性废水及治理

浓硫酸高温焙烧处理混合型稀土精矿产生的焙烧尾气经喷淋处理后产生的喷淋废水为含氟、硫的酸性废水,外排的废水量为 40 m^3/t 精矿,其含氟 1.2~2.8 g/L、

硫酸 11.0 g/L。含氟量为排放标准量的 120～280 倍，pH 为 0.41，超过排放要求，需经处理后才可排放。

在常温下，将石灰乳（CaO 浓度 50%～70%）加入上述含氟、硫的酸性废水中，使氟以氟化钙沉淀析出，沉降时间为 0.5～1.0 h，同时硫酸也得以中和并达到排放标准，工艺流程如图 2.42 所示。化学反应式为

$$Ca(OH)_2 + 2HF = CaF_2\downarrow + 2H_2O \qquad (2.66)$$
$$Ca(OH)_2 + H_2SO_4 = CaSO_4\downarrow + 2H_2O \qquad (2.67)$$

操作条件：石灰乳溶液浓度为 50%～70%，沉降时间为 0.5～1.0 h，在常温下作业，处理后的废水最终 pH=6～8。主要设备：废水集存池、中和沉淀槽、过滤机和废水泵等。废水经处理后含氟量降至＜10 mg/L，pH=6～8，达到排放标准的要求。过滤时一定要保持滤液清亮，否则会造成氟与悬浮物超标。

赵铭等探讨了常规尾气治理方法，提出了包头稀土精矿浓硫酸低温多级焙烧、焙烧尾气分段回收治理的新方法。

现有的混合稀土精矿浓硫酸焙烧方法是

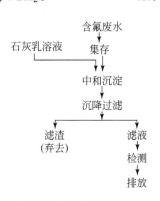

图 2.42　含氟酸性废水处理流程

在一条内径 1.5～2.2 m，长度在 25～35 m 的单级回转焙烧窑中进行。在保证窑尾温度达到 200℃以上时，窑头通过燃煤、燃烧重油、燃烧煤气使窑头温度达到 800℃以上，即所谓"混合稀土精矿浓硫酸高温焙烧工艺"。尾气中含有大量的 HF、SO_2、H_2SO_4，因此现有技术通常采用水喷淋回收混酸工艺对尾气进行治理。喷淋过程不仅加入大量的水，而且所得回收的废酸液为低浓度混合酸，需要进一步的浓缩、分离工艺处理才能得到应用，因此存在能耗高、工艺复杂、处理时间长、水资源浪费严重以及一次投资大等诸多问题。

围绕包头稀土精矿浓硫酸低温焙烧分解方法，人们做了大量研究工作，徐光宪等详细研究了包头稀土精矿浓硫酸分解机理与低温焙烧分解的工艺方法。按照包头稀土精矿浓硫酸分解机理结合回转焙烧的具体工艺过程，回转焙烧前期主要产生 HF 尾气，而反应后期随物料带入和反应生成的水分越来越少，物料越接近窑头（加热端），反应温度越高，反应大量发生，硫酸的挥发亦开始出现，即反应后期产生大量含硫的酸性尾气。不同反应期产生的不同成分的酸性尾气在现有工艺中被合并回收，这种工艺方法显然是不合理的。因此，包头稀土精矿浓硫酸分解采用分段焙烧，焙烧尾气分别回收是一种合理的选择。

2.2.4.2　包头稀土精矿浓硫酸低温多级焙烧的研究

低温多级焙烧即将现行浓硫酸分解工艺中 25～35 m 的单级回转焙烧窑拆分为多级短窑，对稀土精矿进行多级分段焙烧，这样不仅可以使每一单级回转焙烧窑的长度缩短，在保证窑尾温度的条件下使通过煤气燃烧提供热能的窑头温度降低，因此系统焙烧温度得以降低，避免了焦磷酸钍和其他焦磷酸盐的生成，有利于钍资源、磷资源回收，提高稀土元素的收得率。而且稀土精矿多级分段焙烧方法使得焙烧尾气的分别回收成为可能，有利于回收利用尾气。稀土精矿浓硫酸多级焙烧装置如图 2.43 所示。

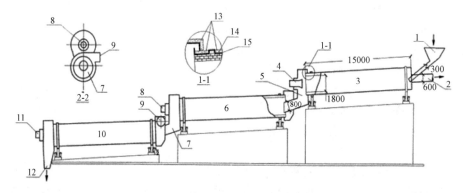

图 2.43　稀土精矿浓硫酸多级焙烧装置示意图

1 为浓硫酸与稀土精矿混合膏状物料加料装置；2 为 1 级焙烧回转窑（含氟）尾气排放至氟回收装置；3 为 1 级焙烧回转窑，倾角 5%；4 为 1 级、2 级焙烧回转窑之间的密闭连接及物料转移装置；5 为 1 级焙烧回转窑煤气燃烧器；6 为 1 级、2 级焙烧回转窑之间的密闭连接及物料转移装置上的（含硫酸雾）尾气排放口（多级回转窑之间的密闭连接及物料转移装置上均设有独立的尾气排放口）；7 为 2 级焙烧回转窑，倾角 3%；8 为 2 级焙烧回转窑煤气燃烧器；9 为焙烧矿排出口；10 为石棉保温毡；11 为 1 级为碳砖，2 级为高铝砖；12 为窑壁钢板；13 为保护罩；14 为窑体钢板；15 为氧化铝耐火砖

1. 焙烧尾气分别回收的研究

如图 2.43 所示，不同级焙烧产生的尾气，通过铸铁管道引入各自的石墨列管换热器内完成自冷凝吸收，自冷凝吸收通过如下方法完成：石墨列管换热器外侧通过循环冷却水冷却，石墨列管内侧是尾气通道，列管内侧尾气通过与列管外侧冷却水的热交换达到冷却降温的目的，冷却降温产生的冷却液即为回收的不同成分尾气对应的废酸，为提高冷却降温、尾气中废酸的吸收效果及消除尾气中固体颗粒或燃料产生的焦油等在列管内壁的吸附，将冷却液收集于一个循环废酸池，收集的冷却液（废酸）用耐酸泵打回石墨列管内进行自循环，加大尾气与冷却液（废酸）的接触吸收，通过冷却液（废酸）列管内壁的冲刷，消除固体颗粒或燃料产生的焦油等在列管内壁的吸附，冷却液（废酸）列管循环通过内壁还可以提高

换热效率。随自循环过程的进行，自循环冷凝吸收所得废酸越来越多，可以通过自动溢流或定期排放的方式从循环废酸池回收冷却液（废酸）。多级焙烧产生的不同成分尾气在各自石墨列管换热器完成自循环冷凝吸收后，尚不能吸附的余酸（以二氧化硫为主）随尾气从各自石墨列管换热器通过后，两股焙烧尾气合并进入内部装有填料的隧道式尾气吸收器，隧道式尾气吸收器喷入冷水，对合并尾气的余酸进行二次吸收后通过强力引风机将达标尾气通过高空烟囱排放，喷淋产生的余酸及引风机、高空烟囱产生冷凝余酸回收后用石灰乳中和。合并进入内部装有填料的隧道式尾气吸收器喷淋吸收，为保证喷淋吸收效果，可以在喷淋液中加入碱性物质。

2. 稀土萃取分离过程废水回收利用技术现状及趋势

中国成功开发了一系列具有自主知识产权的稀土冶炼分离先进技术，支撑了稀土生产大国的地位。稀土元素物理化学性质相似，相邻元素之间萃取分离系数小，导致稀土萃取分离过程消耗大量酸、碱，从而产生大量氨氮或含盐废水。目前，工业上主要采用末端治理的方法处理稀土萃取分离废水，最终以含盐废水形式外排，严重污染土壤、地表水和地下水，导致生态环境恶化。随着稀土资源的大规模开发与利用，稀土工业面临的环境污染问题日益严重，环保压力与日俱增。为实现稀土绿色分离和稀土工业可持续发展，需要有效解决稀土工业"三废"污染问题，其中，废水须尽可能回用、含盐废水近零排放是未来目标。针对稀土萃取分离废水的处理问题，国内外稀土科技工作者开展了大量研究工作，并开发了一系列物理、化学和生物处理方法。本小节重点梳理了硫酸体系和氯化体系稀土萃取分离过程中废水回收利用技术现状，指明了稀土萃取分离废水回收利用发展方向。

2.2.4.3　硫酸体系稀土萃取分离过程废水回收利用技术现状

包头混合型稀土精矿萃取分离过程中，根据硫酸稀土萃取转型过程调控酸度所用物料不同〔MgO、$Mg(HCO_3)_2$ 和 $NH_3 \cdot H_2O$ 等〕，主要产生两种 H_2SO_4 体系萃取分离废水：$MgSO_4$ 废水和$(NH_4)_2SO_4$ 废水。针对不同类型的硫酸体系废水处理问题，目前工业化应用以及处于研究阶段的绿色处理新技术主要内容如下所述。

1. 硫酸体系稀土萃取分离过程废水末端治理技术

针对稀土萃取分离过程产生的 $MgSO_4$ 废水、$(NH_4)_2SO_4$ 废水，常采用的末端治理技术主要有石灰中和法和蒸发结晶法。石灰中和法是工业上处理酸性 $MgSO_4$ 废水的传统方法，如图 2.44 所示。通过向废水中加入石灰或电石渣等进行中和沉淀，产生大量含 $CaSO_4/Mg(OH)_2$ 的固废，澄清处理后的废水中仍含有饱和 $CaSO_4$，直接外排将对环境造成严重污染，而废水直接回用设备极易产生 $CaSO_4$ 结疤现象，导致处理过程不能连续稳定运行，严重影响生产效率。蒸发结晶法可以将$(NH_4)_2SO_4$ 废水转化为$(NH_4)_2SO_4$ 晶体，同时部分冷凝水可以循环利用。但是蒸发结晶法能耗较大，仅适用于处理除油后的高浓度含盐废水，同时蒸发结晶产物中重金属杂质较多，常被鉴定为固体危废物。

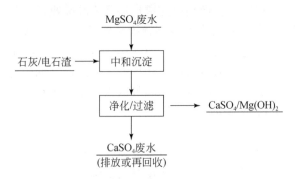

图 2.44 石灰中和法处理 $MgSO_4$ 废水工艺流程图

此外，关于稀土萃取分离过程产生的硫酸体系废水绿色处理新技术，目前还有一些其他研究报道。其中，生物微藻技术是一种处理 $(NH_4)_2SO_4$ 废水的绿色环保方法，但是该方法存在微藻脱氮率低、生物量少和稀土酸性废水不利于微藻生存等瓶颈问题。中国科学院福建物质结构研究所通过合成烷基苯氧乙酸衍生物，实现 $MgSO_4$ 废水中钙、镁离子的高效去除，与传统沉淀剂相比，新方法过滤性能更优，具有一定应用潜力。采用多种废水处理技术组合的方法可以提高处理效果。北京大学采用汽提预处理和低压反渗透组合技术，使 $(NH_4)_2SO_4$ 废水中氨氮去除率达到 98%。昆明理工大学将微波加热技术和超重力技术应用到汽提法工序，提高了 $(NH_4)_2SO_4$ 废水中氨的回收率。上述废水处理新技术为处理 H_2SO_4 体系废水提供了新思路，但是，目前这些新技术仍处于研究阶段，未见工业应用报道。

2. 硫酸体系稀土萃取分离过程废水循环利用技术

目前在工业生产上，包头混合型稀土精矿所采用的主要处理工艺为第三代硫酸焙烧工艺，处理得到的混合硫酸稀土溶液在萃取转型过程中，因采用 MgO 粉作为体系酸度调节剂，不可避免地产生大量 $MgSO_4$ 废水。因 $MgSO_4$ 废水中含有过饱和 $CaSO_4$，在管路输送和处理过程中，$CaSO_4$ 极易析出结垢，阻塞管路和降低处理效率。针对 $MgSO_4$ 废水处理的行业难题，有研稀土开发了 $MgSO_4$ 废水循环利用制备 $Mg(HCO_3)_2$ 溶液新技术，如图 2.45 所示。通过向硫酸镁废水中加入石灰或轻烧白云石等碱性物质，中和碱得到 $Mg(OH)_2$ 和 $CaSO_4$ 浆液，通入稀土皂化萃取等过程回收的 CO_2 进行碳化提纯，获得纯净的 $Mg(HCO_3)_2$ 溶液和高品质 $CaSO_4$ 石膏副产品，实现了钙和镁的有效分离；$Mg(HCO_3)_2$ 溶液可以循环应用于稀土浸出、转型萃取分离等工序。新技术实现了 $MgSO_4$ 废水与体系中 CO_2 气体的闭路循环使用，达到 $MgSO_4$ 废水近零排放的目标，同时有效解决了常规工艺采用

MgO 调控 pH 存在的铝、铁、硅等杂质干扰、反应慢等问题，以及 $CaSO_4$ 结垢的难题。新技术将基础研究与技术开发相结合，重点突破了 $MgSO_4$ 废水循环利用的两大关键技术。一是 $MgSO_4$ 废水高效制备碳酸氢镁溶液技术。运用钙、镁离子碱度性质及其碳酸盐溶解度的差异，依据碳化双膜理论探明了硫酸体系下含 $Mg(OH)_2$ 和 $CaSO_4$ 混合浆液碳化过程中气-液-固多相反应的传质和动力学，确定 $Mg(HCO_3)_2$ 热力学稳定区域，并系统研究了不同杂质离子和含量对碳化过程的影响机制，优选添加剂可以有效抑制 $CaSO_4$ 对碳化的副反应，强化碳化主反应过程，大幅提高了 $Mg(HCO_3)_2$ 转化效率。

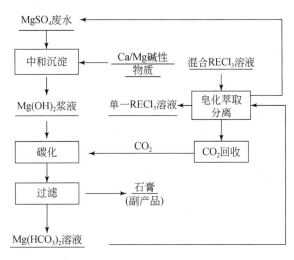

图 2.45　$MgSO_4$ 废水循环利用工艺流程图

　　二是硫酸稀土体系 $Mg(HCO_3)_2$ 溶液皂化萃取转型和分离技术。系统研究了硫酸稀土体系 $Mg(HCO_3)_2$ 溶液皂化萃取转型和分离的基础理论、过程机制与技术体系。基于多相传质理论，通过研究碳酸氢镁溶液皂化 P_{507} 有机相过程的传质行为及水-油-气多相反应动力学，强化了界面反应传质，有效提高了界面反应效率；采用循环自制的 $Mg(HCO_3)_2$ 溶液皂化 P_{507} 和 P_{204} 萃取转型与分离稀土，与 MgO 调控 pH 萃取相比，液-液反应更快，可精确调控萃取水相平衡酸度，不存在未反应残渣，提高了稀土萃取回收率，同时 $Mg(HCO_3)_2$ 溶液中杂质含量极低，如 Fe、Al 含量均低于 0.005%，远低于 MgO 中 Fe、Al 含量（均高于 0.5%），从而有效解决了常规工艺存在的诸多问题。工业运行效果表明，新技术可以实现自动化、连续化稳定运行，有效解决了 $MgSO_4$ 废水循环利用过程中 $CaSO_4$ 结垢问题，停车清理次数优化为 1～2 次/年（传统工艺清理次数为 1～2 次/月），$MgSO_4$ 废水和 CO_2 气体循环利用率超过 90%；同时副产高品质硫酸钙石膏，实现固废资源化利用。目前新技术正在进一步扩大工业化应用规模。

2.2.4.4 氯化体系稀土萃取分离过程废水回收利用技术现状

根据混合氯化稀土溶液萃取分离过程中调节酸度所用物料不同，氯化体系废水主要有氨氮（NH_4Cl）废水和含盐废水（含 $NaCl$、$CaCl_2$ 和 $MgCl_2$ 废水等）。针对稀土萃取分离产生的氯化体系废水处理回用问题，目前科技工作者已经开发出多种先进技术，具体如下。

1. 氯化体系稀土萃取分离过程废水末端处理技术

1）NH_4Cl 废水处理方法

工业上处理中高浓度 NH_4Cl 废水主要采用蒸发结晶法和汽提法等。通过蒸发结晶法回收铵盐，由于废水成分复杂，含有 Ca、Mg、Al、Si 等离子以及微量重金属、放射性核素等，直接蒸发结晶产物为危险固废，因此需要系列处理工艺，导致能耗高、运行费用高。例如，国内某稀土冶炼分离企业采用蒸发结晶法将 NH_4Cl 废水转化为 NH_4Cl 副产品，并得到脱盐水循环利用，图 2.46 展示了该工艺流程图。采用汽提法回收 $NH_3 \cdot H_2O$ 则存在能耗高、液碱或石灰消耗量大、成本高，以及产生大量高盐废水等问题，需与蒸发结晶法结合来回收盐。例如，包头市西骏环保科技有限公司基于传统石灰蒸氨法，充分利用电石渣废料，将稀土萃取分离过程产生的 NH_4Cl 废水转化为氨水、冷凝水和氯化钙副产品，氨水循环用于稀土皂化萃取，实现了废物回收再利用并实现工业化应用，如图 2.47 所示。低浓度 NH_4Cl 废水通常采用折点氯化法、混凝沉淀法和膜分离法等，这些方法各具优势，但往往需要几种工艺组合，存在投资大、成本高且难以全部达标排放或容易造成二次污染等问题。与上述物理和化学方法相比，微生物法因具有明显环保优势，近年来受到广泛关注和研究，但是稀土萃取分离废水环境恶劣，对生物菌落生存能力要求高，限制了生物法的规模化应用。

2）氯化体系其他含盐废水处理方法

稀土萃取分离产生的其他氯化体系含盐废水（$MgCl_2$、$CaCl_2$、$NaCl$ 等）常采用蒸发结晶法处理，主要包括多级闪蒸（MSF）、多效蒸发（MED）和机械式蒸汽再压缩（MVR）等工艺。该技术较为成熟，运行平稳，但能源消耗和运行费用均较高，且蒸发得到的固体盐中重金属等杂质含量高，常被鉴定为固体危险废弃物。膜浓缩［电渗析（ED）、反渗透（RO）、纳滤（NF）等］常用于处理氯化体系低浓度含盐废水，其可在室温、无相变条件下进行，具有绿色环保的优点。但该技术仍具有较明显的缺点，如对入膜前水质要求高，需较长预处理流程；膜易受损和污染，使用寿命短造成运行费用高；富集后需衔接蒸发结晶才能实现含盐废水的回用或达标排放。此外，有研稀土集团采用 MAP 法处理 $MgCl_2$ 废水，以 Na_3PO_4 作为助凝剂，废水中氮、磷和镁离子的去除率均超过 98%；使用轻烧白云石粉直接碱转 $MgCl_2$ 废水，提高了浆液的过滤性能，促进生产过程连续稳定运行。

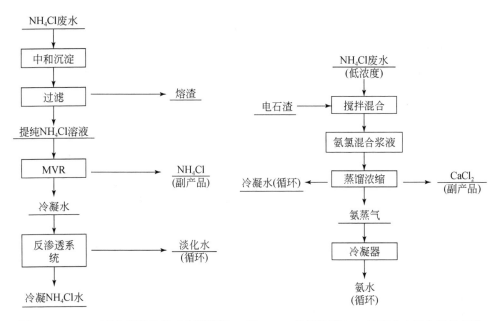

图 2.46 NH₄Cl 废水蒸发结晶工艺流程图　图 2.47 从低浓度 NH₄Cl 废水中回收氨的方法

2. 氯化体系稀土萃取分离过程废水循环利用技术

工业上混合氯化稀土溶液在萃取分离过程中使用含镁的碱性物质调节酸度是发展趋势，可从源头避免氨氮废水污染问题，但是又产生了 $MgCl_2$ 废水处理新难题。为此，有研稀土集团开发了 $MgCl_2$ 废水高效制备纯净 $Mg(HCO_3)_2$ 溶液新技术，如图 2.48 所示。新技术以稀土萃取分离过程产生的 $MgCl_2$ 废水为对象，首先加入石灰或轻烧白云石等碱性物质进行碱转化处理，将 $MgCl_2$ 废水转化为 $Mg(OH)_2$ 沉淀和 $CaCl_2$ 溶液，从而实现钙、镁离子有效分离。同时，由于 $Mg(OH)_2$ 对杂质离子具有较强吸附作用，压滤得到的 $CaCl_2$ 溶液纯度较高，经简单结晶处理即可得到具有高附加值的 $CaCl_2$ 产品；$Mg(OH)_2$ 滤饼经过循环利用的皂化废水打浆、调浆和碳化提纯处理后，最终转化为纯净的 $Mg(HCO_3)_2$ 溶液，可以循环应用于氯化稀土皂化萃取分离工序。因此，新技术实现了 $MgCl_2$ 废水中镁盐的闭路循环利用，并且制备的 $Mg(HCO_3)_2$ 溶液可以替代 $NH_3 \cdot H_2O$ 或液碱应用于稀土萃取分离过程，从源头上消除氨氮或高盐废水污染问题。同时新技术在碳化过程中可以循环使用稀土萃取过程中生成的 CO_2 气体，实现 CO_2 气体的循环利用，践行国家"双碳"理念。新技术通过理论和技术的系统研究，重点突破了 $MgCl_2$ 废水循环利用的两大关键技术。

一是 $MgCl_2$ 废水高效制备晶型 $Mg(OH)_2$ 技术。以丰富廉价的含钙碱性物质碱转化 $MgCl_2$ 废水，有效调控 pH 值及 $Mg(OH)_2$ 晶核形成速率和晶粒生长速率，避免电离形成胶态$[MgO_2]^{2-}$，获得晶型 $Mg(OH)_2$ 和 $CaCl_2$ 溶液，工业上可以实现钙镁快速分离。

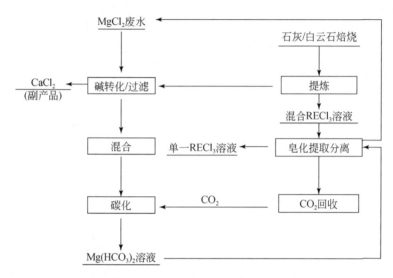

图 2.48　$MgCl_2$ 废水循环利用工艺流程图

二是 $Mg(HCO_3)_2$ 溶液高效制备及纯化技术。通过对碳化过程的动力学机制研究表明，$Mg(OH)_2$ 浆液在碳化过程的整体反应速率主要受扩散传质和化学反应混合控制。碳化过程的化学反应历程为：CO_2 分子首先从气膜扩散到液膜，并与水反应形成水合分子，然后进一步扩散到 $Mg(OH)_2$ 表面液膜层，并与 $Mg(OH)_2$ 电离出的 OH^-反应，最终转化为碳酸氢镁水合分子。通过控制 $Mg(OH)_2$ 浆液浓度、碳化温度、碳化时间，以及 CO_2 气体流量和分压等关键条件，$Mg(HCO_3)_2$ 的转化率可以超过 95%。此外，在碳化提纯过程中，需要特别调控体系中杂质元素（Al、Fe、Si 等）的走向行为，以提高 $Mg(HCO_3)_2$ 溶液纯度。目前，新技术已经在多家南方离子型稀土矿分离企业实现工业化应用，有效解决了 $Mg(OH)_2$ 浆液难过滤问题，并通过开发高效碳化装备，大幅提高了 $Mg(HCO_3)_2$ 转化率，实现了 $MgCl_2$ 废水整个循环利用过程连续化、自动化稳定运行。目前新技术正在进一步扩大应用规模与应用领域。

随着国家对环保重视程度日益提高，实现稀土绿色萃取分离是大势所趋，含盐废水近零排放是未来目标。为此，需要重点从以下方面推进稀土萃取分离废水治理工作。

废水科学分类对提高废水处理效果、降低运行成本具有重要意义。稀土萃取分离废水主要包括氨氮废水和含盐废水，按照体系划分可分为硫酸体系废水和氯化体系废水，前者主要包括$(NH_4)_2SO_4$ 废水和 $MgSO_4$ 废水，后者主要包括 NH_4Cl

废水和 $MgCl_2$（钙、钠）废水。针对不同类型的废水特点，选择合理的废水处理方法，可望实现废水资源化利用，并大幅降低生产成本，有利于加速实现废水近零排放目标。

稀土萃取分离废水往往成分复杂，而实现废水中各元素的高效分离并转化为高值化产品，符合绿色发展理念和循环经济发展目标。例如，有研稀土开发出 $MgCl_2$ 废水热解制备高纯 HCl 气体和高活性 MgO 技术。该技术流程短、能耗低，整个处理过程基本无废水、废气排放，同时制备的高附加值产品可以出售或回用于稀土萃取分离过程，新技术为实现含盐废水近零排放提供了有效途径。

建立废水处理技术标准体系是实现废水近零排放的坚实基础和法律保障。稀土行业需要尽快制定废水处理回用技术标准，完善稀土企业废水处理相关考核机制，引导和规范稀土企业提升环保意识、增强法治观念、依法行事。从法规和政策层面引导稀土企业遵守废水排放标准，同时促进废水处理技术的迭代更新，加速实现稀土工业含盐废水近零排放的目标。

2.2.4.5　稀土精矿浓硫酸分解工艺

浓硫酸高温强化焙烧主要是将浓硫酸、铁粉、包头混合型稀土精矿酸化后在回转窑中进行焙烧，而后水浸除杂得到硫酸稀土溶液。生产过程中精矿的酸化工艺直接决定回转窑是否"结窑"或者"拉稀"，进而影响回转窑的产能和稀土浸出率。由于稀土精矿浓硫酸酸化过程是硫酸强化焙烧的辅助工艺，大量的技术人员在研究焙烧工艺时对稀土精矿的浓硫酸酸化工艺进行了研究，但是专门讨论稀土精矿浓硫酸酸化过程的文献比较少，难以系统地指导工业生产中的酸化工艺。

李向东等以包头高品位稀土精矿和低品位稀土精矿为研究对象，通过浓硫酸直接酸化的方法，研究了酸矿比对酸化过程中矿浆液膨胀倍数、矿浆液比重的影响，同时探索了不同酸矿比在对应酸化时间中矿浆液的黏度。目的在于对生产过程中出现的问题：酸化过程剧烈反应导致"硫酸稀土矿浆液冒槽"、酸化过程中浆液体积膨胀"结死"酸化槽、黏度过大导致回转窑下料管堵塞、酸化时间不够导致酸化过程不完全等生产问题进行指导。

1. 包头高品位、低品位稀土精矿单独酸化实验

高矿、低矿分别以 1.0、1.1、1.2、1.3、1.4、1.5、1.6 的酸矿比进行试验。记录剧烈酸化反应时间和观察不到冒气泡现象时的酸化总时间，粗略测量酸化反应时的料浆膨胀率和酸化后的料浆密度。

1）酸矿比对包头高矿酸化过程的影响

本实验中所述的膨胀倍数为：在酸化过程中，当稀土精矿加入浓硫酸时，体系中会产生大量黏性泡沫，体积会急速地膨胀，其最大体积和硫酸液面稳定时的体积之比，称之为膨胀倍数。在实际生产中，浓硫酸和稀土精矿在调浆罐中混合之后，会通过加料管直接自流至回转窑中，加料过程属于连续运行过程。膨胀系数越大，即在酸化过程中形成的黏性泡沫越多，容易冒出调浆罐，导致生产无法进行。从图 2.49 可以看出，随着酸矿比的不断增大，膨胀倍数持续稳定在 3.67 左右，当酸矿比大于 1.3 以后，膨胀倍数迅速降低，其原因可能是稀土中浓硫酸量较大，在搅拌过程中，可以迅速地与稀土精矿接触，且接触面积瞬间增大，反应速率快，反应温度高，黏性泡沫不易形成。待反应完全以后，读取浆液体积，与加入体系中的稀土精矿和浓硫酸质量可以得出酸化浆液的比重，可以看出，随着酸矿比的增大，矿浆液比重呈波动下降的趋势，说明酸化时浓硫酸加入量越大，其相对体积越小。

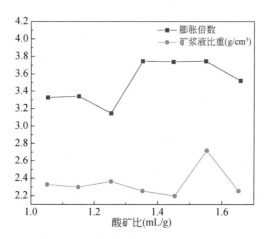

图 2.49 酸矿比对包头高矿酸化的影响

2）酸矿比对包头高矿酸化后黏度的影响

在实际生产过程中，调浆罐和回转窑之间由加料管连接，加料管与水平方向会有一定的倾角，黏度过大，浆料自流速度慢，容易出现浆料挂壁等问题，造成加料管堵塞，影响生产，这就对酸化后的矿浆液黏度提出了要求。从图 2.50 可看出，随着酸矿比的不断增大，酸化后浆液黏度不断降低。当酸矿比在 1.3 以下时，随着搅拌酸化时间的延长，其包头高矿酸矿混合物的运动黏度降低，这可能是因为，随着酸化反应的持续进行，大量的黏性泡沫破裂，造成物料之间的流动性提高，导致整个酸化后的浆料体系黏度随时间的延长而不断降低；当酸矿比在 1.3 以上时，随着搅拌酸化时间的延长，由于硫酸在体系中的比重较大，前期反应快，体系温度高，随着时间的延长，温度降低速度快，反应过程中的浓硫酸与铁粉、钙等杂质形成的硫酸盐，造成其高矿酸矿混合物的运动黏度增大；进一步可以看出，其酸化后矿浆液黏度随着酸矿比的增大而降低，随着酸化时间的延长而增加。

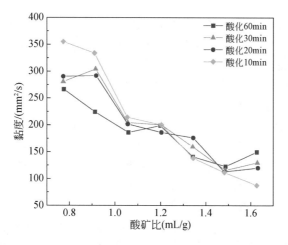

图 2.50　酸矿比对包头高矿酸化后矿浆液黏度的影响

2. 包头低品位稀土精矿硫酸酸化固化试验

1）酸矿比对包头低矿酸化过程的影响

从图 2.51 可看出，随着酸矿比的不断增大，膨胀倍数先减小后增大；当酸矿比增大到 1.2 时，膨胀倍数达到较小值 3.1，这可能是因为包头低矿的中钙元素占比较大，在酸化过程中，形成了硫酸钙沉淀，包裹于稀土精矿表面，导致反应速率降低；但是随着酸矿比的持续增大，酸化浆液中的硫酸占比增大，未反应的稀土精矿之间相互机械摩擦，破坏硫酸钙包覆层，稀土精矿与硫酸持续进行酸化反应，产生大量黏性泡沫，浆液的体积增大。随着酸矿比的不断增大，矿浆液的比重大致不变，当酸矿比达到 1.5 时，突然增大，这可能是因为硫酸钙包覆膜破碎

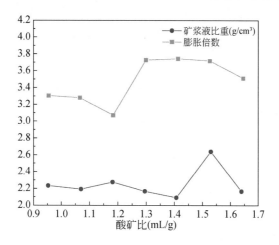

图 2.51　酸矿比对包头低矿酸化的影响

以后，矿浆液中存在大量的微小硫酸钙颗粒，且体系中的稀土精矿完全与硫酸发生反应形成的黏性泡沫与微小硫酸钙颗粒混合在一起，黏性泡沫破裂，整体体积缩小，矿浆液比重增大。

2）酸矿比对包头低矿酸化后黏度的影响

如图 2.52 所示，当酸矿比在 1.3 以下时，由于气泡较多和运动黏度较大，无法测定酸化 10 min 和 20 min 的运动黏度，酸化时间在 30 min 以上时，矿浆液的黏度达到 500 mm^2/min 以上，这可能是因为包头低矿地中的钙等杂质元素含量较高，形成了硫酸钙等固体小颗粒，增加了整个体系中的固体的相对含量，造成黏度非常大，浆液没有流动性。随着酸矿比的不断增加，矿浆液的黏度先降低，当酸矿比增大至 1.4 时，黏度降至较低点；随着矿酸比的不断增大，整个酸化过程中形成一种循环反应：硫酸钙包覆稀土精矿-包覆层破碎-稀土精矿反应-新包覆层形成，从而造成随着酸矿比的增加，其运动黏度先降低后升高再降低的趋势。随着酸化时间的延长，其运动黏度先升高后降低，为了提高生产效率，选择酸化时间 10 min 为宜。

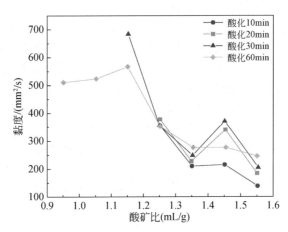

图 2.52　酸矿比对包头低矿酸化后矿浆液黏度的影响

3. 包头高品位和低品位精矿混合酸化实验

1）酸矿比对混合精矿酸化过程的影响

从图 2.53 可看出，随着包头低矿配比的增加，矿浆液的比重基本保持不变，但其膨胀倍数呈现先增大后减小的趋势。当包头高矿：包头低矿=5：5 时，其膨胀倍数达到最大值 4.23，说明在包头低矿达到 50%时，其酸化过程瞬时反应速率最快，造成瞬时浆液体积增大。

2）酸矿比对混合精矿酸化后黏度的影响

从图 2.54 可看出，随着包头低矿配比的增加，矿浆液的黏度呈现升高—降低

—升高的趋势，这主要是受包头低矿加入的影响。当包头低矿的配比不断增加至30%～40%［高矿：低矿=(7～6)∶(3～4)］时，混合精矿在硫酸作用下，大量反应，其运动黏度增大，稳定在 260 mm²/s 以上，在这个配比下，矿浆液的流动性比较差。但是当低矿配比继续增大至 50% 时，其运动黏度反而降低到 250 mm²/s，有利于物料的流动。当低矿配比小于 70% 时，随着酸化时间的延长，其运动黏度不断地升高，酸化时间延长到 30 min 时，伴随着高低矿配比的不同，运动黏度有波动，但基本趋于稳定；当低矿配比大于 70% 时，随着酸化时间的延长，矿浆液的黏度先升高，在 30 min 时，黏度达到最大值，然后随着时间的延长不断地降低。

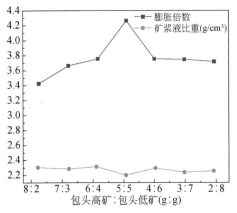

图 2.53　包头高矿与包头低矿不同配比对精矿酸化过程的影响

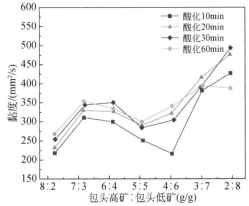

图 2.54　包头高矿与包头低矿不同配比对酸化后矿浆液黏度的影响

3）酸化工艺对稀土收率的影响

从图 2.55 可看出，随着酸矿比的不断增大，稀土浸出率急剧地增加，当达到1.4 以上时，稀土浸出率达到 94% 以上，且增加幅度逐渐减缓。随着包头低矿的占比不断增加，其稀土浸出率降低，且酸矿比越大，其差距越小，当酸矿比达到 1.8以上时，包头低矿的加入对稀土浸出率几乎没有影响。

2.2.4.6　硫酸镁溶液高效制备碳酸氢镁及皂化萃取分离稀土

目前，在稀土硫酸盐溶液的萃取转化分离中，通常采用氧化镁粉来调节酸度或皂化有机相。但是一些瓶颈问题亟待解决，如固-液反应速度慢，铝、铁等杂质被萃取富集，含过饱和硫酸钙的硫酸镁废水容易结垢，难以回收利用等。针对上述问题，黄小卫等开发并应用了独创的在氯化体系中 $Mg(HCO_3)_2$ 溶液皂化提取分离稀土元素的技术，并在此基础上，提出了在硫酸体系中 $Mg(HCO_3)_2$ 溶液处理矿物型稀土精矿的湿法冶金分离新工艺。由于稀土离子、镁离子和钙离子在硫酸体

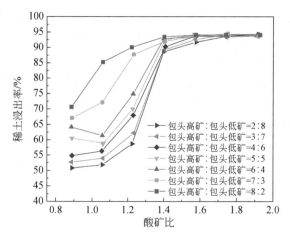

图 2.55 包头高矿与包头低矿不同配比酸化工艺对稀土收率的影响

系中的存在形式、反应机理和行为比在氯化体系中更为复杂，因此有必要解决硫酸体系中 $Mg(HCO_3)_2$ 的高效制备和萃取过程中元素分布的定向调节问题。黄小卫等为实现包头混合稀土（RE）精矿湿法冶金分离过程中硫酸镁废水的循环利用，采用 CO_2 碳化法制备碳酸氢镁［$Mg(HCO_3)_2$］溶液，研究了二(2-乙基己基）磷酸（HDEHP）对硫酸稀土溶液的提取、分离和转化，并系统研究了 $Mg(HCO_3)_2$ 制备过程中的关键影响因素和碳化机理，以及皂化萃取物中稀土元素、钙、镁元素的分布。

本小节研究了硫酸钙、添加剂、料浆浓度和温度对硫酸体系中 $Mg(HCO_3)_2$ 制备的影响，明确揭示了 $Mg(HCO_3)_2$ 高效转化的碳化机理。此外，获得了纯度 $Mg(HCO_3)_2$ 高效转化的控制条件，并对 $Mg(HCO_3)_2$ 溶液在稀土硫酸盐溶液中的皂化提取分离转化工艺进行了研究。研究了萃取平衡条件下稀土元素、钙、镁元素的分布规律，并通过元素定向调节消除了硫酸钙的结构，实现了钙镁中稀土元素的分离和高效萃取转化。

1. 硫酸体系中 $Mg(HCO_3)_2$ 溶液的高效制备

硫酸镁溶液与氢氧化钙反应形成含有氢氧化镁和钙的混合浆料，碳化反应是一个涉及固、液、气三相的复杂反应。主要反应如方程式（2.68）所示。此外，还有一些副作用，如式（2.69）和式（2.70）可能发生在碳化反应过程中。

$$Mg(OH)_2(s)+2CO_2(g)\rule[0.5ex]{1.5em}{0.1ex}Mg(HCO_3)_2(l) \tag{2.68}$$

$$Mg(OH)_2(s)+CO_2(g)+2H_2O(l)\rule[0.5ex]{1.5em}{0.1ex}MgCO_3\cdot3H_2O(s) \tag{2.69}$$

$$Mg(HCO_3)_2(l)+CaSO_4(s)\rule[0.5ex]{1.5em}{0.1ex}CaCO_3(s)+MgSO_4(l)+CO_2(g)+H_2O(l) \tag{2.70}$$

2. 硫酸钙对碳化过程的影响

按公式（2.70)计算 $CaSO_4$ 与 $Mg(HCO_3)_2$ 溶液可能发生副反应，考察了 $CaSO_4$

与氢氧化镁的摩尔比［$n(CaSO_4)$：$n(Mg(OH)_2)$］对 $Mg(HCO_3)_2$ 转化率的影响，结果如图 2.56 所示。本实验采用浓度为 8 g/L 的氢氧化镁料浆，反应温度 25℃。

从图 2.56 可以看出，当 $n(CaSO_4)$：$n(Mg(OH)_2)$ 小于 0.3：1 时，$Mg(HCO_3)_2$ 的转化率随着碳化时间的增加而逐渐增大，并在 30 min 后趋于稳定，在 80% 以上。当 $n(CaSO_4)$：$n(Mg(OH)_2)$ 大于 0.3：1 时，$Mg(HCO_3)_2$ 的转化率在碳化初期达到最大值，随后随着碳化时间的增加而降低。此外，$Mg(HCO_3)_2$ 的转化率继续保持随着 $n(CaSO_4)$：$n(Mg(OH)_2)$ 的不断增加而减少。当 $n(CaSO_4)$：$n(Mg(OH)_2)$ 为 1：1 时，碳化 60 min 后，$Mg(HCO_3)_2$ 的转化率仅为 50% 左右，这一现象的解释是：Ca^{2+} 从固体硫酸钙中释放出来，生成的 $Mg(HCO_3)_2$ 将继续与游离的 Ca^{2+} 反应，形成碳酸钙和硫酸镁，导致 $Mg(HCO_3)_2$ 浓度降低。副反应因体系中游离 Ca^{2+} 的增多而加剧。此外，还研究了碳化过程中 Ca^{2+} 浓度的变化，如图 2.57 所示。随着 $n(CaSO_4)$：$n(Mg(OH)_2)$ 的增大，溶液中 Ca^{2+} 浓度逐渐增大。当 $n(CaSO_4)$：$n(Mg(OH)_2)$ 大于 1 时，由于含固体硫酸钙体系的溶解平衡，溶液中 Ca^{2+} 浓度超过 1 g/L CaO，这与 Ca^{2+} 浓度的变化是一致的。

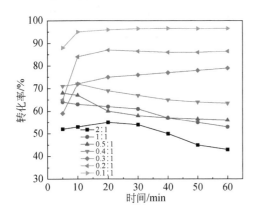

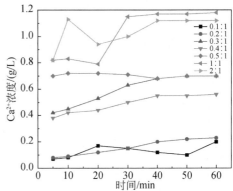

图 2.56　$n(CaSO_4)$：$n(Mg(OH)_2)$ 对氢氧化镁转化率的影响

图 2.57　不同 $n(CaSO_4)$：$n(Mg(OH)_2)$ 比下碳化过程中 Ca^{2+} 浓度的变化

3. 添加剂对碳酸化过程的影响

氢氧化钙浆料与硫酸镁溶液反应，形成氢氧化镁和硫酸钙浆料。根据上述实验结果，将二氧化碳气体直接注入体系中进行碳酸化反应，由于 $Mg(HCO_3)_2$ 溶液与硫酸钙之间存在副反应，很难实现 $Mg(HCO_3)_2$ 溶液的高效制备。由于向体系中加入大量的硫酸盐，可以抑制硫酸钙的解离，从而使溶液中的钙离子减少，副反应减弱。根据这一原理，在碱转化后的混合浆液中加入硫酸镁，得到了硫酸镁与氢氧化镁在不同摩尔比［$n(MgSO_4)$：$n(Mg(OH)_2)$］下 $Mg(HCO_3)_2$ 的转化率，如图

2.58 所示。可以看出，碱转化后，由于料浆中加入了硫酸镁，使得 $Mg(HCO_3)_2$ 的转化率有所提高。当 $n(MgSO_4):n(Mg(OH)_2)$ 增加到 $1:1$ 时，碳化 30 min 后，$Mg(HCO_3)_2$ 的转化率由 50% 左右迅速提高到 95% 以上，由此可见，硫酸钙的解离被硫酸盐的加入所抑制，主要的碳化反应顺利进行。随着硫酸镁添加量的增加，碳酸化速率略有下降。其原因是体系中加入过多的硫酸镁导致溶液黏度增大，不利于 CO_2 气体扩散和碳化反应，$Mg(HCO_3)_2$ 转化率降低。但 $Mg(HCO_3)_2$ 的转化率仍然保持 90% 以上，说明此时溶液中 HCO_3^-、Ca^{2+} 和 SO_4^{2-} 的浓度达到平衡。

因此，在碱转化后的料浆中加入适量的硫酸镁是有利的。一方面，转换率和碳酸镁的浓度提高，节约了成本，实现了资源的充分利用；另一方面，它可以保证硫酸镁的持续循环。实验结果表明，当 $n(MgSO_4):n(Mg(OH)_2)$ 为 $1:1$ 时，碳化效果最好。为了进一步了解碳化过程中各离子的转化过程，研究了碳化过程中各离子浓度的变化，如图 2.59 所示。可以看出，随着碳化时间的延长，体系中 $Mg(HCO_3)_2$、总 Mg^{2+} 和 Ca^{2+} 的浓度均有所增加。这种现象是由于固体氢氧化镁随着碳化时间增加逐渐转变为 $Mg(HCO_3)_2$ 溶液，导致溶液中 $Mg(HCO_3)_2$ 和 Mg^{2+} 浓度不断增加，然后趋于稳定。另外，随着 $Mg(HCO_3)_2$ 溶液浓度的增加，$CaSO_4$ 的溶解度增加，直至 $CaSO_4$ 解离达到平衡，从而导致 Ca^{2+} 浓度的增加。

4. 料浆浓度对碳化过程的影响

$Mg(HCO_3)_2$ 溶液是一种具有稳定浓度区域的亚稳溶液。碱转化后，氢氧化镁料浆的浓度将直接影响氢氧化镁溶液的浓度。因此，针对碱转化后的氢氧化镁料浆浓度对氢氧化镁浓度和转化率的影响，研究了混合浆料体系制备的溶液，如图 2.60 和图 2.61 所示。

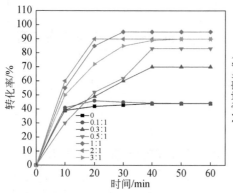

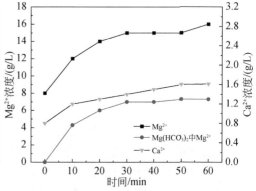

图 2.58 $n(MgSO_4):n(Mg(OH)_2)$ 配比对 $Mg(HCO_3)_2$ 转化率的影响［氢氧化镁料浆浓度为 8 g/L MgO，反应温度为 25℃，$n(CaSO_4):n(Mg(OH)_2)=1:1$］

图 2.59 碳化过程中离子浓度的变化［氢氧化镁料浆浓度为 8 g/L MgO，反应温度为 25℃，$n(CaSO_4):n(氢氧化镁):n(镁)=1:1:1$］

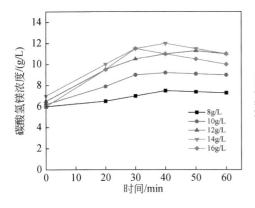

图 2.60　氢氧化镁料浆浓度对氢氧化镁浓度的影响[反应温度 25℃，$n(CaSO_4)$：$n(Mg(OH)_2)$：$n(MgSO_4)=1∶1∶1$]

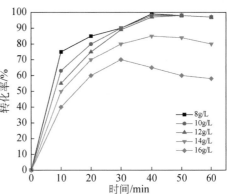

图 2.61　氢氧化镁料浆浓度对氢氧化镁转化率的影响［反应温度 25℃，$n(CaSO_4)$：$n(Mg(OH)_2)$：$n(MgSO_4)=1∶1∶1$］

从图 2.60 可以看出，当氢氧化镁料浆浓度小于 14 g/L 时，碳化 40~50 min 后 $Mg(HCO_3)_2$ 浓度最高，且 $Mg(HCO_3)_2$ 浓度随氢氧化镁料浆浓度的增加而增加。当氢氧化镁料浆浓度为 16 g/L 时，碳化 30 min 后 $Mg(HCO_3)_2$ 的最大浓度达到 11.8 g/L，随后随着碳化时间的增加而逐渐降低。从图 2.61 可以看出，$Mg(HCO_3)_2$ 的转化率随时间的增加而逐渐降低，也就是说，当浆料浓度较高时，$Mg(HCO_3)_2$ 的转化率较低，当浆料浓度为 16 g/L 时，最高碳化速率不到 75%。根据碳化机理，当在较高浆料浓度下进行碳化时，局部会产生大量高浓度的 $Mg(HCO_3)_2$ 溶液，这些溶液与扩散前从 $Mg(OH)_2$ 中解离出来的过量 OH^- 发生反应，降解为固体水化碳酸镁。此外，$Mg(HCO_3)_2$ 在较高浓度下的稳定性较差，这限制了 $Mg(HCO_3)_2$ 在较高浓度下的有效转化。

5. 温度对碳化过程温度的影响

温度在碳化反应的热力学和动力学中起着重要作用，因此研究了温度对碳酸镁转化率的影响，如图 2.62 所示。

从图 2.62 可以看出，随着碳化温度的升高，$Mg(HCO_3)_2$ 的转化率逐渐降低。一方面，CO_2 分子在溶液中的溶解度随着温度的升高而降低，导致体系中 CO_2 不足。因此 $Mg(HCO_3)_2$ 与 $CaSO_4$ 的副反应更容易发生在高温下。另外，在图 2.62 中，在 35℃ 以上的碳化温度下，$Mg(HCO_3)_2$ 的转化率随着碳化时间的延长而逐渐降低，且随着温度的升高，下降的趋势更加明显。因此，35℃ 是 $Mg(HCO_3)_2$ 有效转化的临界点温度。为了证明上述分析结果，对 20℃ 和不同碳化时间下得到的碳化渣进行了 XRD 和 SEM 表征，如图 2.63 和图 2.64 所示，50℃ 下得到的碳化渣分析结果如图 2.65 和图 2.66 所示。

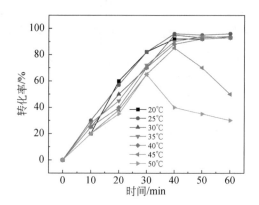

图 2.62　碳化温度对氢氧化镁转化率的影响［氢氧化镁料浆浓度 8 g/L 氧化镁，$n(CaSO_4)$：
$n(Mg(OH)_2)$：$n(MgSO_4)=1:1:1$］

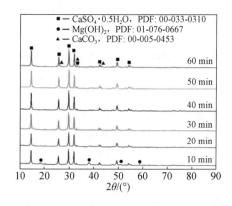

图 2.63　20℃下不同碳化时间碳化渣的 X 射线衍射谱

从图 2.63 可以看出，在碳化温度为 20℃，碳化时间为 10 min 的条件下，碳化渣的主要物相为 $Mg(OH)_2$ 和 $CaSO_4$，其微观形貌如图 2.64 所示，分别呈簇状和棒状。随着碳化时间的延长，料浆中的固体 $Mg(OH)_2$ 逐渐转变为 $Mg(HCO_3)_2$，碳化渣中的 $Mg(OH)_2$ 同时减少，这与 20 min 和 30 min 时碳化渣中团簇颗粒的还原一致。当碳化时间为 40 min 时，碳化渣中的氢氧化镁相消失，因为它们都转化为碳酸镁，在微观形态上没有观察到簇状颗粒，但生成了微量的碳酸钙。随着碳化时间的延长，体系中的物相变化不明显。

从图 2.65 可以看出，当碳化时间为 10 min，50℃时，碳化渣的主要物相和显微组织温度与 20℃时相近。碳化渣中的氢氧化镁由于转化为碳酸镁，随着碳化时间的延长而减少。因此，碳化 20 min 和 30 min 后得到的碳化渣中的氢氧化镁团簇逐渐减少，如图 2.66 所示。碳化渣在 50℃下碳化 40 min 后，碳化渣中出现了碳酸钙和碳酸镁复合盐相［CaMg(CO₃)₂］，微观结构中也观察到了团簇颗粒，这与碳化温度为 20℃时的现象有明显不同。随着碳化时间的延长，CaMg(CO₃)₂ 的衍射峰强度随碳化时间的延长而增大。碳化渣逐渐增多，显微组织中棒状颗粒逐渐减少，团簇颗粒增多，证明团簇颗粒为 CaMg(CO₃)₂。结合 CaMg(CO₃)₂ 转化率逐渐降低的现象，可以进一步验证在高温下 Mg(HCO₃)₂ 与 CaSO₄ 之间的副反应以及分解成 MgCO₃ 的副反应。

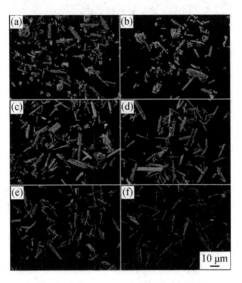

图 2.64　20℃下不同碳化时间（a）10 min、（b）20 min、（c）30 min、（d）40 min、（e）50 min、（f）60 min 下获得的碳化渣的扫描电子显微镜图像

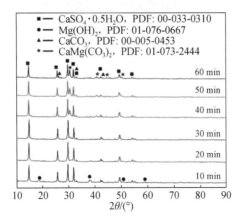

图 2.65　50℃下不同碳化时间碳化渣的 X 射线衍射谱

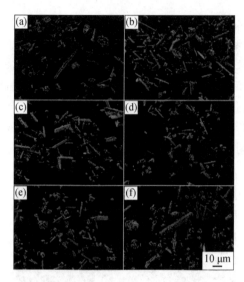

图 2.66 50℃下不同碳化时间（a）10 min、（b）20 min、（c）30 min、（d）40 min、（e）50 min、
（f）60 min 得到的碳化渣的扫描电子显微镜图像

综合以上分析可知，高温对碳酸镁的制备有不利影响。在 35℃以下控制合理的碳化时间，可使碳酸镁的转化率达到 95%，并且可以有效地避免副作用。因此，35℃是该体系碳化反应的临界温度。

6. 高效制备 $Mg(HCO_3)_2$ 溶液

根据上述关键因素对 $Mg(HCO_3)_2$ 转化率的影响规律，在适宜的碳酸化条件下实现 $Mg(HCO_3)_2$ 溶液的高效可控制备，溶液中杂质（如 Fe、Al、Si）含量小于 15 mg/L。$Mg(HCO_3)_2$ 的转化率达 95%以上，可为后续皂化提取、分离稀土元素的工艺提供可靠、优质的原料，实现硫酸镁废水的循环利用。

HDEHP 萃取剂用碳酸镁溶液皂化，得到皂化度为 0.14 mol/L 的负载型镁离子有机相。然后，以稀土硫酸盐溶液（A_0）和有机相负载镁离子（O_0）为原料，进行了 5 级串级萃取试验。模拟中使用了五个分离漏斗。萃余水相（A_1）和负载(RE^{3+})有机相（O_5）在相邻两排萃取槽的组成分别是一致的，说明萃取液达到了平衡。经 18 排萃取后达到萃取平衡，并对第 20 排样品进行分析。具体结果如表 2.15 所示。

从表 2.15 的数据可以看出，提取过程中稀土元素、钙、镁元素的分布规律是不同的。随着 HDEHP 体系对稀土元素、钙、镁的萃取能力逐渐减弱，稀土元素大部分分布在 O_5 中。因此，稀土元素可以实现完全的萃取转化，进入后续的萃取分离阶段，根据 A_0 和 A_1 的数据可以计算出稀土元素的萃取回收率大于 99.5%。此外，水相和有机相的稀土离子浓度从阶段 1 到阶段 5 逐渐增加。镁元素几乎全部分布在 A_1 中，即萃取转化后的硫酸镁废水可回用制备 $Mg(HCO_3)_2$，从而实现硫

表 2.15　串级萃取后有机相和水相的元素含量及分布

样本	浓度/（g/L）			酸度/(mol/L)	比例/%		
	MgO	CaO	REO	H^+	MgO	CaO	REO
O_0	2.55	0.34	—	—	100	100	100
A_0	8.79	0.8	15.51	0.08	100	100	100
A_1	11.33	0.83	0.06	0.23	99.9	72.8	0.4
A_2	8.98	1.27	0.84	0.31	79.2	111.4	5.4
O_2	0.15	0.58	1.61	—	1.3	50.9	10.4
A_4	8.84	0.98	3.36	0.28	78	86	21.7
O_4	0.14	0.42	6.86	—	1.2	36.8	44.2
O_5	0.12	0.32	15.45	—	1.1	28.1	99.6

酸镁的循环利用。从阶段 1 到阶段 5，水相和有机相中 Mg^{2+} 浓度下降，阶段 1、2 Mg^{2+} 浓度下降幅度较大，后阶段略有下降。Ca^{2+} 的萃取量介于 RE^{3+} 和 Mg^{2+} 之间，因此分布在 A_1 和 O_5 中。利用 $Mg(HCO_3)_2$ 溶液可有效控制皂化程度，进而将水相平衡酸度精确控制在 0.20 mol/L 以上。A_2 和 A_4 中 Ca^{2+} 的浓度分别为 1.27 g/L、98 g/L，在该体系中未达到硫酸钙的饱和溶解度，因此不会产生硫酸钙结晶沉淀。因此，$Mg(HCO_3)_2$ 应用于皂化提取稀土硫酸盐溶液，可有效解决硫酸钙结垢造成的管道堵塞问题，实现硫酸镁废水的循环利用。

2.2.4.7　高铁低磷磷钇矿作为包头矿高效独居石分解剂工艺研究

在包头稀土精矿浓硫酸高温强化焙烧过程中，需要按照包头矿中磷酸根的含量加入一定量的铁粉，将磷以焦磷酸铁的形式固结到浸出渣中，其主要作用是分解稀土精矿中的独居石，提高稀土收率。通过大量的科学实验和生产实践，现有工艺的铁粉单耗普遍在 0.25～0.30 之间，约占到总精矿分解成本 12%～20%。因此，寻求提高铁粉利用率和降低铁粉单耗工艺成为降低包头矿分解成本的主要研究方向。

高铁低磷磷钇矿的主要特点如下：第一，稀土赋存结构为磷酸稀土，与包头矿中的独居石一致；第二，通过实验表明，稀土精矿中含有的铁元素具有独特的矿物特性，在形成焦磷酸根时，更加高效，铁元素的利用更高。在单独分解过程中，由于高铁低磷磷钇矿品位低，非稀土杂质高，高温硫酸强化焙烧工艺是最适宜的分解方法，但是其稀土浸出率仍然比较低，在大量技术人员的努力下，仍然低于 85%，且磷钇矿中的中重稀土占比较大，造成了大量高价稀土元素的流失。

李向东等对利用高铁低磷磷钇矿作为包头矿独居石分解剂进行了研究，实验结果表明独居石分解剂成分、矿酸比、焙烧温度、焙烧时间、水浸时间、水浸温度、中和时间、中和 pH 对包头矿浸出收率有较大影响。

将磷钇矿和铁粉按照一定的配比混合均匀作为独居石分解剂,按照包头矿中铁磷含量加入一定量的独居石分解剂,再加入适量的浓硫酸,在一定的温度下进行浓硫酸高温强化焙烧,常温常压下,控制合适的固液比和浸出时间,将焙砂中的硫酸稀土溶解于水溶液中,采用布氏漏斗固液分离,去除焙烧尾渣,获得稀土硫酸盐溶液,再加入氧化镁中和除杂,即可得到低杂质的硫酸稀土溶液。

1. 独居石分解剂成分对稀土浸出率的影响

本实验所采用的独居石分解剂是磷钇矿和铁粉的均匀混合物,以投矿实物量为基准,独居石分解剂的加入比例按照徐光宪院士提出的经验公式计算:独居石分解剂加入比例(%)=1.22×PO_4^{3-}含量-Fe_2O_3含量。由于包头矿中的PO_4^{3-}含量为17.92%,Fe_2O_3含量为 2.83%。根据公式得出独居石分解剂加入比例(%)=1.22×17.92%-2.83%=19.03%,即本实验按照投矿实物量加入了 19.03%磷钇矿和铁粉的混合物。独居石分解剂成分对稀土浸出率的影响较大,由于磷钇矿中铁元素在独居石矿物中属于天然结构,且分布均匀,其独居石分解效率远远高于铁粉,因此,随着磷钇矿加入量的不断增大,其独居石分解效率不断提高,稀土收率获得很大的提高;当磷钇矿的加入量达到 60%,稀土浸出率达到 96.38%;当加入量大于60%时,在稀土焙烧过程中,铁元素总量不足,致使包头矿中的独居石无法完全分解,造成稀土收率反而降低。磷钇矿中含有 19.62%的 REO,在独居石分解剂中以 60%的比例加入,与单纯添加铁粉相比,可以提高单台窑投稀土精矿矿量 11.4%以上,同时降低铁粉单耗 0.12%以上,单耗降低率 40%以上。

2. 矿酸比对稀土浸出率的影响

由于独居石分解剂中含有一部分磷钇矿,而磷钇矿的中 REO 含量较低,非稀土杂质含量,诸如二氧化硅等比较高,在矿酸比为 1∶1.3 时,稀土精矿、独居石分解剂与硫酸混合后,团聚成小块,未形成浆液,造成稀土精矿与硫酸不能完全混合,稀土在焙烧过程中仍然以磷酸稀土和氟碳铈稀土的形式存在,并未形成硫酸稀土,导致水浸过程中稀土浸出率降低,同时稀土精矿中放射性元素钍也会进入硫酸稀土溶液中,造成硫酸稀土的放射性超标;在矿酸比在 1∶1.5 时,稀土精矿、独居石分解剂与硫酸混合后,形成的硫酸稀土矿浆液流动性差,反应过程漫长,且形成了大量的黏性泡沫,阻碍了稀土元素与硫酸的充分反应,从而造成焙烧过程中硫酸稀土转化率低,水浸收率低。总而言之,随着矿酸比的不断增加,稀土浸出率将会越来越高,当矿酸比在 1∶1.7 以前时,稀土浸出率急剧升高;当矿酸比达到 1∶1.7 以后,缓慢升高。本实验作为独居石分解剂采用的磷钇矿品位较低,杂质含量趋势较高。在焙烧过程中,磷钇矿和包头矿中的独居石的主要化学组成都是磷酸稀土,相对于氟碳铈矿难以分解,先分解氟碳铈矿,后分解磷酸稀土,因此,其稀土浸出率呈现先急剧后缓慢的上升趋势。

3. 焙烧温度对稀土浸出率的影响

随着焙烧温度的不断增加，稀土浸出率呈现先升高后逐渐降低的趋势，当焙烧温度达到 410℃，稀土浸出率最高。一般温度过低时，包头矿在低温下反应，磷酸稀土分解不完全，钍、铁等与磷酸难以生成不溶于水的焦磷酸盐，可溶性的稀土氧化物中铁磷含量相应增加，精矿分解率随之也降低，焙烧矿中酸量因温度太低，部分硫酸在焙干段不能被分解，硫酸利用率不足，导致焙烧矿余酸量大，浸出过程中 pH 偏低。温度控制过高时，会造成精矿过烧，焙烧矿生成难溶性酸性硫酸稀土盐聚集在渣中，若出窑时焙烧矿不冒酸烟，质硬色白或呈红色，则说明焙烧过头，铈等发生氧化，焙烧矿在浸出时浸出率下降，收率降低。

4. 焙烧时间对稀土浸出率的影响

随着焙烧时间不断地延长，硫酸稀土的转化率越来越高，在浸出过程中，稀土浸出率也会越来越高，当焙烧时间达到 125 min 时，稀土矿的浸出率达到了最大值，再延长焙烧时间，对稀土浸出率的影响不大。由此可知，当焙烧温度达到稀土矿的分解温度后，焙烧时间对混合稀土矿浸出率的影响并不大，但是由于包头矿和磷钇矿的粒度、水分等均不相同，所以适当地延长焙烧时间，才能使混合稀土矿完全分解。

5. 水浸温度对稀土浸出率的影响

在稀土浸取过程中，自来水的加入量一般采用硫酸稀土水浸液中的 REO 控制在 32 g/L 左右进行计算，采用自来水对稀土焙砂中的硫酸稀土进行浸取。当浸取温度大于 65℃时，稀土浸出率急剧下降，这是因为硫酸稀土的溶解度随着温度的升高而不断降低，浆液中硫酸稀土溶液达到饱和溶解度，致使硫酸稀土焙砂中的 REO 不能溶解。当浸取温度在 65℃以下、常温以上这个温度区间内，随着温度的降低，稀土浸出率不断升高，且当浸出温度降低到 55℃以下时，浸出温度对稀土浸出率的影响很小了。因此，稀土焙烧矿的浸出一般在常温下进行即可，但是由于独居石分解中的磷钇矿 REO 品位低，非稀土元素含量高，为了使稀土精矿中的稀土完全转化为硫酸稀土，硫酸的加入远远大于理论量，因此，焙烧后稀土焙烧矿中会有大量的硫酸残留，在加入水溶液时，会放出大量的热量，浸出过程中焙砂的加入速度需加以控制，保证整个浸出体系的温度维持在 55℃以下，以保证较高的稀土浸出率。

6. 水浸时间对稀土浸出率的影响

在稀土水浸过程中，浸出时间对稀土浸出率的影响较大。当水浸时间小于 90 min 时，浸出时间越长，稀土浸出率越高，在 90 min 时达到较高值，这是因为独居石分解剂中的磷钇矿非稀土杂质较高，浸出过程中会有大量的非稀土杂质元素以硫酸盐的形式浸出，抑制了硫酸稀土的浸出，从而降低了稀土浸出率；和包头白云鄂博稀土精矿相比，磷钇矿中的中重稀土配分占比较大，相对浸出难度较大，这可能是因为镧系收缩，中重稀土元素的原子半径较小，与官能团硫酸根的结合较为紧密，浸出时需要更长的时间。当水浸时间大于 90 min 时，稀土浸出率较高，且变化不大，浸出要保证较高的稀土浸出率。在水浸过程中，随着时间的延长，由于稀土焙烧矿与搅拌桨不断碰撞，0.5～5.0 mm 的硫酸稀土焙烧矿不断细化，直至焙烧矿均匀分散在水溶液中。搅拌时间越长，焙烧矿粒度越细小，焙烧矿与水溶液的接触面积越大，硫酸稀土浸出效率越高，稀土浸出率越高。

7. 中和除杂时间对硫酸稀土品质的影响

水浸之后的硫酸稀土溶液 pH 在 0.5～2.0 之间，非稀土杂质比较多，PO_4^{3-} 的含量约在 2.0～3.0 g/L 之间，铁元素(氧化铁)约在 2.0～3.5 g/L 之间，需采用氧化镁进行中和除杂。由于氧化镁在中和过程中反应滞后，因此，中和时间对除杂效果的影响很大。当中和时间小于 60 min 时，随着中和时间的缩短，稀土浸出率降低，由于氧化镁加入速度较快，局部 pH 过高，部分稀土元素形成 $RE(OH)_3$ 沉淀，造成稀土浸出率降低，$RE(OH)_3$ 无定形沉淀又会将新加入氧化镁包裹起来，导致参与反应的氧化镁比例降低，从而造成氧化镁单耗升高。当中和时间大于 60 min 时，随着中和除杂时间延长，稀土浸出收率越高。当氧化镁加入硫酸稀土水浸液中之后，氧化镁首先水解成氢氧化镁，氢氧化镁与氢离子发生中和反应，致使水浸液 pH 缓慢上升，当 pH 上升至 2.5～3.0，水浸液中的 PO_4^{3-} 与 Fe^{3+} 生成不溶于水的 $FePO_4$ 沉淀，随着 pH 的继续上升，溶液中剩余的 Fe^{3+} 与氢氧根离子生成 $Fe(OH)_3$ 沉淀，最大限度地保证了氧化镁在每个阶段反应完整，降低了稀土的中和损失。当稀土中和时间大于 180 min 之后，稀土浸出率保持稳定，变化不大。

8. 中和除杂 pH 对硫酸稀土品质的影响

在中和过程中，随着中和后的硫酸稀土溶液的 pH 升高，杂质含量越少，同时硫酸稀土会有一定的损失。本实验探索取 1 L 未除杂的硫酸稀土水浸液，REO 含量为 34.48 g/L，中和除杂时间控制在 3.5 h。分别中和除杂至最终 pH=4.5、pH=5.1 时，检测溶液中的非稀土杂质含量。当中和后的硫酸稀土溶液 pH 在 4.5 时，稀土 REO：33.83 g/L，水浸液溶液中的非稀土杂质含量高，平均为 Fe_2O_3：0.053 g/L；Al_2O_3：0.109 g/L；CaO：1.526 g/L；MnO_2：0.128 g/L；ZnO：0.024 g/L；SrO：0.09 g/L。

当中和后的硫酸稀土溶液 pH 在 5.1 时，稀土 REO：33.61 g/L，水浸液主要非稀土杂质含量平均降低至 Fe_2O_3：0.008 g/L；Al_2O_3：0.022 g/L；CaO：1.112 g/L；MnO_2：0.088 g/L；ZnO：0.017 g/L；SrO：0.018 g/L。比较而言，稀土 REO 含量基本不变，而非稀土含量有大幅度的降低，水浸液中主要杂质含量分别降低了 Fe_2O_3：85.176%；Al_2O_3：79.773%；CaO：27.165%；MnO_2：30.854%；ZnO：29.984%；SrO：80.365%。低杂质的水浸液对后期稀土萃取转型分离有重要的意义。

9. 硫酸稀土水浸液产品品质

对上述讨论所确定的较佳工艺条件进行了三批重现试验，铁粉中配入 60% 的磷钇矿作为独居石分解剂，在包头矿焙烧过程中加入 19.03% 独居石分解剂，矿酸比 1 : 1.7，410℃下焙烧 125 min，浸出时间控制在 120 min，浸出温度控制在 55℃以下，中和时间控制在 180 min 以上，中和除杂 pH 为 5.1，稀土平均浸出率为96.48%。由此工艺制取的稀土溶液，第一批实验结果：REO 含量为 32.14 g/L，PO_4^{3-} 的含量为 <0.001/L，Fe_2O_3 的含量为 0.009 g/L，ThO_2 的含量 <0.001 g/L；第二批实验结果：REO 含量为 32.58 g/L，PO_4^{3-} 的含量为 <0.001/L，Fe_2O_3 的含量为0.007 g/L，ThO_2 的含量 <0.001 g/L；第三批实验结果：REO 含量为 33.62 g/L，PO_4^{3-}的含量为 <0.001/L，Fe_2O_3 的含量为 0.008 g/L，ThO_2 的含量 <0.001 g/L。

由以上数据可得 REO 平均含量为 32.75 g/L，PO_4^{3-} 的平均含量为 <0.001/L，Fe_2O_3 的平均含量为 0.015 g/L，ThO_2 的平均含量 <0.001 g/L，均达到质量要求，重现性良好，产品品质稳定。

2.2.4.8 浓硫酸高温焙烧稀土矿水浸效率因素分析及工艺优化

崔建国等系统研究了混合型稀土精矿浓硫酸高温焙烧形成的稀土焙烧矿水浸过程，重点考察了浸出时间、温度、酸度、固液比、粗细粒度水浸渣分离、一次水浸渣酸洗涤等因素对水浸工艺效率的影响，结合现场调研提出了优化方案。

1. 水浸时间

热焙烧矿浸出是模拟工业生产浸出温度，用 40℃ 的水对冷却后的焙烧矿进行浸出；冷焙烧矿浸出是冷却后的焙烧矿用水常温浸出。图 2.67 是浸出时间对热焙烧矿和冷焙烧矿中 REO 浸出率的影响曲线。由图可知，随着浸出时间的延长，冷、热焙烧矿 REO 浸出率也随着增加，热焙烧矿 REO 浸出率高于冷焙烧矿。在浸出时间 40 min 时，热焙烧矿 REO 浸出率达到 90.7%，再延长浸出时间浸出率增加缓慢；在浸出时间 80 min 时，冷焙烧矿 REO 浸出率达到 90.2%，再延长浸出时间浸出率增加缓慢。

由此可见，采用热焙烧矿 REO 浸出率高于冷焙烧矿，同时大幅缩短了浸出时间。

2. 水浸温度

由于硫酸稀土溶解度随浸出温度升高而下降，且不同硫酸稀土溶解度也有区别，改变浸出温度考察焙烧矿中 REO、Ca、Fe 浸出率，见图 2.68。由图可知，浸出温度在 30～40℃ 范围内，焙烧矿中 REO 浸出率恒定在最大值 90% 左右；随着浸出温度从 40℃ 升高到 60℃，焙烧矿中 REO 浸出率从 90% 降低到 79.8%。焙烧矿中 Ca 浸出率随浸出温度升高而逐渐降低，但降低幅度较小。焙烧矿中 Fe 浸出率随浸出温度升高而快速升高，在浸出温度 60℃ 时，浸出率达到 73.9%；Fe浸出率过高，会使中和过程的渣量增大，夹带 REO 量也增大；Fe 浸出率过低，会影响 Fe/P 的关系，造成 P 沉淀不完全，直至影响 REO 收率。

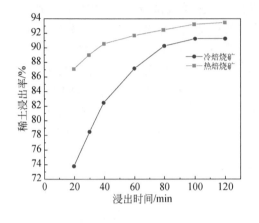
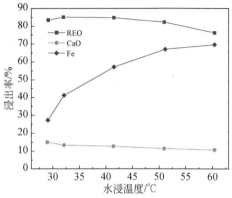

图 2.67　浸出时间对 REO 浸出率的影响曲线　　图 2.68　浸出温度对元素浸出率的影响曲线

3. 水浸酸度

工业生产中，热焙烧矿从回转窑下料口经过时，颗粒表面有黄绿色酸性烟气逸出。有些企业在回转窑后接冷却窑，焙烧矿冷却过程中，夹带的酸性烟气被负压吸走，然后再用水浸出，可降低中和工序碱消耗量。水浸液 pH 值对 REO、Fe、P、Th、Ca 浸出率以及水浸渣量的影响见表 2.16。

表 2.16　pH 值与元素浸出率及渣率的变化关系（%）

pH	REO	Fe	P	Th	Ca	渣量
1.0	90.1	6.02	4.02	22.9	24.3	41.5
2.5	88.3	4.40	0.34	7.70	24.0	43.4
4.0	82.5	0.004	0.01	0.18	15.7	48.7
5.3	81.4	0.004	0.01	0.18	2.0	55.0

由表 2.16 可知，水浸液 pH 值从 1.0 升高到 5.3 时，REO 一次浸出率由 90.1% 降低至 81.4%，其他非稀土元素浸出率也明显降低，水浸渣率逐渐升高。在 pH 值为 1.0 时，Th 的浸出率达到 22.9%，说明在焙烧工程中 Th 并没有完全 "烧死"，在一定酸度和延长水浸时间的情况下，依然可以溶出。pH 值 2.5 与 1.0 时相比较，P、Th 元素浸出率下降明显，Fe/P 比值大幅升高。说明控制一次水浸时的 pH 值，可以有效抑制放射性元素钍的溶出，并可达到固定 P 的作用。当水浸液 pH 值为 4.0 时，Fe 和 Th 完全发生水解，P 与 Fe 或 Ca 极易产生磷酸盐沉淀，Fe、P 和 Th 三元素不易被浸出，从而达到了三元素浸出率下限；在 pH 值为 5.3 时，Ca 浸出率降至 2%，相当于在水浸液中硫酸钙的浓度为 0.46 g/L，该浓度低于硫酸钙的饱

和溶解度,不会出现板框、滤布、管道结晶等现象,但 pH 值为 4.0 与 5.3 时,REO 一次浸出率下降比较多。

4. 固液比

受硫酸稀土溶解度、浸出效率等因素的影响,不同企业在水浸过程中采用了不同的固液比,而固液比决定了废水产量。因此主要考察了固液比对 REO 浸出率的影响,结果见表 2.17。可知,当固液比由 1：8 降至 1：6 时,REO 一次浸出率下降了 2.4%,但 REO 浓度由 37.3 g/L 提高至 48.4 g/L,废水量减少了 25%,残留的稀土可通过酸洗涤回收。当固液比为 1：5 时,REO 浸出率下降明显。考虑到洗涤液返回至水浸液,水浸固液比可调整至 1：6～1：6.5,废水量下降 18.7%～25%。

5. 粗、细粒度水浸渣分离

研究发现,焙烧矿水浸过程中,浆液经过沉降后,固相颗粒分级沉降现象明显。因此考察了粗、细粒度水浸渣比例、REO 含量随水浸时间的变化规律,见表 2.18。可知,随水浸时间延长,粗粒度渣的渣量逐渐变少,细粒度渣的渣量逐渐增加。且粗渣中 REO 含量逐渐减少,细渣中 REO 含量接近稳定,后续的水浸过程只是将少量粗粒度渣中的 REO 溶出。

表 2.17　固液比对 REO 浸出率的影响

S/L	1：5	1：6	1：7	1：8
REO 浓度/(g/L)	55.0	48.4	43.0	37.3
REO 浸出率/%	83.2	87.8	90.9	90.2

表 2.18　水浸时间对粗、细粒度渣重量比及 REO 含量变化表

时间/min	40	60	80	100	120
大颗粒稀土/%	10.89	10.96	8.40	7.27	6.18
小颗粒稀土/%	5.80	6.19	5.05	5.19	5.90
粗、细粒度渣重量比	63：37	42：58	39：61	31：69	23：77

6. 一次水浸渣酸洗涤

图 2.69 为不同硫酸酸度对一次水浸渣中各元素溶出量影响曲线。由图可知,当酸洗液[H$^+$]为 0.5 mol/L 时,REO 溶出量达最大。继续提高溶液[H$^+$],REO 溶出量下降,P 溶出量提高,Fe 溶出量变化较小。由于 PO$_4^{3-}$与溶出的 RE^{3+}发生沉淀反应,降低了 REO 总收率。

表 2.19 为不同酸度、时间与各元素浸出率变化关系表。由表可知,当酸洗液的[H$^+$]由 0.1 mol/L 变化至 1.0 mol/L 过程中,随时间延长,REO 和 ThO$_2$浸出率没

有明显增加，因此，酸洗涤时间不宜过长。当[H⁺]为 1.0 mol/L 时，渣率下降，渣中大量杂质溶出，增加除杂负担。

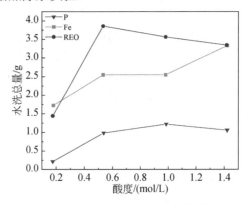

图 2.69　各元素溶出随酸度变化曲线

表 2.19　不同酸度、时间与各元素浸出率变化关系表

酸度/(mol/L)	0.1	0.1	0.1	0.5	0.5	0.5	1.0	1.0	1.0
时间/min	20	40	60	20	40	60	20	40	60
REO/(g/L)	0.80	0.91	0.91	2.54	2.66	2.52	3.57	3.30	3.50
ThO₂/(mg/L)	0.30	0.16	0.17	13.15	14.98	16.60	99.75	92.65	80.08
渣率/%	92.4	93.2	91.6	91.2	90.7	90.3	72.7	72.8	72.0

参 考 文 献

崔建国, 孟志军, 郝肖丽, 等, 2018. 浓硫酸高温焙烧稀土矿水浸效率因素分析及工艺优化[J]. 稀土, 39(2): 102-107.

崔建国, 徐萌, 李俊林, 等, 2022. 硫酸浆化分解混合稀土精矿工艺研究[J]. 中国稀土学报, 40(6): 1073-1080.

李良才, 2011. 稀土提取及分离[M]. 赤峰: 内蒙古科学技术出版社: 137.

李向东, 李虎平, 胡广寿, 等, 2023. 以高铁低磷磷钇矿作为包头矿高效独居石分解剂工艺研究[J]. 中国金属通报, (3): 210-212.

马莹, 许延辉, 常叔, 等, 2010. 包头稀土精矿浓硫酸低温焙烧工艺技术研究[J]. 稀土, 31(2): 20-23.

孙旭, 孟德亮, 黄小卫, 等, 2022. 稀土萃取分离过程废水回收利用技术现状及趋势[J]. 中国稀土学报, 40(6): 998-1006.

王少炳, 李解, 李保卫, 等, 2015. 浓硫酸低温分解混合稀土精矿动力学分析[J]. 稀土, 36(4): 31-37.

王秀艳, 李梅, 许延辉, 等, 2006. 包头稀土精矿浓硫酸焙烧反应机理研究[J]. 湿法冶金, (3): 134-137.

吴文远, 2005. 稀土冶金学[M]. 北京: 化学工业出版社: 22-25.

徐光宪, 1995. 稀土(上)[M]. 2 版. 北京: 冶金工业出版社: 279-280.

徐萌, 刘宝友, 崔建国, 等, 2024. 混合稀土精矿硫酸浆化循环分解过程研究[J/OL]. 中国稀土学报: 1-17.

张鹏飞, 2023. 硫酸浆化分解混合稀土精矿工艺及反应机制研究[D]. 呼和浩特: 内蒙古大学.

赵铭, 胡政波, 庞宏, 2013. 包头稀土精矿浓硫酸焙烧尾气治理工艺的研究[J]. 包钢科技, 39(4): 45-47.

Wang M, Huang X W, Xia C, et al., 2023. Efficient preparation of magnesium bicarbonate from magnesium sulfate solution and saponification-extraction for rare earth separation[J]. Transactions of Nonferrous metals Society of China, 33(2): 584-595.

第3章　白云鄂博稀土矿碱法冶炼技术

3.1　烧碱冶炼技术

氢氧化钠分解工艺对白云鄂博稀土精矿实用性较强。该工艺要求精矿的品位高、杂质含量低，但该工艺生产过程无含氟废气产生、废渣渣量较小、"三废"处理容易，是一种较为清洁高效的分解方法。氢氧化钠分解混合型稀土精矿的研究与生产经历了三个阶段：常压液碱分解法、固碱电加热分解法与高压浓碱液分解法。

常压液碱分解是采用50%的液体氢氧化钠与脱钙精矿在钢制夹套（通入蒸汽加热）反应罐中混合并搅拌，物料温度控制在140℃下，分解6~8 h，精矿分解率可达到97%以上。但工业生产表明，分解槽内壁易被腐蚀，分解槽用夹套式蒸汽加热易发生事故，因此已停止使用该方法生产。

固碱电加热分解是将脱钙稀土精矿与固体烧碱混合后，在专用设备中利用电阻加热，分解温度可达180℃以上，保温30 min，精矿分解率可达96%以上，分解槽壁为单层，故无分解槽内壁易被腐蚀的问题。但在分解过程中有部分铈被氧化，致使盐酸溶解率降低，因此，该工艺未被工业上采用。

高压浓碱液分解是采用高浓度的氢氧化钠溶液与脱钙稀土精矿在钢制分解设备中，在170~180℃下分解30 min，精矿分解率可达96%以上。因此，该工艺已在淄博包钢灵芝稀土高科技股份有限公司得到工业化应用，约占白云鄂博混合稀土精矿产能的10%。

3.1.1　烧碱分解的原理

脱钙稀土精矿的烧碱分解是将精矿中的稀土转变成稀土氢氧化物，而将氟、磷等转为相应的钠盐。通过TG-DSC与XRD对该过程进行分析，结果见图3.1、图3.2。

该焙烧过程中出现4个吸热峰：在68℃出现第一个吸热峰，这主要是混合稀土精矿与氢氧化钠的自由水逸出导致的失重；在135℃、261℃出现两个吸热峰，这是由氟碳铈矿（$CeFCO_3$）与独居石矿（$CePO_4$）被NaOH分解为$RE(OH)_3$以及$RE(OH)_3$进一步分解为稀土氧化物所导致，并伴随2.63%的失重；在450℃出现第四个吸热峰，这是由少部分未分解的氟碳铈矿分解所导致，该过程失重约为1.32%。焙烧过程所涉及的主要化学反应为

$$H_2O(l) \longrightarrow H_2O(g)\uparrow$$
$$REFCO_3+3NaOH = RE(OH)_3\downarrow+Na_2CO_3+NaF$$
$$REPO_4+3NaOH = RE(OH)_3\downarrow+Na_3PO_4$$
$$Th_3(PO_4)_4+12NaOH = 3Th(OH)_4+4Na_3PO_4$$
$$CaF_2+2NaOH = Ca(OH)_2+2NaF$$
$$3Ca(OH)_2+2Na_3PO_4 = Ca_3(PO_4)_2\downarrow+6NaOH$$

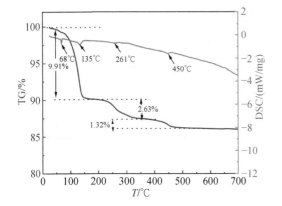

图 3.1　混合稀土精矿分解过程的 TG-DSC 图

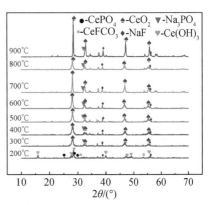

图 3.2　不同焙烧温度下焙烧矿的 XRD 图

分解过程所生成的 NaF、Na_2CO_3、Na_3PO_4 均为易溶于水的钠盐,可通过水洗达到与稀土氢氧化物分离的目的。

3.1.2　烧碱分解的精矿处理

包头稀土精矿中 CaO 含量为 6%~12%,钙在碱分解时生成氢氧化钙,独居石碱分解时生成磷酸钠,磷酸钠与氢氧化钙反应生成磷酸钙沉淀,难与氢氧化稀土分离,在盐酸浸出时,磷酸钙与氢氧化稀土都会浸入溶液,磷酸根与稀土离子反应,生成磷酸稀土沉淀,造成稀土的损失,因此传统碱法必须经过化选除钙。为了提高稀土浸出率和料液纯净度,在进行碱分解之前,先用低浓度稀盐酸浸出含钙稀土矿物,将其从稀土精矿中分离除去,并有效地避免稀土流失。在盐酸浸泡除钙的过程中,稀土矿物的化学组成并未发生显著变化。故由除钙得到的产物称之为除钙精矿(也称化选矿)。

58%稀土精矿中的钙主要是以磷灰石[$Ca_5F(PO_4)_3$]的形式存在,它们较易溶于稀酸(表 3.1、图 3.3)。而精矿中大量的钙则赋存于萤石与氟碳酸盐中,虽然用较浓的酸在较高的温度下可以使萤石溶解,但在此条件下也会使稀土氟碳铈矿中稀土部分溶解而造成损失。以 58%矿为例,用一定浓度的盐酸进行浸泡除钙的操作，得到除钙矿（表 3.2、图 3.4）。该工序下进行的化学反应如下：

$$CaCO_3+2HCl \Longequal CaCl_2+H_2O+CO_2 \uparrow$$

$$Ca_5F(PO_4)_3+10HCl \Longequal 5CaCl_2+3H_3PO_4+HF$$

$$CaF_2+2HCl \Longequal CaCl_2+2HF$$

$$3REFCO_3+6HCl \Longequal 2RECl_3+REF_3 \downarrow +3H_2O+3CO_2 \uparrow$$

$$RECl_3+3HF \Longequal REF_3 \downarrow +3HCl$$

表 3.1　包头混合稀土精矿元素分析（%）

REO	F	Fe₂O₃	CaO	P	ThO₂
58.06	5.54	3.19	7.60	5.54	0.145

表 3.2　除钙后精矿化学成分(%)

REO	CaO	Fe₂O₃	ThO₂	F	P
65.99	3.04	4.62	0.24	6.24	6.28

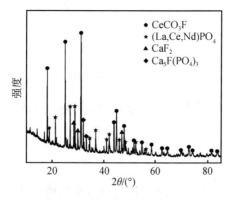

图 3.3　混合稀土精矿 XRD 图

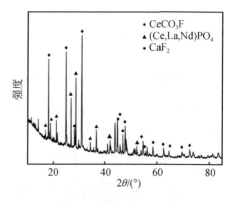

图 3.4　除钙矿 XRD 图

虽然萤石溶解时有 F^- 进入溶液，同时稀土氟碳酸盐 $RE_2(CO_3)_3 \cdot REF_3$ 中的 $RE_2(CO_3)_3$ 部分溶解而有 RE^{3+} 也进入溶液。但由于氟化稀土的溶度积（$K_{sp}=8\times10^{-16}$）比氟化钙的溶度积（$K_{sp}=2.7\times10^{-11}$）要小，因此，RE^{3+} 与 F^- 形成难溶的 REF_3 又沉淀于精矿中。由于 REF_3 的沉淀又使溶液中的 F^- 浓度降低，从而可促进 CaF_2 继续溶解。

所以，采用适宜的工艺条件，用盐酸脱钙既可以达到除钙的目的，又可以控制稀土的损失。最佳工艺条件为：盐酸浓度为 2 mol/L；矿酸比为 1：5；温度为 90～95℃；时间为 3 h。

3.1.3　烧碱分解工艺

烧碱分解工艺具有操作简单、工艺流程短、无废气的产生以及渣量小等优点，是一种较为清洁的工艺。该工艺具体流程：先向混合稀土精矿中加入低浓度盐酸进行除钙，并向除钙矿中加入 60%～65% 的氢氧化钠进行分解，分解后的物料经水洗后得到水洗渣和水洗液，水洗渣用盐酸优溶后得到酸浸液，酸浸液再用碳酸氢铵进行碳沉，除去铁钍，最终得到氯化稀土溶液。该过程中氢氧化钠分解独居石、氟碳铈矿后得到氢氧化稀土、磷酸钠与氟化钠，工艺流程图见图 3.5 所示。

$$REPO_4+3NaOH =\!=\!= Na_3PO_4+RE(OH)_3$$
$$REFCO_3+3NaOH =\!=\!= Na_2CO_3+RE(OH)_3+NaF$$

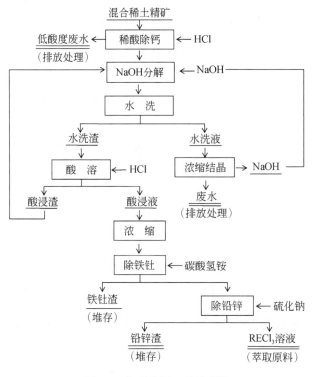

图 3.5　烧碱分解工艺流程图

1. 碱分解

1）碱浓度对除钙矿中稀土分解率的影响

在矿碱比 1:5、反应时间 150 min、搅拌速度 500 r/min、反应温度为 150℃的条件下，考察了不同初始氢氧化钠浓度下对除钙矿分解率的影响，结果如图 3.6 所示。

在该温度下，除钙矿的分解率在初始浓度小于 65% 时，随氢氧化钠浓度的升高而升高。这是因为初始氢氧化钠的浓度升高不仅能够增加体系中 OH^- 的活度，且还增加 OH^- 的传质效率，从而让除钙矿的分解加剧；而初始氢氧化钠浓度大于

65%时，除钙矿的分解率随初始碱浓度的增大而变化不大；同时，初始状态下，高浓度的氢氧化钠不仅会释放大量的热，对设备损耗严重，而且会在实际操作中，加大碱液回收的难度，因为在实验中发现，高浓度的氢氧化钠易出现结块等现象。因此，最佳的氢氧化钠浓度应选择65%。

2）反应温度对除钙矿中稀土分解率的影响

在矿碱比1：5、碱浓度65%、搅拌速度为500 r/min条件下，考察了不同温度随时间的变化对稀土分解速率的影响，结果如图3.7所示，表明反应温度对稀土分解率的影响明显。可以看出，稀土分解率随温度的增加而增加，当温度超过130℃时，增加缓慢，稀土的分解率变化不大。继续升高温度到150℃，稀土分解率变化幅度较小，因此确定最佳温度为150℃。

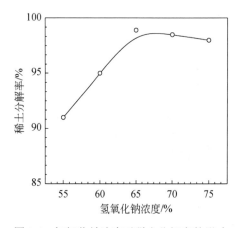
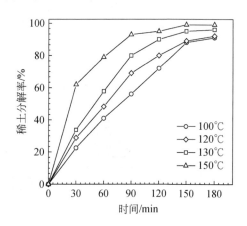

图 3.6　氢氧化钠浓度对稀土分解率的影响　　　图 3.7　反应温度对稀土分解率的影响

稀土分解率能随温度增加而增加，是因为反应温度升高能改变稀土转化反应的化学平衡，反应温度升高，体系黏度降低，加快了反应物、产物的扩散速率，提高了反应速率常数，而且反应温度的升高也增大了产物的溶解度，有利于反应进行。

3）矿碱比对除钙矿中稀土分解率的影响

在碱浓度65%，反应温度为150℃，搅拌速度500 r/min的条件下，考察了随时间变化下5种矿碱比对除钙矿分解率的影响。由图3.8可知，随着矿碱比的增大，除钙矿的稀土分解率也随之增加，其主要原因有两点：①矿碱比的增大，增加了反应体系内OH⁻的浓度，从而使得反应速率加快；②矿碱比的增大导致体系中的固液比变大，氢氧化钠的浓度增加，使得熔体黏度降低，更有利于体系中各组分的扩散传输。

由图可知，在矿碱比在小于5（即1：5)时，90 min前分解速率增长缓慢，在

150 min 以后，也可超过 90%，然而此时，将反应物导入过滤设备后，发现有大量残留物附着在反应容器上。过高的矿碱比在理论上可以增大除钙矿中稀土的分解率，然而在实验操作中发现，在碱过滤的时候，回收难度增大。

4）搅拌速率对除钙矿中稀土分解率的影响

在碱浓度 65%、矿碱比 1∶5、反应温度为 150℃的条件下，考察了随时间变化下不同搅拌速率对除钙矿分解率的影响。如图 3.9 所示，当搅拌速率超过 400 r/min 时，稀土分解率变化幅度较小，随着时间变化，稀土分解率便不再发生变化。

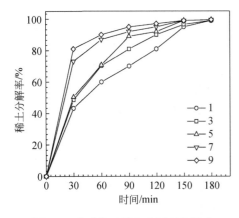

图 3.8　矿碱比对稀土分解率的影响

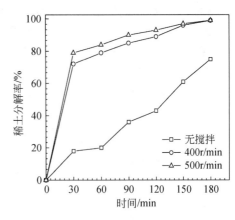

图 3.9　搅拌速率对稀土分解率的影响

在实验中可发现，搅拌矿粉一方面可使其在熔体内分散均匀，另一方面使反应生成的固相产物附着于未反应的矿物表面，在颗粒表面积累到一定程度时，固相产物破裂并脱落。当体系未经任何搅拌时，反应速率很低，这是因为矿粉在熔体中分散差，从而导致反应速度慢。

2. 盐酸溶解

经过洗涤的沉淀物(碱饼)在酸溶槽中加盐酸溶解，使得氢氧化稀土转化为氯化物进入溶液与未分解的矿物及不溶性的杂质分离。与氢氧化稀土同时溶解的还有 $Th(OH)_4$、$Fe(OH)_3$、$Fe(OH)_2$，其化学反应如下：

$$RE(OH)_3+3HCl \Longrightarrow RECl_3+3H_2O$$
$$Ce(OH)_4+4HCl \Longrightarrow CeCl_3+4H_2O+1/2Cl_2\uparrow$$
$$Th(OH)_4+4HCl \Longrightarrow ThCl_4+4H_2O$$
$$Ca(OH)_2+2HCl \Longrightarrow CaCl_2+2H_2O$$
$$Fe(OH)_2+2HCl \Longrightarrow FeCl_2+2H_2O$$
$$Fe(OH)_3+3HCl \Longrightarrow FeCl_3+3H_2O$$

酸溶后溶液的稀土浓度一般控制在 REO 为 200～300 g/L，溶液的酸度在 pH=1～2，酸溶渣中一般还有少量稀土矿物，为了充分回收稀土，经水洗后返回碱分解工序。为此详细研究了碱分解酸浸条件如下所述。

1）盐酸浓度对稀土浸出率与 Th 浸出率的影响

首先探究盐酸浓度对稀土浸出率与 Th 浸出率的影响,在固液比(g∶mL)为1∶3、60℃的条件下恒温反应 40 min,结果如图 3.10 所示。可以看出,5 mol/L 时,稀土浸出率与 Th 浸出率均较低,这是因为 Ce^{4+} 较难溶于低浓度的盐酸溶液。随着盐酸浓度的增加,稀土浸出率与 Th 浸出率逐渐增加,在 7 mol/L 时,浸出率达到 67.52 %,Th 浸出率达到 26.83 %。盐酸浓度继续增加,稀土浸出率无明显增加,而 Th 浸出率增加较为明显,故最佳盐酸浓度为 7 mol/L。

2）酸浸温度对稀土浸出率与 Th 浸出率的影响

探究酸浸温度对稀土浸出率与 Th 浸出率的影响,在固液比为 1∶3、盐酸浓度为 7 mol/L 的条件下恒温反应 40 min,结果如图 3.11 所示。可以看出,随着反应温度的增加,稀土浸出率与 Th 浸出率逐渐增加,在 70℃时,稀土浸出率达到 73.66 %,Th 浸出率达到 36.31 %。继续升高温度,稀土浸出率与 Th 浸出率无明显变化,故最佳反应温度为 70℃。

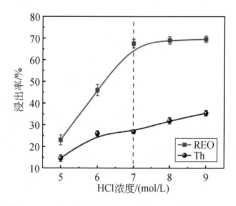 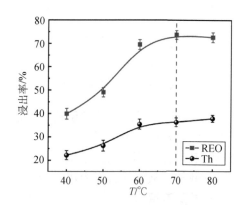

图 3.10　不同盐酸浓度下稀土浸出率与 Th 浸出率的变化　　图 3.11　酸浸温度对稀土浸出率与 Th 浸出率的变化

3）固液比对稀土浸出率与 Th 浸出率的影响

探究固液比对稀土浸出率与 Th 浸出率的影响,在盐酸为浓度 7 mol/L、70℃的条件下恒温反应 40 min,结果如图 3.12 所示。可以看出,Th 浸出率受固液比影响较大,随着固液比的增加,Th 浸出率增长幅度显著。在固液比为 1∶4 时,稀土浸出率与 Th 浸出率均达到最大,分别为 92.08%与 93.56%;再增加固液比,稀土浸出率与 Th 浸出率无明显变化,故最佳固液比为 1∶4。

4）反应时间对稀土浸出率与 Th 浸出率的影响

探究酸浸时间对稀土浸出率与 Th 浸出率的影响,在固液比为 1∶4、盐酸浓度为 7 mol/L、70℃的条件下，反应从 20 min 至 60 min，结果如图 3.13 所示。可以看出，随着反应时间的增加，稀土浸出率与 Th 浸出率增加幅度较为明显，反应 50 min 时，稀土浸出率与 Th 浸出率分别为 94.56 % 与 94.35 %。再延长反应时间，对稀土浸出率与 Th 浸出率波动较小，故最佳反应时间为 50 min。

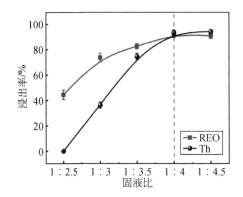 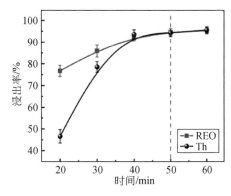

图 3.12　固液比对稀土浸出率与 Th 浸出率的　　图 3.13　反应时间对稀土浸出率与 Th 浸出率
　　　　　变化　　　　　　　　　　　　　　　　　　　　　的变化

3. 氯化稀土溶液的净化

通过盐酸溶解过程的反应式可知，酸溶得到的氯化稀土溶液中除 RE^{3+} 外，还含有 Th^{4+}、Fe^{3+}、Fe^{2+}，基于它们的溶度积和水解 pH 的差别，可以通过控制 pH 从溶液中逐一地除去。

4. 从优溶渣中回收稀土

优溶渣中尚含有未溶解的精矿和钍、铁等杂质，其稀土（REO）含量大于 10%。一般采取硫酸全溶解的方法回收稀土。主要溶解反应如下：

$$2REPO_4+3H_2SO_4 =\!=\!= RE_2(SO_4)_3+2H_3PO_4$$

$$2REF_3+3H_2SO_4 =\!=\!= RE_2(SO_4)_3+6HF$$

$$Th(OH)_4+2H_2SO_4 =\!=\!= Th(SO_4)_2+4H_2O$$

$$2Fe(OH)_3+3H_2SO_4 =\!=\!= Fe_2(SO_4)_3+6H_2O$$

硫酸溶出的溶液，经硫酸复盐沉淀分离铁等杂质后，稀土和钍的硫酸复盐用氢氧化钠溶液在 90℃ 下转化为氢氧化物，而后再经盐酸优溶工序分离稀土与钍。

3.1.4　烧碱分解工艺的改进

3.1.4.1　氢氧化钠焙烧分解混合稀土精矿

传统液碱分解法是处理白云鄂博混合稀土精矿相对清洁的冶炼工艺，可实现 P、F 的有效回收，稀土回收率也较高。但传统液碱分解法受稀土精矿品位影响较大，NaOH 用量巨大，过滤困难，废水处理成本较高等多种因素的制约，至今全国只有在淄博包钢灵芝稀土高科技股份有限公司得到工业化应用。因此，如何从根本上摆脱环境、资源、经济与工艺等多重目标之间的兼顾，统筹困局，实现稀土的可持续发展是当前白云鄂博稀土资源面临的首要任务。

氢氧化钠焙烧分解混合稀土精矿工艺打破了传统液碱分解稀土精矿制得 $RE(OH)_3$ 的思路以及反应温度低（≤200℃）的局限性，将液碱分解改为固体 NaOH 焙烧分解，分解过程由液-固反应改为固-固反应，不仅可将 F、CO_3^{2-} 资源固定在焙烧矿渣中，有效避免有害气体逸出，副产物 Na_2CO_3 也会参与反应，实现资源循环利用。本节主要考察了 NaOH 直接焙烧白云鄂博混合稀土精矿的工艺条件；并运用 XRD、SEM-EDS、ICP-OES 等多种技术手段分析主要稀土矿物的反应机理，工艺如图 3.14 所示。

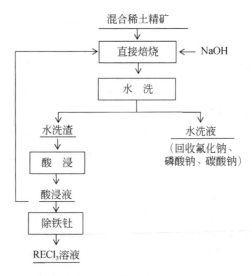

图 3.14　氢氧化钠焙烧分解混合稀土精矿工艺流程图

1. 焙烧反应机制与物相变化

图 3.15 为 NaOH 与混合稀土精矿混合后得到的 TG-DSC 及焙烧矿 XRD 图。从图 3.15（a）可以看出，该焙烧过程出现 6 个吸热峰：在 63℃出现第一个吸热峰并伴有失重，这主要是由体系内自由水的失去所引起；在 150～170℃区间内出现第二个吸热峰，失重较为明显，主要物相为 $Ce(OH)_3$、NaF、Na_2CO_3、$REFCO_3$、$REPO_4$[图 3.15（b）]；在 290～310℃区间内出现第三个吸热峰，主要物相为 Ce_4O_7、NaF、Na_2CO_3、$REFCO_3$、$REPO_4$，这主要是因为 $RE(OH)_3$ 受热脱水转为 $REO(OH)$，直至变为 RE_2O_3；在 400～430℃区间内出现第 4 个吸热峰，伴有一定量的失重，且 $REFCO_3$ 物相消失，说明此阶段未反应的 $REFCO_3$ 自身发生分解，分解产物为

REOF; 在 450~550℃区间内有明显失重和吸热现象, 反应完的主要物相为 Ce_4O_7、NaF、Na_2CO_3, 在 560℃时 $REPO_4$ 物相消失, 这主要是反应生成物 Na_2CO_3 与 $REPO_4$ 继续发生反应所致; 在 640~670℃区间内有明显吸热, 但没有明显的失重, 而且 NaF 峰值减弱, 这可能是 NaF 与 RE_2O_3 继续发生反应所致。

$$H_2O(l) \longrightarrow H_2O(g)\uparrow$$
$$3NaOH+REFCO_3 \longrightarrow RE(OH)_3+NaF+Na_2CO_3$$
$$3NaOH+REPO_4 \longrightarrow RE(OH)_3+Na_3PO_4$$
$$RE(OH)_3 \longrightarrow REO(OH)+H_2O \rightarrow RE_2O_3+H_2O$$
$$REFCO_3 \longrightarrow REOF+CO_2\uparrow$$
$$Na_2CO_3+REPO_4 \longrightarrow RE_2O_3+Na_3PO_4+CO_2$$
$$Na_2CO_3+REFCO_3 \longrightarrow RE_2O_3+NaF+CO_2\uparrow$$
$$REOF+Na_2CO_3 \longrightarrow RE_2O_3+NaF+CO_2\uparrow$$
$$nNaF+RE_2O_3 \longrightarrow Na_nRE_2O_3F_n$$

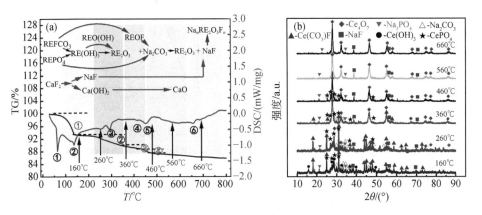

图 3.15　（a）NaOH 分解精矿的 TG-DSC 和（b）焙烧矿的 XRD 图谱

2. 焙烧条件对稀土浸出率的影响

1）焙烧温度对稀土浸出率的影响

选取焙烧温度范围为 150~750℃展开研究。由图 3.16 中可知, 当焙烧温度为 150~350℃时, 随着焙烧温度的逐渐升高, 稀土浸出率呈现先增大后下降的趋势, 这主要是由反应初始阶段（≤250℃）生成的 $Ce(OH)_3$ 受热分解为相对难溶解的 RE_2O_3 所致; 继续提升焙烧温度时, 由于 NaOH 用量不足以使 $REPO_4$ 和 $REFCO_3$ 全部分解, 因此当焙烧温度为 450℃时, 大量 $REFCO_3$ 开始发生自分解反应, 生成易溶于酸的 REOF、RE_2O_3; 当继续升高焙烧温度至 550℃时, 副产物 Na_2CO_3 会与 $REPO_4$、REOF 继续反应生成 RE_2O_3, 此时稀土浸出率可达 61.21%, 但继续升高焙烧温度, 稀土浸出率变化较小, 甚至开始有下降的趋势, 因此综合考虑焙烧温度550℃为最佳实验条件。

2）碱矿比对稀土浸出率的影响

研究碱矿比对稀土浸出过程的影响变化规律，选取碱矿比范围为0～1.2，结果如图3.17所示。可以看出，随着碱矿比的逐渐增大，稀土浸出率呈现逐渐上升的趋势，上升幅度较大。当碱矿比达到0.6时，稀土浸出率为89.32%；如继续提高碱矿比至0.8～1.2范围时，稀土浸出率的增长幅度开始放缓，作用效果甚微，且此时剩余的NaOH会不可避免地吸收空气的CO_2等气体，不仅使得副产物Na_2CO_3增多，造成资源浪费，也会杂化水洗液成分、增加资源回收难度等诸多问题。因此，选择碱矿比0.6为较佳的焙烧条件。

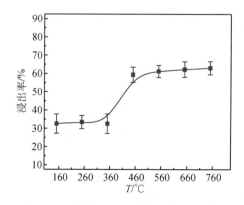
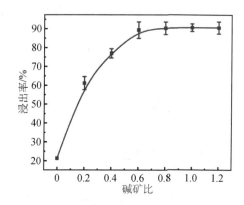

图3.16 焙烧温度对稀土浸出率的影响（碱矿比0.2，焙烧时间50 min）　图3.17 碱矿比对稀土浸出率的影响（焙烧时间50 min，焙烧温度550℃）

3）焙烧时间对稀土浸出率的影响

研究了焙烧时间对稀土浸出过程影响变化规律，如图3.18所示。随着焙烧时间的逐渐延长，稀土浸出率逐渐升高，当焙烧时间为60 min时，稀土浸出率提高至90.35%；继续延长焙烧时间，稀土浸出率虽仍有上升的趋势，但变化浮动较小，因此选择焙烧时间60 min作为最佳焙烧条件。

3. 酸浸条件对稀土浸出率的影响

1）盐酸浓度对稀土浸出率的影响

盐酸浓度对稀土浸出率的影响结果如图3.19所示。选取盐酸浓度范围3.0～7.0 mol/L；可以看出，随着盐酸浓度的逐渐增加，稀土浸出率也呈现逐渐增大的趋势；当反应时间为45 min，盐酸浓度由3.0 mol/L增大到6.0 mol/L时，稀土浸出率可由61.5%升至86.5%，之后稀土浸出率的增长幅度逐渐放缓。因此，综合考虑选择6.0 mol/L作为最佳盐酸浓度。

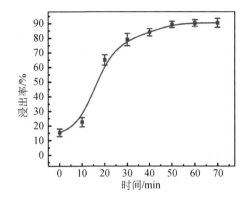

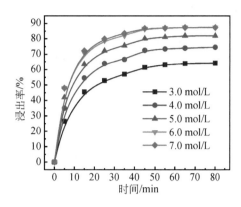

图 3.18　焙烧时间与稀土浸出率关系（矿碱比 0.6，焙烧温度 550℃）

图 3.19　盐酸浓度对稀土浸出率的影响（200 r/min，7 mL/g，75℃）

2）搅拌速度对稀土浸出率的影响

研究了搅拌速度对稀土浸出率的影响变化规律，如图 3.20 所示。可以看出，搅拌速度的改变对稀土浸出率有一定影响；当搅拌速度为 200 r/min 时，由于减弱了外扩散因素的影响，缩短了反应时间，稀土浸出率较高；而当搅拌速度增大到 300 r/min 以上时，稀土浸出率却出现了稍许的下降，但随着反应时间的逐渐延长，稀土浸出率仍可达到一个较高水平。这可能是因为在较短的浸出时间内，大的搅拌速度会影响矿物表面对 H^+ 的吸附和置换，但随着反应时间的延长，矿物表面吸附 H^+ 的机会增加，稀土浸出率仍会有所升高。综合考虑，选择搅拌速度 200 r/min 为最佳实验条件。

3）浸出温度对稀土浸出率的影响

研究了浸出温度对稀土浸出率的影响变化，选取酸浸温度范围为 40～95℃，如图 3.21 所示。当酸浸时间为 55 min，酸浸温度由 40℃升至 70℃时，稀土浸出率由 48.5% 升至 65.1%；当浸出时间为 45 min，浸出温度由 75℃升至 90℃时，稀土浸出率由 86.5% 升至 92.6%；这说明浸出过程中温度的变化对稀土浸出具有较大影响，且随着酸浸温度的逐渐升高，浸出机制也发生了变化；同时在 70～75℃ 之间出现浸出率突然上升的现象，为了最大限度实现稀土的浸出，酸浸温度应大于 75℃。因此，选择浸出温度 90℃ 作为最佳实验条件。

4）液固比对稀土浸出率的影响

研究了液固比变化对稀土浸出过程的影响（图 3.22）。随着液固比增大，稀土浸出率明显上升，当酸浸温度为 90℃、液固比为 6 mL/g、浸出时间 45 min 时，稀土浸出率为 92.5%。综合考虑稀土浸出率、能耗、可操作性等因素，选择浸出温度 90℃、液固比为 6 mL/g、盐酸浓度为 6 mol/L、搅拌速度为 200 r/min 为最佳实验条件。

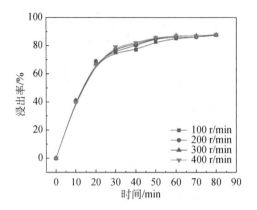

图 3.20　搅拌速度对稀土浸出率的影响
（6.0 mol/L，5.5 mL/g，75℃）

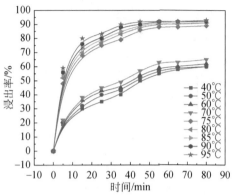

图 3.21　浸出温度对稀土浸出率的影响
（6.0 mol/L，200 r/min，5.5 mL/g）

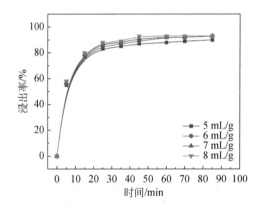

图 3.22　液固比对稀土浸出率的影响（6.0 mol/L，200 r/min，90℃）

3.1.4.2　NaOH 选择性焙烧分解混合稀土精矿

众所周知，NaOH 可分解 $REFCO_3$、$REPO_4$ 等矿物，但不与 RE_2O_3 反应；而 $REFCO_3$ 又经氧化焙烧可分解为 CeO_2、REOF 等，$REPO_4$ 在氧化焙烧过程中不发生变化。受此启发，先将混合稀土精矿进行氧化焙烧，之后添加 NaOH 再次焙烧即可实现 REOF、$REPO_4$ 的分解，该过程不仅碱用量和废水量有所减少，且分解过程中只会有 H_2O 的逸出，F、P 也可经济合理地回收，是一种较为清洁的冶炼工艺。因此，本节将重点考察氧化焙烧、NaOH 焙烧、水洗、盐酸浸出等各阶段的工艺参数对稀土浸出率的影响变化及反应原理，具体工艺流程如图 3.23 所示。

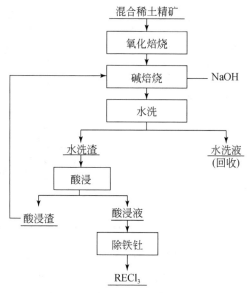

图 3.23　工艺流程

1. 氧化与钠化焙烧反应原理

为了进一步研究焙烧反应机制,对氧化焙烧和 NaOH 焙烧过程的物相变化、形貌结构展开了研究。图 3.24、图 3.25 分别为氧化焙烧和 NaOH 焙烧的 TG-DSC 曲线,图 3.26 为稀土精矿及焙烧矿的 XRD 图。

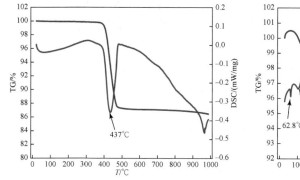

图 3.24　氧化焙烧的 TG-DSC 曲线　　　图 3.25　NaOH 焙烧的 TG-DSC 曲线

由图 3.24 可以看出,在 437℃出现一个吸热峰,而且伴有明显的失重,结合图 3.26(a)可知,这主要是由 $REFCO_3$ 自身发生分解反应生成 REOF 以及少量的 CeO_2、REF_3 并放出 CO_2 所致,由于 CeO_2 不与 NaOH 发生反应,因此 NaOH 可选择性分解 $REPO_4$、REOF、REF_3,NaOH 用量大幅度减少。

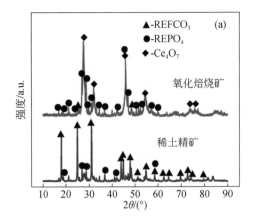 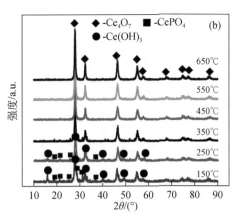

图 3.26　（a）稀土精矿与氧化焙烧矿、（b）不同温度下 NaOH 焙烧矿的 XRD 图

由图 3.25 可以看出，NaOH 焙烧过程出现了 6 个吸热峰，结合图 3.26（b）可知，第一个吸热峰（62.8℃）主要由自由水的失去所引起；第二个吸热峰（105℃）主要由 $REPO_4$、REOF、REF_3 与 NaOH 开始反应，大量生成 $Ce(OH)_3$ 以及 REO(OH) 所致，此时焙烧矿的稀土物相主要由 RE_2O_3 和 $Ce(OH)_3$ 组成；当焙烧温度上升至 290℃时，出现了第三个吸热峰，此时主要稀土物相只有 RE_2O_3，这主要由 REO(OH)、$Ce(OH)_3$ 受热分解为相对难溶于酸的 Ce_4O_7 所致；第四个吸热峰（446℃）与图 3.24 的吸热峰处于同一温度区间，这主要由随着 NaOH 的不断侵蚀，矿物中心未分解的 $REFCO_3$ 逐渐裸露出来，受热继续发生自分解反应所致；第五个吸热峰出现在 480℃，这与 Na_2CO_3 分解稀土矿物的温度区间一致，主要由 NaOH 与空气中的 CO_2 反应生成的 Na_2CO_3 会继续分解 $REFCO_3$、$REPO_4$ 所致；818℃出现第六个吸热峰，但没有明显的失重，主要是发生一些副反应：

$$REFCO_3 \longrightarrow REOF + CO_2 \uparrow$$
$$CeFCO_3 \longrightarrow CeO_2 + CeF_3 + CO \uparrow$$
$$H_2O(l) \longrightarrow H_2O(g)$$
$$REOF + NaOH \longrightarrow REO(OH) + NaF$$
$$REF_3 + 3NaOH \longrightarrow RE(OH)_3 + 3NaF$$
$$REPO_4 + NaOH \longrightarrow RE(OH)_3 + Na_3PO_4$$
$$RE(OH)_3 \longrightarrow REO(OH) + H_2O$$
$$2REO(OH) \longrightarrow RE_2O_3 + H_2O$$
$$2CeFCO_3 + Na_2CO_3 + O_2 \longrightarrow 2CeO_2 + 2NaF + 3CO_2$$
$$2CePO_4 + 3Na_2CO_3 \longrightarrow Ce_2O_3 + 3CO_2 + 2Na_3PO_4$$
$$RE_2O_3 + nNaF \longrightarrow Na_nRE_2O_3F_n$$
$$RE_2O_3 + nNa_3PO_4 \longrightarrow Na_{3n}RE_2O_3(PO_4)_n$$

2. 水洗条件对 F、P 水洗效率的影响变化

对不同固液比、水洗温度、水洗时间、水洗次数条件下，F、P 的水洗效率做了进一步分析，实验结果如图 3.27 所示。

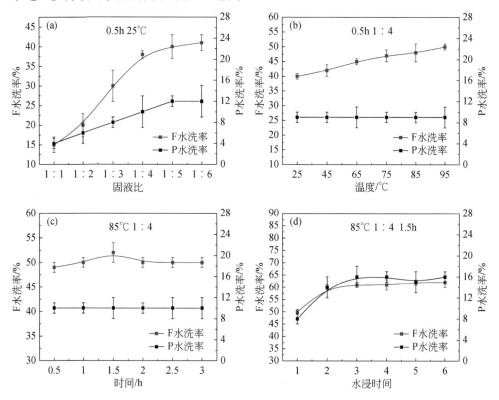

图 3.27　水洗条件对 F、P 水洗效率的影响变化

从图 3.27（a）中可以看出，随着固液比逐渐增大，F、P 的水洗效率也呈现逐渐增大的趋势，当固液比为 1∶4 时，F、P 的水洗效率已基本达到平衡，继续增大液固比的作用，效果已基本接近"饱和"；由图 3.27（b）可以看出，随着水洗温度的逐渐升高，F、P 的水洗效率也都有增大的趋势，但 F 的增长幅度要明显大于 P 增长幅度，当水洗温度为 85℃时，F、P 的水洗效率可达到平衡状态时；从图 3.27（c）可以看出，水洗时间的变化对于 F、P 的水洗效率影响较小，当水洗时间为 1.5 h 时，F、P 的水洗效率已达到平衡，继续延长反应时间，F、P 的水洗效率也没有发生明显的增长；由图 3.27（d）可以看出，随着水洗次数的逐渐增多，F、P 的水洗效率有明显增长的趋势，当水洗次数为 3 时，F、P 的水洗效率已达到 63.21% 和 17.24%，继续增加水洗次数，F、P 的水洗效率增长幅度较小。

综上所述，选择固液比 1∶4、水洗温度 85℃、水洗时间 1.5 h、水洗次数 3

为水洗过程的最佳实验条件。

3. 酸浸各因素与稀土浸出率随时间的变化规律

为了了解 NaOH 选择性焙烧分解工艺的稀土浸出情况，对酸浸温度、盐酸浓度、固液比与酸浸时间对稀土浸出率变化做了相关探究。

图 3.28 为酸浸温度、盐酸浓度、固液比与稀土浸出率随时间的变化规律，可以看出随着酸浸温度、盐酸浓度、液固比的逐渐增大，稀土浸出率都呈现逐渐上升的趋势，值得注意的是，当酸浸时间为 0～55 min，稀土浸出率上升幅度较为明显，继续延长酸浸时间，稀土浸出率增长浮动不再有较大范围的波动。综上所述，选择酸浸温度 80℃、盐酸浓度 6 mol/L、固液比 1∶6、酸浸时间为 55 min 作为最佳酸浸条件，稀土浸出率最高可达 88% 以上。

为了能进一步了解酸浸过程的浸出机制，对 HCl 浸出后的酸浸渣做了 XRD 和 SEM 分析（图 3.29、图 3.30）。可以看出，酸浸渣的粒径有所减小，但颗粒表面光滑圆润，孔洞和裂隙基本消失，结构也较为完整，其主要稀土物相为

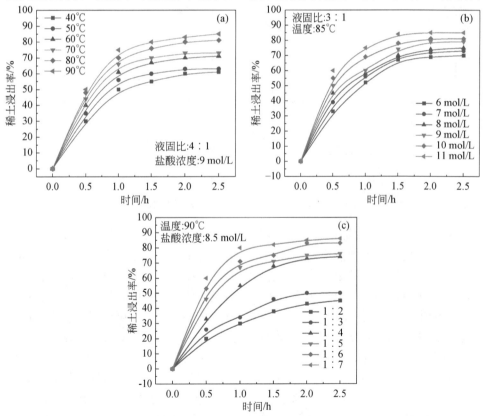

图 3.28 酸浸各因素与稀土浸出率随时间的变化规律

（a）酸浸温度；（b）盐酸浓度；（c）固液比

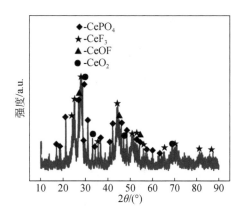

图 3.29　酸浸渣的 XRD 图

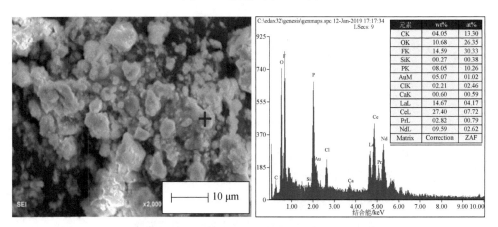

图 3.30　酸浸渣的 SEM-EDS 图

CeF_3、$CePO_4$、$CeOF$、CeO_2，这也是 F、P 的水洗效率不高的主要原因，而 $Ce(OH)_3$、$Ce_{11}O_{20}$ 物相已基本消失，但这对于酸浸渣返回到 NaOH 焙烧工艺是十分有利的。由于白云鄂博矿物成分复杂，各矿物嵌布粒度紧密，很难通过浮选、磁选、重选等手段将其分离开来，该工艺相当于通过化学方法使 CeF_3、$CePO_4$、$CeOF$、CeO_2 等颗粒裸露出来，与 NaOH 更易发生反应。

3.1.4.3　酸浸-碱溶工艺分解混合稀土精矿

精矿再选的目的是用选矿的方法对湿法冶金原料进行除杂，为新的符合清洁生产的分解工艺提供合适的原料。酸浸-碱溶法正是在此原料基础上开发的，工艺路线为：65%稀土精矿→焙烧→酸浸→碱溶(碱分解)→水洗(回收氟、磷)→酸溶→除铁、钍(制备 $ThO_2 > 8\%$ 钍富集物)→氯化稀土(直接用于萃取分离)，详见图 3.31。

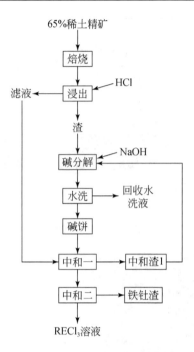

图 3.31　酸浸-碱溶工艺流程图

1. 精矿焙烧

高品位稀土精矿的化学成分见表 3.3，可以看出，杂质元素钙、铁、硅等的含量比品位 50%的稀土精矿显著降低。

表 3.3　高品位稀土精矿化学成分(%，质量分数)

成分	REO	P_2O_5	F	CaO	SiO_2	ThO_2	TFe
含量	65.30	7.88	6.47	3.35	0.79	0.27	2.31

焙烧可以将精矿中的氟碳铈矿分解，使其转化为易溶于盐酸的稀土氧化物和部分溶于盐酸的稀土氟氧化物，碳酸根转变为 CO_2 气体逸出，氟碳铈矿中大部分的铈由+3 价氧化为+4 价。主要化学反应为

$$2REF_3 \cdot RE_2(CO_3)_3 = RE_2O_3 + 3REOF + REF_3 + 6CO_2 \uparrow$$

$$4CeF_3 \cdot Ce_2(CO_3)_3 + 3/2O_2 = 6CeO_2 + 3CeOF + 3CeF_3 + 12CO_2 \uparrow$$

原料的品位不同，焙烧失重不同，但分解温度范围基本一致，为 420～540℃。REO 含量为 65%的稀土精矿在该范围内最大失重为 13%左右，实践中焙烧温度以 480～520℃为宜，焙烧温度过低，则分解时间增长，分解不完全；温度过高，使焙烧矿表面致密，浸出率降低。焙烧时间不宜过长，以免降低焙烧矿中稀土氧化

物、氧化铁等的活性，从而影响浸出率。

2. 盐酸浸出

酸浸主要浸出稀土氧化物和部分稀土氟氧化物，使其转化为可溶于酸的氯化稀土，部分稀土氟氧化物转化为氟化稀土而沉淀，与未浸出的独居石一同构成酸浸渣。在后续的碱分解工艺中，将氟化稀土和独居石进一步分解为易溶于酸的氢氧化稀土。

酸浸不仅可以浸出部分稀土，从而降低价格相对较高的烧碱的用量，更重要的是可以将焙烧矿中的钙除去。若焙烧矿不经过酸浸除钙，则钙在碱分解时生成氢氧化钙，而独居石(磷酸稀土)分解为氢氧化稀土和磷酸钠，磷酸钠会与氢氧化钙反应生成磷酸钙沉淀而与稀土氢氧化物混合在一起。在进行酸浸时，稀土氢氧化物和磷酸钙都会浸入溶液，磷酸根会与稀土离子反应生成磷酸稀土而沉淀，从而造成稀土损失。

在酸浸过程中铈会被还原，而与其他三价稀土呈现相同的溶解行为，因此浸出液中稀土的配分并不会发生改变。在酸浸过程中，大部分氧化稀土、部分氟氧化稀土以及大多数的 Ca、Mg 进入浸液中；在反应过程中，+4 价铈具有强氧化性而使盐酸中氯离子被氧化成氯气，为了防止氯气的产生，需要加入还原剂，通常加入硫脲以抑制氯气产生。

酸浸加入的盐酸量为浸出精矿中全部稀土的量，而实际的酸浸只浸出了稀土精矿中不到 50% 的稀土，因此加入的盐酸相当于过量 1 倍，目的是提高酸浸率，过量的酸用于碱分解产物的酸溶。

酸浸后，大部分的稀土氧化物和部分氟氧化物被浸出，部分杂质也被浸出，固体产物主要是氟化稀土和未分解的独居石。表 3.4 列出了稀土及杂质元素 CaO、TFe(总铁)、ThO_2 的浸出率，稀土的浸出率约为 35%，钙的浸出率达 53% 以上。

表 3.4 酸浸工序稀土及杂质的浸出率

成分	REO	CaO	TFe	ThO_2
浸出液/%	45.61	53.25	54.3	21.31
浸出渣/%	54.39	46.74	45.7	78.69

酸浸液过滤时应尽量将浸出渣中的氯离子淋洗干净，以免碱分解过程中生成氯化钠而影响水洗液中氟化钠、磷酸钠的分离回收。

3. 酸浸渣的碱分解

碱分解主要依靠氢氧化钠在较高浓度和较高温度下与稀土氟化物和稀土磷酸盐反应生成易溶于盐酸的稀土氢氧化物，使氟、磷等元素转化为可溶于水的钠盐，在水洗过程中与稀土分离。主要的稀土与碱反应的方程式如下：

$$REPO_4+3NaOH\Longrightarrow RE(OH)_3+Na_3PO_4$$
$$REF_3+3NaOH\Longrightarrow RE(OH)_3+3NaF$$

钙的含量对于碱分解的稀土回收率有着重要的影响，钙会在碱分解时形成微溶的 $Ca(OH)_2$，会与 PO_4^{3-} 生成难溶的磷酸钙，在酸溶时磷酸根会与稀土离子反应生成磷酸稀土而造成稀土损失。但本工艺经过酸浸、碱分解水洗之后，水洗渣的钙土沉淀，钙含量很低，达到了钙与磷的分离，保证了稀土的回收率。

当矿碱比为 1:0.6、烧碱浓度为 60%、温度为 160℃、分解时间为 120 min 时，分解率可达 95% 以上。当烧碱浓度为 65%、保温温度为 170℃时，稀土回收率达 98.44%。

4. 碱饼溶解和氯化稀土的制备

以逆流水洗的方式对碱分解后的碱饼进行水洗，在碱分解渣经水洗后，98% 以上的氟以 NaF 的形式进入水洗液，98% 以上的磷以 Na_3PO_4 的形式进入水洗液，实现了稀土与氟、磷的高效分离。水洗液用分步结晶方式回收氟化钠、磷酸钠和过量的烧碱，用酸浸步骤的浸出液进行酸浸，浸出水洗渣中的氢氧化稀土。水洗和酸浸均在加热条件下进行，酸浸渣返回碱分解步骤。

酸浸得到的混合氯化稀土溶液经过除铁钍、除放射性、除重金属等工序后，得到符合萃取分离要求的混合氯化稀土产品。除铁钍时，可首先加入部分碱分解的水洗渣来提高 pH，然后用氨水调节 pH 至 4~4.5 时过滤，滤液即为混合氯化稀土，渣为铁、钍渣，此时氯化稀土经浓缩结晶后，其放射性是超标的(表 3.5)。

表 3.5 氯化稀土放射性检测结果

检测项目	α 放射性活度/(Bq/kg)	β 放射性活度/(Bq/kg)	总放射性活度/(Bq/kg)
混合氯化稀土	2.17×10^3	3.81×10^3	5.98×10^3

从检测结果可以看出，氯化稀土总放射性活度为 5.98×10^3 Bq/kg，超过 1.0×10^3 Bq/kg 的标准，因此需要进一步进行除放射性处理。由于氯化稀土中 Th 含量已经很低，此时 Th 已不是主要的放射源，而是 Ra。

实践中，可将除铁钍与除放射性同时进行，即先向酸溶浸出液中加适量 H_2SO_4，再加适量 $BaCl_2$，生成的 $BaSO_4$ 沉淀能同时载带 $RaSO_4$ 沉淀，反应 30 min 后，用稀氨水调节 pH 到 4~4.5，过滤，滤渣中 ThO_2 含量为 3%~8%，可作为提取纯氧化钍的优质原料，此过程中还能回收部分稀土，提高稀土回收率。滤液总放射性活度小于 1.0×10^3 Bq/kg(表 3.6)，为合格混合氯化稀土产品(表 3.7)。

5. 氟化钠、磷酸钠的回收

由于原料品位高、杂质少，水洗液中除含过量的烧碱外，主要成分为氟化钠和磷酸钠。水洗液主要成分见表 3.8。

表 3.6　氯化稀土放射性检测结果

检测项目	α 放射性活度/(Bq/kg)	β 放射性活度/(Bq/kg)	总放射性活度/(Bq/kg)
混合氯化稀土	55.03	≤20.18	≤75.21

表 3.7　氯化稀土多元素分析(%)

样品名称	REO	ThO2	SO_4^{2-}	Ba	F	P	CaO	TFe	Na
氯化稀土	45.35	0.0005	0.17	0.014	0.18	0.005	2.15	0.014	0.096

表 3.8　水洗液主要成分

成分	F/(g/L)	P/(g/L)	Na/(g/L)	OH^-/(mol/L)	Th/(mg/L)	Ca/(g/L)	Fe/(g/L)
含量	8.67	4.5	37.55	1.5	0.036	<0.01	<0.01

利用分步结晶，浓缩液经热过滤得到氟化钠富集物，冷结晶得到磷酸钠富集物，过剩的碱液回用。

在蒸发浓缩-分步结晶过程中，水洗液经冷却后，其中 80%左右的 $Na_3PO_4 \cdot 12H_2O$ 结晶，纯度为 90%左右，热结晶时 80%左右的 NaF 结晶，纯度为 80%左右，试验结果见表 3.9。

表 3.9　蒸发浓缩-分步结晶结果

试验序号	F/%	P/%	NaF 纯度/%	NaF 收率/%	$Na_3PO_4 \cdot 12H_2O$ 纯度/%	$Na_3PO_4 \cdot 12H_2O$ 收率/%
冷结晶	2.82	7.45	6.23	10.63	91.97	81.33
热结晶	37.74	0.69	83.43	79.92	8.51	2.77

对 NaF 粗产品进行热水逆流洗涤后，将得到的 NaF 产品成分与国家标准《氟化钠》(YS/T 517—2009)成分进行对比，见表 3.10。

表 3.10　氟化钠产品成分与国标成分对比表

	化学成分/%						
	NaF	SiO_2	碳酸盐(CO_3^{2-})	硫酸盐(SO_4^{2-})	酸度(HF)	水中不溶物	H_2O
		>		<			
一级	98	0.5	0.37	0.3	0.1	0.7	0.5
二级	95	1.0	0.74	0.5	0.1	3	1.0
三级	84	—	1.49	2	0.1	10	1.5
提纯产品	97.56	0.93	0.16	0.21	0.01	1	1.0

通过成分对比表可以看出，试验中得到的 NaF 提纯产品达到了 NaF 产品二级标准，属于二级合格产品。

对 $Na_3PO_4 \cdot 12H_2O$ 粗产品进行冷水逆流洗涤后，得到提纯的磷酸三钠产品成分，将其与磷酸三钠的国家标准(HG/T 2517—2009)成分对比，见表 3.11。

表 3.11　磷酸三钠产品成分与国标成分对比表

项目		国家标准	提纯产品指标
磷酸三钠(以 $Na_3PO_4 \cdot 12H_2O$ 计)/%	≥	98.0	98.95
硫酸盐(以 SO_4 计)/%	≥	0.5	0.014
氯化物(以 Cl 计)/%	≤	0.4	0.069
砷(As)/%	≤	0.005	0.0037
铁(Fe)/%	≤	0.01	0.001
不溶物/%	≤	0.1	0.1
pH(10 g/L 溶液)		11.5~12.5	12

通过成分对比表可以看出，试验中得到的磷酸三钠提纯产品达到了磷酸三钠国家标准，属于合格产品。

选冶联合法与工业中常用的氢氧化钠分解法和浓硫酸分解法相比，化工原材料成本明显降低，稀土回收率高，能综合回收氟、磷，更重要的是能解决稀土湿法冶金"三废"难治理的瓶颈，该工艺已在中国北方稀土(集团)高科技股份有限公司实现工业生产。

3.1.5　烧碱的循环回收利用

1. 从废碱液中回收烧碱

在用烧碱分解白云鄂博稀土精矿工艺中，烧碱用量的控制是降低该工艺的生产成本的关键。因此，从碱分解液及水洗液中回收烧碱并返回分解工艺使用是降低烧碱用量的重要途径（表 3.12），主要含有 NaOH、Na_2CO_3、NaF 和 Na_3PO_4。

表 3.12　碱分解液及水洗液的主要组成(g/L)

	NaOH	Na_2CO_3	NaF	Na_3PO_4
碱分解液	420.4	21.2	6.24	6.28
第一次水洗液	100	25	6.0	1.5

废碱液中含 NaOH 量很高，必须进行处理并加以回收。同时在回收过程中，也应考虑 Na_2CO_3、NaF 和 Na_3PO_4 的有效利用，从而既可降低生产成本，又可减少废水中的氟含量，可减轻氟的污染。

回收方法采用浓缩-苛化法，即先浓缩碱液，使 Na_2CO_3、NaF 和 Na_3PO_4 结晶析出，过滤分离 NaOH 溶液与晶体。用水溶解晶体，并加入石灰进行苛化。苛化反应如下：

$$Na_2CO_3+CaO+H_2O {=\!\!=\!\!=} 2NaOH+CaCO_3\downarrow$$
$$2NaF+CaO+H_2O {=\!\!=\!\!=} 2NaOH+CaF_2\downarrow$$
$$2Na_3PO_4+3CaO+3H_2O {=\!\!=\!\!=} 6NaOH+Ca_3(PO_4)_2\downarrow$$

先将溶解了晶体的水溶液加热至～70℃，加入石灰（CaO 加入量为 NaOH 量的 1.5 倍），然后在 85～95℃下搅拌 1 h，立即过滤。浓缩-苛化法回收 NaOH 的结果见表 3.13。

表 3.13　浓缩-苛化法回收 NaOH 的结果

编号	回收碱液名称	化学组成/(g/L)				碱的浓缩回收率/%	苛化回收率/%	碱总回收率/%
		NaOH	Na$_2$CO$_3$	NaF	Na$_3$PO$_4$			
1	浓缩液	651.2	2.56	0.17	0.89	96	92.4	96
	苛化液	86.4	7.95	0.02	0.013			
2	浓缩液	699.6	5.3	0.16	0.625	98.2	91.6	97.8
	苛化液	85.6	5.54	0.05	0.017			

采用浓缩法可使废碱液中游离碱的回收率达到 96%以上；浓缩-苛化法又可使废碱液中的 Na$_2$CO$_3$、NaF 和 Na$_3$PO$_4$ 的苛化-浓缩回收率达到 92%左右。

2. 回收烧碱的循环使用

按液碱分解条件，首次用新碱分解脱钙精矿，废碱液用浓缩-苛化法回收，回收的浓碱液后续需要分解的除钙精矿，不足碱量用新碱补充。测定每次分解后得到的碱饼组成，同时以盐酸优先溶解其中的稀土，结果见表 3.14。可见，循环 9 次后的回收碱对精矿的分解率和稀土的优溶率无任何影响。因此，采用浓缩-苛化法回收废碱液中的 NaOH 具有实际意义。

表 3.14　浓缩回收碱液循环使用结果（%）

项目		循环次数			
		第一次	第七次	第八次	第九次
碱饼分析	CeO$_2$	40.4	41.2	42.7	42.1
	CaO	0.85	0.75	0.85	0.94
	P$_2$O$_5$	1.1	1.34	1.16	1.21
	F	0.26	0.82	0.39	0.2
	SiO$_2$	0.176	0.1	0.175	0.198
	Al	0.034	0.025	0.04	0.044
精矿分解率		98.3	91.4	97.5	97.8
稀土优溶率		95.5	88.5	94.4	94.3

3.1.6 氢氧化钾分解混合稀土精矿

考虑到包头混合稀土精矿相的复杂性，以及稀土、氟、磷等元素在不同物相中的异质性，有必要对各种物相在不同加热条件下的转变进行深入研究。鉴于稀土元素的热力学数据缺失，多数研究采用实验验证的方式进行探究。在本节中，我们运用现有的热力学数据，对本体系中可能发生的化学反应进行了热力学计算，以探究其内在规律。稀土精矿中主要包括了氟碳铈矿、独居石、萤石、磷灰石。因此，对 273～1273 K 温度区间范围内的主要化学反应进行计算，并进一步通过热力学计算制作出吉布斯自由能与温度关系图，并结合吉布斯自由能与温度关系图，对主要化学反应进行热力学分析。

3.1.6.1 精矿氢氧化钾加热分解体系中主反应的热力学计算

精矿-氢氧化钾分解体系中可能存在的主要反应式如下：

$$REFCO_3(s/l)+3KOH(s/l) \Longrightarrow RE(OH)_3(s/l)+KF(s)+K_2CO_3(s) \quad (3.1)$$

$$REPO_4(s)+3KOH(s/l) \Longrightarrow RE(OH)_3(s)+K_3PO_4(s) \quad (3.2)$$

$$2KOH(s/l)+CaF_2(s) \Longrightarrow 2KF_2(s)+Ca(OH)_2(s) \quad (3.3)$$

$$K_2CO_3(s)+CaF_2(s) \Longrightarrow CaCO_3(s)+2KF(s) \quad (3.4)$$

$$\frac{2}{3}K_3PO_4(s)+CaF_2(s) \Longrightarrow \frac{1}{3}Ca_3(PO_4)_2(s)+2KF \quad (3.5)$$

$$RE(OH)_3(s) \Longrightarrow \frac{1}{2}RE_2O_3(s)+\frac{3}{2}H_2O(g) \quad (3.6)$$

我们可以近似将 $RE_2(CO_3)_3$ 和 REF_3 代替 $REFCO_3$ 进行热力学计算，此外 RE 包含多种稀土元素，在进行精确热力学计算时，选取一种具有代表性的稀土元素如镧来进行分析，即式（3.7）、式（3.8）、式（3.9）、式（3.10）、式（3.11）写为如下方程式：

$$LaF_3(s)+3KOH(s/l) \Longrightarrow La(OH)_3(s)+3KF(s) \quad (3.7)$$

$$LaPO_4(s)+3KOH(s/l) \Longrightarrow La(OH)_3(s)+K_3PO_4(s) \quad (3.8)$$

$$LaF_3(s)+3KOH(s/l) \Longrightarrow \frac{1}{2}La_2O_3(s)+3KF(s)+\frac{3}{2}H_2O(g) \quad (3.9)$$

$$LaPO_4(s)+3KOH(s/l) \Longrightarrow \frac{1}{2}La_2O_3(s)+K_3PO_4(s)+\frac{3}{2}H_2O(g) \quad (3.10)$$

$$La(OH)_3 \Longrightarrow \frac{1}{2}La_2O_3(s)+\frac{3}{2}H_2O(g) \quad (3.11)$$

1. 计算方法

判断一个反应的可行性和限度,可以通过其吉布斯自由能的大小来进行评估。值得注意的是,如果能查出各物质的标准吉布斯自由能则反应过程的吉布斯自由能=生成物的吉布斯自由能-反应物的吉布斯自由能;若查不到各物质的标准吉布斯自由能,可通过吉布斯自由能和反应物质和生成物质的熵变和焓变的关系来表示,关系式如下:

$$\Delta G_T^\theta = \Delta H_T^\theta - T\Delta S_T^\theta \tag{3.12}$$

式中,T 为反应的热力学温度;ΔH_T^θ 为温度为 T 时,反应的标准焓变化;ΔS_T^θ 为温度为 T 时,反应的标准熵变化。

化学反应的进行受到自由能降低方向的影响,从而导致反应的进行。在反应式自由能为负的情况下,反应向正的方向进行;当反应式自由能为零时,该反应将达到平衡状态;当反应式自由能为正数时,反应向负方向进行。针对常见的化学反应,吉布斯自由能代表了反应是否容易进行。并且当在处于相同条件的情况中,一个反应的吉布斯自由能数值越负,反应越容易进行。根据吉布斯-亥姆霍兹方程推导得到吉布斯自由能的计算公式,过程如下所示:

$$d\left[-\frac{\Delta G_T^\theta}{T}\right] = -\frac{\Delta H_T^\theta}{T^2}dT \tag{3.13}$$

$$\Delta H_T^\theta = \Delta H_{298}^\theta + \int_{298}^{tr} \Delta C_{p1}dT + \Delta H_{tr} + \int_{tr}^{T} \Delta C_{p2}dT \tag{3.14}$$

$$\Delta S_T^\theta = \Delta S_{298}^\theta + \int_{298}^{tr} \frac{\Delta C_{p1}}{T}dT + \Delta S_{tr} + \int_{tr}^{T} \frac{\Delta C_{p2}}{T}dT \tag{3.15}$$

生成物与反应物的热熔差即 ΔC_p 可以用下式表示:

$$\Delta C_p = \Delta A_1 + \Delta A_2 10^{-3}T + \Delta A_3 10^5 T^{-2} + \Delta A_4 10^{-6}T^2 + \Delta A_5 10^8 T^{-3} \tag{3.16}$$

将式(3.16)代入式(3.14)可以得到:

$$\Delta H_T^\theta = \Delta A_1 T + \frac{1}{2}\Delta A_2 10^{-3}T^2 - \Delta A_3 10^5 T^{-1} + \frac{1}{3}\Delta A_4 10^{-6}T^3 - \frac{1}{2}\Delta A_5 10^8 T^{-2} + A_6 \tag{3.17}$$

式(3.17)中 A_6 是在 298 K 条件下求取,即用式(3.19)、式(3.20)表示:

$$A_6 = \Delta H_{298}^\theta - \Delta A_1 T - \frac{1}{2}\Delta A_2 10^{-3}T^2 - \Delta A_3 10^5 T^{-1} - \frac{1}{3}\Delta A_4 10^{-6}T^3 + -\frac{1}{2}\Delta A_5 10^8 T^{-2} \tag{3.18}$$

$$\frac{\Delta G_T^\theta}{T} = -\int \frac{\Delta H_T^\theta}{T^2}dT \tag{3.19}$$

$$\Delta G_T^\theta = -\Delta A_1 T\ln T - \frac{1}{2}\Delta A_2 10^{-3}T^2 - \frac{1}{2}\Delta A_3 10^5 T^{-1} - \frac{1}{6}\Delta A_4 10^{-6}T^3 - \frac{1}{6}\Delta A_5 10^8 T^{-2} + A_6' T + A_6 \tag{3.20}$$

在式(3.21)表达式中,A_6' 为吉布斯-亥姆霍兹方程的积分常数,求取 A_6' 的

值时需要将 T=298 K 代入式（3.20）中进行计算，表达式如下：

$$A_6' = \frac{\Delta G_T^{\theta}}{T} + \Delta A_1 \ln T - \frac{1}{2}\Delta A_2 10^{-3} T + \frac{1}{2}\Delta A_3 10^5 T^{-2} + \frac{1}{6}\Delta A_4 10^{-6} T^2 + \frac{1}{6}\Delta A_5 10^8 T^{-3} - A_6 T^{-1}$$

$$(3.21)$$

2. 热力学分析

根据《实用无机物热力学数据手册》以及《冶金热力学数据测定与计算方法》首先找出包头混合稀土精矿与氢氧化钾反应的反应物及各种生成物在 298 K 条件下标准焓与标准熵的数据，如表 3.15 所示。

表 3.15 298 K 时反应式反应物与生成物的焓与熵

物质	H_{298}^{θ} /(kJ/mol)	S_{298}^{θ} / [J/(K·mol)]
KOH	−424.580	81.250
CaF$_2$	−1228.000	68.450
K$_2$CO$_3$	−1151.5000	155.500
K$_3$PO$_4$	−2005.697	211.710
LaF$_3$	−1699.541	106.985
LaPO$_4$	−1903.720	98.324
La(OH)$_3$	−1412.100	117.821
La$_2$O$_3$	−1795.500	127.340
Ca$_3$(PO$_4$)$_2$	−4120.801	235.999
CaCO$_3$	−1206.600	91.710
KF	−568.606	66.547
Ca(OH)$_2$	−985.900	83.400
H$_2$O	−241.826	188.832

各反应物与生成物的热容数据见表3.16并参照文献计算主反应式的吉布斯自由能与温度的关系式。

以反应方程式（3.1）为例，根据包头混合稀土精矿的热力学参数，将温度区间设置为 298～1273 K，在此温度范围内，反应物与生成物发生一些物理或化学变化。例如，氢氧化钾在温度 517 K 时发生晶型转变，在温度为 679 K 时，又由固体转化为液态；La(OH)$_3$ 在 298～800 K 温度区间内以固体形式存在。可将反应式（3.7）反应温度区间划分为：298～517 K、517～679 K、679～800 K、800～1130 K、1130～1273 K 五个温度区间，根据表 3.16 中的热力学数据，计算该反应的吉布斯自由能和温度的关系。

表 3.16　反应式中生成物与反应物的热容数据

物质	相	C_P					温度范围
		A_1	A_2	A_3	A_4	A_5	
LaF$_3$	固	71.843	43.631	4.837	0	0	298～1766 K
LaPO$_4$	固	118.068	35.154	−24.087	−0.013	0	298～1600 K
KOH	固	53.842	51.497	−0.230	−0.083	0	298～517 K
	固	80	0	0	0	0	517～679 K
	液	87	0	0	0	0	679～2000 K
La(OH)$_3$	固	88.975	122.235	−7.101	−0.280	0	298～800 K
K$_2$CO$_3$	固	67.730	156.622	0.018	−0.191	0	298～693 K
	固	108.380	69.654	0.706	−0.330	0	693～1173 K
	液	205.500	0	0	0	0	1173～3000 K
K$_3$PO$_4$	固	156.084	74.011	−11.820	0.004	0	298～900 K
KF	固	42.321	19.221	0.967	0	0	298～1130 K
	液	66.944	0	0	0	0	1130～1800 K
H$_2$O	气	29.999	10.711	0.335	0	0	298～495 K
Ca$_3$(PO$_4$)$_2$	固	183.657	148.055	0	0	0	298～1423 K
CaCO$_3$	固	99.544	27.136	−21.479	0.002	0	298～1603 K
Ca(OH)$_2$	固	89.248	33.150	−10.348	−0.023	0	298～1023 K
	液	153	0	0	0	0	1023～1500 K
La$_2$O$_3$	固	119.603	14.515	−13.453	0	0	298～2300 K
CaF$_2$	固	122.467	−110.277	−26.512	81.710	0	298～600 K
	固	216.735	−256.124	−124.355	138.429	0	600～800 K
	固	137.000	−150.000	0	0	0	800～1000 K
	固	2645.020	−3234.504	−4885.583	1165.043	0	1000～1200 K
	固	26152.517	−27787.197	−68537.320	8370.585	0	1200～1424 K

在温度区间为 298～517 K 时，根据表 3.15 和表 3.16 数据计算得到：$\Delta A_1 = -17.431$，$\Delta A_2 = -18.224$，$\Delta A_3 = -9.037$，$\Delta A_4 = -0.28$，$\Delta A_5 = 0$，$\Delta H_{298}^{\theta} = -144\ 631$ J/mol，$\Delta S_{298}^{\theta} = -33.257$ J/(K·mol)。

将得到的数据代入式（3.16）中，可以得到：

$$\Delta C_p = -17.431 - 18.224 \times 10^{-3} T - 9.037 \times 10^5 T^{-2} - 0.28 \times 10^{-6} T^2 \qquad (3.22)$$

$$\Delta H_{\mathrm{T}}^{\theta} = -135592.36 - 17.431T - 9.112 \times 10^{-3}T^2 + 4.5185 \times 10^5 T^{-1}$$
$$+ 0.047 \times 10^{-6}T^3 \tag{3.23}$$

$$\Delta G_{\mathrm{T}}^{\theta} = -135592.36 - 98.75T + 17.431T \ln T + 9.112 \times 10^{-3}T^2$$
$$+ 4.519 \times 10^{-5}T^{-1} + 0.047 \times 10^{-6}T^3 \tag{3.24}$$

将 T=517 K 代入式（3.23）、式（3.24），得

ΔH_{517}^{θ}=-146159.2 J/mol，ΔS_{517}^{θ}=-37.01 J/(K·mol)，ΔG_{517}^{θ}=-127026.3 J/mol。

在 T=517 K 时，氢氧化钾发生晶型转变，过程为 α→β，其熵和焓都会发生改变。

$$\Delta H_{517(C3)}^{\theta} = \Delta H_{517(C2)}^{\theta} - \Delta H_{\mathrm{tr}}^{\theta} = -51262 - 3 \times 5600 = -168062 \text{ J/mol}$$

$$\Delta S_{517(C3)}^{\theta} = \Delta S_{517(C2)}^{\theta} - \Delta S_{\mathrm{tr}}^{\theta} = -4.994 - 3 \times 10.832 = -77.49 \text{ J/mol}$$

式中，$\Delta H_{\mathrm{tr}}^{\theta}$、$\Delta S_{\mathrm{tr}}^{\theta}$ 分别为相变热和相变熵。

在 517~679 K 温度区间内，同样方法通过表 3.15 的数据进行计算：

ΔA_1=-95.905，ΔA_2=136.627，ΔA_3=-9.037，ΔA_4=-0.28，ΔA_5=0，将得到的数据代入式（3.16），得

$$\Delta C_p = -95.905 + 136.627 \times 10^{-3} - 9.037 \times 10^5 T^{-2} - 0.28 \times 10^{-6}T^2 \tag{3.25}$$

$$\Delta H_{\mathrm{T}}^{\theta} = -119082.8 - 95.905T + 68.314 \times 10^{-3}T^2 + 9.037 \times 10^5 T^{-1}$$
$$- 0.093 \times 10^{-6}T^3 \tag{3.26}$$

$$\Delta G_{\mathrm{T}}^{\theta} = -119082.8 - 624.29T + 95.905T \ln T - 68.314 \times 10^{-3}T^2$$
$$+ 4.519 \times 10^5 T^{-1} + 0.047 \times 10^{-6}T^3 \tag{3.27}$$

将 T=517 K 代入式（3.27）得到 ΔG_{517}^{θ}=-127026.3 J/mol，与 298~517 K 温度区间内 T=517 K 计算结果一致。

其余反应式按照上述方法同样可得，在此不再赘述。将结果列于表 3.17。

表 3.17　不同反应式在各个温度区间内的吉布斯自由能

反应式	$\Delta G_{\mathrm{T}}^{\theta}$ 结果/（J/mol）	温度区间/K
(3.7)	$\Delta G_{\mathrm{T}}^{\theta} = -135592.36 - 98.75T + 17.431T \ln T + 9.112 \times 10^{-3}T^2 + 4.519 \times 10^{-5}T^{-1}$ $+ 0.047 \times 10^{-6}T^3$	298~517
	$\Delta G_{\mathrm{T}}^{\theta} = -119082.8 - 624.29T + 95.905T \ln T - 68.314 \times 10^{-3}T^2 + 4.519 \times 10^5 T^{-1}$ $+ 0.047 \times 10^{-6}T^3$	517~679
	$\Delta G_{\mathrm{T}}^{\theta} = -112808.82 - 764.931T + 116.905T \ln T - 68.133 \times 10^{-3}T^2 + 4.519 \times 10^5 T^{-1}$ $+ 0.047 \times 10^{-6}T^3$	679~800

反应式	ΔG_T^θ 结果/（J/mol）	温度区间/K
(3.7)	$\Delta G_T^\theta = -83252.144 - 1348.790T + 205.88T\ln T - 7.016\times10^{-3}T^2 + 0.968\times10^5 T^{-1}$	800～1130
	$\Delta G_T^\theta = -101731.26 - 858.990T + 132.011T\ln T + 21.812\times10^{-3}T^2 + 2.419\times10^5 T^{-1}$	1130～1273
(3.8)	$\Delta G_T^\theta = -232299.64 - 208.860T + 34.535T\ln T - 3.301\times10^{-3}T^2 - 2.928\times10^5 T^{-1}$ $+0.002\times10^{-6}T^3$	298～517
	$\Delta G_T^\theta = -215540.36 - 735.577T + 113.009T\ln T - 80.546\times10^{-3}T^2 - 2.583\times10^5 T^{-1}$ $+0.044\times10^{-6}T^3$	517～679
	$\Delta G_T^\theta = -209282.36 - 876.214T + 134.009T\ln T - 80.546\times10^{-3}T^2 - 2.583\times10^5 T^{-1}$ $+0.044\times10^{-6}T^3$	679～800
	$\Delta G_T^\theta = -179725.69 - 1460.073T + 222.984T\ln T - 19.429\times10^{-3}T^2 - 6.134\times10^5 T^{-1}$ $-0.003\times10^{-6}T^3$	800～900
	$\Delta G_T^\theta = -133892.83 - 2485.402T + 379.068T\ln T + 17.577\times10^{-3}T^2 - 12.044\times10^5 T^{-1}$ $-0.002\times10^{-6}T^3$	900～1273
(3.9)	$\Delta G_T^\theta = -50848.869 - 40.855T + 1.606T\ln T + 58.568\times10^{-3}T^2 + 5.735\times10^5 T^{-1}$ $-0.042\times10^{-6}T^3$	298～517
	$\Delta G_T^\theta = -34089.6 - 567.572T + 80.08T\ln T - 18.678\times10^{-3}T^2 + 4.08\times10^5 T^{-1}$	517～679
	$\Delta G_T^\theta = -27831.586 - 708.209T + 101.08T\ln T - 18.678\times10^{-3}T^2 + 4.08\times10^5 T^{-1}$	679～1273
(3.10)	$\Delta G_T^\theta = -147322.41 - 152.138T + 18.71T\ln T + 46.155\times10^{-3}T^2 - 3.367\times10^5 T^{-1}$ $-0.044\times10^{-6}T^3$	298～517
	$\Delta G_T^\theta = -130563 - 678.855T + 97.184T\ln T - 31.091\times10^{-3}T^2 - 3.022\times10^5 T^{-1}$ $-0.003\times10^{-6}T^3$	517～679
	$\Delta G_T^\theta = -124305 - 819.492T + 118.184T\ln T - 31.091\times10^{-3}T^2 - 3.022\times10^5 T^{-1}$ $-0.003\times10^{-6}T^3$	679～900
	$\Delta G_T^\theta = -78472.3 - 1844.82T + 274.268T\ln T + 5.915\times10^{-3}T^2 - 8.932\times10^5 T^{-1}$ $-0.002\times10^{-6}T^3$	900～1273
(3.11)	$\Delta G_T^\theta = 84977.23 + 56.722T - 15.825T\ln T + 49.456\times10^{-3}T^2 - 0.439\times10^5 T^{-1}$ $-0.047\times10^{-6}T^3$	298～800
	$\Delta G_T^\theta = 55420.56 + 640.581T - 104.8T\ln T - 11.662\times10^{-3}T^2 + 3.112\times10^5 T^{-1}$	800～1273

反应式	ΔG_T^{θ} 结果/（J/mol）	温度区间/K
	$\Delta G_T^{\theta} = -38132.8 - 335.948T + 54.461T\ln T - 39.438 \times 10^{-3}T^2 - 9.279 \times 10^5 T^{-1}$ $+13.595 \times 10^{-6}T^3$	298～517
	$\Delta G_T^{\theta} = -27019.6 - 685.753T + 108.577T\ln T - 90.935 \times 10^{-3}T^2$ $-9.049 \times 10^5 T^{-1} + 13.622 \times 10^{-6}T^3$	517～600
	$\Delta G_T^{\theta} = -37736.5 - 1154.32T + 202.845T\ln T - 163.858 \times 10^{-3}T^2$ $-57.971 \times 10^5 T^{-1} + 23.072 \times 10^{-6}T^3$	600～679
	$\Delta G_T^{\theta} = -33564.5 - 1248.07T + 216.845T\ln T - 163.858 \times 10^{-3}T^2$ $-57.971 \times 10^5 T^{-1} + 23.075 \times 10^{-6}T^3$	679～800
（3.3）	$\Delta G_T^{\theta} = -12104.7 - 917.993T + 137.11T\ln T - 110.796 \times 10^{-3}T^2$ $+4.207 \times 10^5 T^{-1} + 0.004 \times 10^{-6}T^3$	800～1000
	$\Delta G_T^{\theta} = -1017797.2 - 9557.442T + 2645.13T\ln T - 1653.048 \times 10^{-3}T^2$ $-2438.585 \times 10^5 T^{-1} + 194.178 \times 10^{-6}T^3$	1000～1023
	$\Delta G_T^{\theta} = -1017797.2 - 9557.442T + 2645.13T\ln T - 1653.048 \times 10^{-3}T^2$ $-2438.585 \times 10^5 T^{-1} + 194.178 \times 10^{-6}T^3$	1000～1023
	$\Delta G_T^{\theta} = -1064171.4 - 8472.670T + 2532.13T\ln T - 1617.252 \times 10^{-3}T^2$ $-2442.792 \times 10^5 T^{-1} + 194.173 \times 10^{-6}T^3$	1130～1200
	$\Delta G_T^{\theta} = -16445208 - 58977.335T + 26039.6T\ln T - 13893.6 \times 10^{-3}T^2$ $-34268.66 \times 10^5 T^{-1} + 1395.098 \times 10^{-6}T^3$	1200～1273
	$\Delta G_T^{\theta} = 35013.493 - 33.000T + 6.011T\ln T - 9.617 \times 10^{-3}T^2 - 3.475 \times 10^5 T^{-1}$ $+13.586 \times 10^{-6}T^3$	298～600
	$\Delta G_T^{\theta} = 24296.5662 - 501.553T + 100.279T\ln T - 82.54 \times 10^{-3}T^2 - 52.396 - 10^5 T^{-1}$ $+23.039 \times 10^{-6}T^3$	600～693
（3.4）	$\Delta G_T^{\theta} = 32778.360 - 774.942T + 140.929T\ln T - 126.024 \times 10^{-3}T^2$ $-52.052 \times 10^5 T^{-1} + 23.016 \times 10^{-6}T^3$	693～800
	$\Delta G_T^{\theta} = 54238.204 - 444.860T + 61.194T\ln T - 72.962 \times 10^{-3}T^2 + 10.126 \times 10^5 T^{-1}$ $-0.055 \times 10^{-6}T^3$	800～1000
	$\Delta G_T^{\theta} = -964510.29 - 9040.498T + 2569.21T\ln T - 1615.214 \times 10^{-3}T^2$ $-2432.666 \times 10^5 T^{-1} + 194.118 \times 10^{-6}T^3$	1000～1130

续表

反应式	ΔG_T^{θ} 结果/（J/mol）	温度区间/K
（3.4）	$\Delta G_T^{\theta} = -976829.7 - 8713.964T + 2519.97T\ln T - 1595.993$ $\times 10^{-3}T^2 - 2431.699 \times 10^5 T^{-1} + 194.118 \times 10^{-6}T^3$	1130～1173
	$\Delta G_T^{\theta} = -951214.72 - 9363.199T + 2617.09T\ln T - 1630.82 \times 10^{-3}T^2$ $-2432.052 \times 10^5 T^{-1} + 194.173 \times 10^{-6}T^3$	1173～1200
	$\Delta G_T^{\theta} = -16332251 - 59597.864T + 26124.6T\ln T - 13907.165 \times 10^{-3}T^2$ $-34257.92 \times 10^5 T^{-1} + 1395.097 \times 10^{-6}T^3$	1200～1273
（3.5）	$\Delta G_T^{\theta} = 60285.237 - 484.634T + 80.662T\ln T - 74.365 \times 10^{-3}T^2 - 18.163 \times 10^5 T^{-1}$ $+13.619 \times 10^{-6}T^3$	298～600
	$\Delta G_T^{\theta} = 49568.3107 - 953.197T + 174.93T\ln T - 147.289 \times 10^{-3}T^2$ $-67.084 \times 10^5 T^{-1} + 23.072 \times 10^{-6}T^3$	600～800
	$\Delta G_T^{\theta} = 71028.155 - 623.115T + 95.195T\ln T - 94.227 \times 10^{-3}T^2 - 4.097 \times 10^5 T^{-1}$	800～900
	$\Delta G_T^{\theta} = 40472.914 - 60.438T - 8.861T\ln T - 118.897 \times 10^{-3}T^2 - 0.967 \times 10^5 T^{-1}$	900～1000
	$\Delta G_T^{\theta} = -1149648.4 - 9069.885T + 2583.8T\ln T - 1641.928 \times 10^{-3}T^2$ $-2442.792 \times 10^5 T^{-1} + 194.173 \times 10^{-6}T^3$	1000～1130
	$\Delta G_T^{\theta} = -978275.58 - 8535.200T + 2499.16T\ln T - 1661.149 \times 10^{-3}T^2 - 2443.759$ $\times 10^5 T^{-1} + 194.173 \times 10^{-6}T^3$	1130～1200
	$\Delta G_T^{\theta} = -16359312 - 58769.865T + 26006.7T\ln T - 139137.495 \times 10^{-3}T^2$ $-34269.625 \times 10^5 T^{-1} + 1395.098 \times 10^{-6}T^3$	1200～1273

3. 吉布斯自由能与温度关系图分析

根据表 3.17 中的吉布斯自由能与温度关系式，绘制出反应式（3.3）～式（3.5），式（3.7）～式（3.11）的吉布斯自由能与温度关系图，如图 3.32、图 3.33 所示。

由图 3.32 所示，采取镧为主要稀土元素，稀土氟化物和磷酸盐与氢氧化钾反应的吉布斯自由能为负值，这意味着根据热力学理论，这些反应均能向正方向进行，且温度低于 1100 K 左右时，反应式（3.7）和式（3.8）表明稀土与氢氧化钾反应生成的氢氧化稀土的吉布斯自由能更负；当温度高于 1100 K 左右时，反应式（3.9）和式（3.10）表明随着温度的增加，稀土和氢氧化钾反应所产生的稀土氧化物的吉布斯自由能呈现降低的趋势。反应式（3.7）～式（3.10）说明在 298～1273 K 的温度区间内，吉布斯自由能均为负，反应向正方向进行，氢氧化钾可以分解稀土矿。从反应式（3.11）可看出，温度越高，其吉布斯自由能数值越负，即温度的增加更有利于反应的进行；温度低于 1000 K，由于吉布斯自由能为正值，该反应不能向正方向进行；当温度等于 1000 K，由于吉布斯自由能为零，该反应处于平衡状态；温度大于 1000 K，由于吉布斯自由能小于零，反应可以正方向进行，氢氧化稀土可自行分解为稀土氧化物。除此之外，由图 3.33 可知，反应式（3.3）在温度低于 1000 K 时，该反应可以朝着正方向进行，氢氧化钾可以分解氟化钙。随着温度的升高，吉布斯自由能呈现逐渐增大的趋势，这表明升高温度会对反应（3.3）的正向进行产生不利影响；反应式（3.4）和式（3.5）在 298～1273 K 的温度区间内吉布斯自由能大于零，由此可知，磷酸钾和碳酸钾不利于氟化钙的分解。

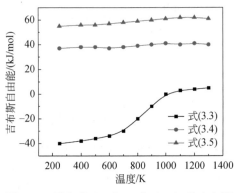

图 3.32　反应式（3.3）～式（3.5）的吉布斯　　图 3.33　反应式（3.7）～式（3.11）的吉布斯
　　　　　自由能与温度的关系图　　　　　　　　　　　　自由能与温度关系图

3.1.6.2　氢氧化钾分解混合稀土精矿实验研究

1. 矿物原料分析

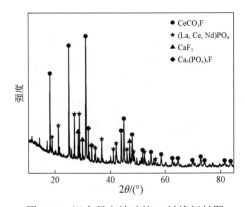

图 3.34　混合稀土精矿的 X 射线衍射图

混合稀土精矿来自包头白云鄂博，采用原子吸收光谱（AAS）、电感耦合等离子体-原子发射光谱法（ICP-AES）和 X 射线荧光法对原料的化学成分进行分析。表 3.18 为其混合稀土精矿的化学组成；对包头混合稀土精矿做 X 射线衍射分析，检测结果如图 3.34 所示；采用扫描电子显微镜（SEM）及能谱分析（EDS）对实验所用到的精矿进行微观形貌分析，结果如图 3.35 所示。经过一系列测试结果可得到，实验原材料即包头混合稀土精矿中稀土含量为 58.06%，稀土元素主要以氟碳酸盐和磷酸盐两种形态存在，而氟元素则以氟碳酸盐类存在。

图 3.35（a）和（b）分别为混合稀土精矿放大倍数 500 倍和 1000 倍的 SEM 图，可看出混合稀土精矿形态主要为不规则颗粒状，表面比较平滑。选取矿物中特定位置进行能谱分析，结果如图 3.35（c）所示。可以看出，精矿中主要元素为 O、F、C、Ca 以及稀土元素等，且 Ca 含量较多。

表 3.18　包头混合稀土精矿化学成分分析

成分	REO	F	Fe$_2$O$_3$	CaO	P	ThO$_2$
质量百分数/%	58.06	5.54	3.19	7.60	5.54	0.145

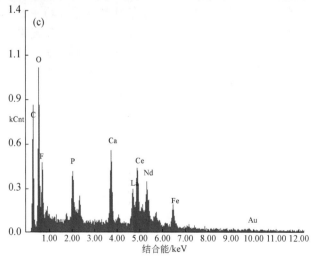

图 3.35　混合稀土精矿的 SEM 图像以及能谱分析

（a）混合稀土精矿放大 500 倍；（b）混合稀土精矿放大 1000 倍；（c）混合稀土精矿能谱分析

　　在混合型精矿中，大约 7% 的 CaO 以萤石（CaF_2）、白云石（$CaCO_3$、$MgCO_3$）和方解石（$CaCO_3$）的形式存在，在碱分解过程中萤石难以分解，而其他钙矿物的分解产物氢氧化钙则与碱液中的磷酸三钠发生反应，生成了难以溶解的磷酸钙。在碱分解的过程中，部分钙元素被转化为氟化钙和磷酸钙，并与稀土氧化物一同进入酸溶过程中。在酸溶工艺中，盐酸分解 CaF_2 和 $Ca_3(PO_4)_2$ 后，溶液中的 HF 和 H_3PO_4 促使 RE^{3+} 生成 REF_3 和 $REPO_4$ 沉淀于渣中，从而导致稀土的流失。在进行碱分解之前，使用盐酸去除钙可以有效地避免稀土流失。在盐酸浸泡除钙的过程中，稀土矿物的化学组成并未发生显著变化。因此这一种方法被赋予了化学选矿的名称。在去除混合型精矿中的钙元素时，我们采用盐酸浸泡的方法。酸浸除钙进行的化学反应如下：

$$CaF_2 + 2HCl \Longrightarrow 2CaCl_2 + 2HF \tag{3.28}$$

$$CaCO_3 + 2HCl \Longrightarrow CaCl_2 + H_2O + CO_2\uparrow \tag{3.29}$$

$$3REFCO_3 + 6HCl \Longrightarrow 2RECl_3 + 3H_2O + 3CO_2\uparrow + REF_3 \tag{3.30}$$

　　由于 REF_3 溶度积（$K_{sp}=8\times10^{-16}$）小于 CaF_2（$K_{sp}=2.7\times10^{-11}$），因此式（3.28）、式（3.29）、式（3.30）所示的化学反应不断地进行。盐酸浸泡除钙的操作条件为：浸泡酸度为 2 mol/L；矿酸比为 1:2；温度为 90～95℃；时间为 3 h。除钙后，精矿的稀土品位由 50%～60% 上升到 60%～70%。

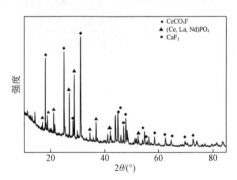

图 3.36　化学选矿后混合稀土精矿的
X 射线衍射图谱

　　实验所用原料为化学选矿后的包头混合稀土精矿，其化学成分检测结果如表 3.19 所示，可知化学选矿后其中稀土氧化物含量大约在 66%。硫酸亚铁铵滴定法测得结果和表中数据相近。对化学选矿后的混合稀土精矿进行 X 射线衍射分析以及扫描电镜测试，由图 3.36 可知除钙后的精矿中大部分为氟碳酸盐类稀土以及磷酸稀土，图 3.37（a）、（b）为除钙矿分别放大 500、1000 倍的 SEM 图像，可以看到矿物颗粒表面光滑，呈不规则球状，分布均匀。选定一个特定区域进行能谱分析，从图 3.37（c）中可以看出经过化学选矿后的混合稀土精矿钙含量大大降低，结合表 3.18 以及表 3.19 可知，此时钙含量从 7.60% 降为 3.04%，精矿品位从 58.06% 升至 65.99%。

表 3.19　除钙后精矿化学成分

成分	REO	CaO	Fe_2O_3	ThO_2	F	P
质量百分数/%	65.99	3.04	4.62	0.24	6.24	6.28

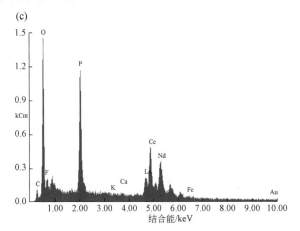

图 3.37　化学选矿后混合稀土精矿的 SEM 图像以及能谱分析

（a）化学选矿后混合稀土精矿放大 500 倍；（b）化学选矿后混合稀土精矿放大 500 倍；（c）混合稀土精矿能谱分析

2. KOH 分解混合稀土精矿的热分解机理

为了探究混合稀土精矿与氢氧化钾反应过程，通过 TG-DSC 同步热分析技术得到试样受热过程中的质量变化以及热量变化，结合 XRD 确定混合稀土精矿与氢氧化钾焙烧反应热分解机理。图 3.38 为 KOH 与混合稀土精矿混合均匀后得到的 TG-DSC 曲线。对选取三个温度下的焙烧矿（未水洗）进行 XRD 分析，结果如图 3.39 所示。由图可知，70～100℃区间内出现吸热峰，峰顶温度分别为 78℃、90℃、108℃以及 148℃，在此区间内失重率仅有 2%。主要原因可能为精矿内部水的蒸发。在 162～232℃区间内有一个明显的吸热峰，峰顶温度为 197℃，在此区间内失率为 7.187%。由此可推断出，在此区间内 KOH 与混合稀土精矿共同反应生成氢氧化稀土并且放出一定的热量，反应式如式（3.31）、式（3.32）所示。在 250～300℃区间内出现吸热峰，峰顶温度为 255℃且在此区间内失重率为 6.04%，可能是由于氢氧化稀土受热脱水转化为氧化稀土，如反应式（3.33）所示；

在 350～450℃区间内出现失重和吸热峰，可能是由于氟碳铈矿自身分解并释放出二氧化碳气体，如式（3.34）所示。

$$3KOH+REFCO_3 \longrightarrow RE(OH)_3 +KF+K_2CO_3 \tag{3.31}$$

$$3KOH+REPO_4 \longrightarrow RE(OH)_3 +K_3PO_4 \tag{3.32}$$

$$2RE(OH)_3 \longrightarrow RE_2O_3 +3H_2O \tag{3.33}$$

$$REFCO_3 \longrightarrow REOF+CO_2 \uparrow \tag{3.34}$$

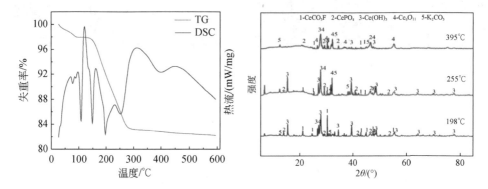

图 3.38　KOH 分解混合稀土精矿的 TG-DSC 曲线　　图 3.39　不同温度下焙烧矿的 XRD 分析

3. 不同条件对氢氧化钾分解混合稀土精矿的研究

1）KOH 浓度对精矿分解的影响

氢氧化钾与稀土精矿发生反应生成可溶的氟化钾物质，使氟元素避免以气体形式逸出，减少对环境的污染。试验采用铁坩埚，加热时间为 100 min，加热温度为 210℃，矿碱比为 1∶1，在氢氧化钾加入量 55%～70% 的范围内进行试验，结果如图 3.40 所示。可以看出，随着 KOH 浓度的增加，精矿分解率和氟转化率都

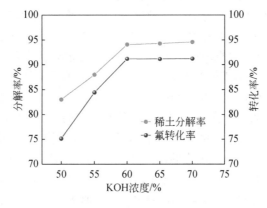

图 3.40　氢氧化钾浓度对精矿分解率以及氟转化率的影响

迅速增加，当氢氧化钾浓度为 60%时，精矿分解率为 94.6%，继续增加氢氧化钾的浓度，精矿分解率上升的趋势逐渐放缓，最终稳定在 95%左右；而氟的转化率在氢氧化钾浓度 50%~60%范围内迅速增加，当氢氧化钾的浓度超过 60%后，氟的转化率趋于稳定在 91.2%。稀土精矿不能完全分解也是影响氟转化率的一个因素，增加 KOH 浓度可以适当提高精矿分解率，但是加入量过高会增加经济成本；另外因反应的氢氧化钾进入水洗液会形成高碱含氟废水，后续较难处理。因此认为 60%浓度的氢氧化钾溶液较为合适。使用 KOH 溶液相比较传统的 NaOH 浓溶液分解精矿而言，降低了浓度即使用的碱用量。

2）矿碱比对精矿分解的影响

研究矿碱比对稀土精矿分解过程的影响变化规律。选取铁坩埚，温度为 220℃，分解时间为 100 min，氢氧化钾浓度为 60%，矿碱比的范围为 1∶0.4~1∶1.2 进行实验，研究结果如图 3.41 所示。可以看出，随着矿碱比的逐渐增大，稀土分解率和氟转化率均呈现逐渐上升的趋势，上升幅度较大；当矿碱比为 1∶0.8 时，稀土分解率为 88%，而氟的转化率达到 84.23%；当矿碱比达到 1∶1 时，稀土分解率为 94.6%，氟转化率也达到了 89.72%。之后稀土分解率增长幅度逐渐放慢，且过多的氢氧化钾不仅会造成资源浪费，也会生成多余的 K_2CO_3。因此选择矿碱比 1∶1 为较优分解条件。

3）时间对精矿分解的影响

时间因素是基于稀土精矿与氢氧化钾充分反应的不可或缺的重要因素之一。为了考察分解时间对稀土精矿中稀土相的分解以及氟元素向氟化钾转变的过程。采用铁坩埚、氢氧化钾浓度为 60%、矿碱比为 1∶1、温度为 220℃，在 55~120 min 的时间范围内进行常压低温分解实验，结果如图 3.42 所示。可以看出，随着分解

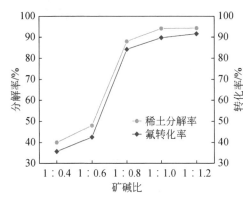

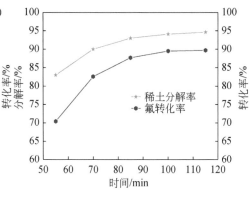

图 3.41　矿碱比对稀土精矿分解率　　　　图 3.42　时间对稀土精矿分解率的
　　　　及氟转化率的影响　　　　　　　　　　　影响及氟转化率的影响

时间的提高，稀土逐渐被氢氧化钾分解，生成氢氧化稀土以及氟化钾，精矿分解率逐渐升高；当分解时间为 100 min 时，精矿分解率达到最高，继续增加分解时间，精矿分解率变化幅度不明显，所以选择 100 min 为最优分解条件。

可以看出精矿分解率和氟转化率随着时间的增加而增加。分解时间为 85 min 时，精矿的分解率在 92%左右，而氟的转化率为 85%左右；当反应一定时间后，精矿分解率增长的趋势变得逐渐缓慢，而氟的转化率也在时间为 100 min 时趋于稳定的状态。氟碳铈矿中含有一定的氟，氟碳铈矿的不完全分解也是影响氟转化率的因素。

4）温度对精矿分解的影响

温度是精矿分解的一个重要性因素，温度的提高有利于氢氧化钾更好地分解精矿，根据以上研究结果，采用铁坩埚、氢氧化钾浓度 60%、时间 100 min、矿碱比为 1∶1，在 190～230℃范围内进行加热分解实验。由图 3.43 可以看出，随着温度的逐渐升高，精矿分解率呈现逐步增大的趋势，并且氟的转化率逐渐增大。当温度达到 220℃时，精矿分解率为 95.78%，氟的转化率为 92.12%。继续升高温度发现稀土分解率提高并不明显。氟元素参加的化学反应主要是氟碳铈矿的分解以及萤石的分解，但主要还是取决于氟碳铈矿的分解是否完全。综上所述，选取温度为 220℃时，精矿分解率达到最高 95.78%，氟的转化率为 92.12%。

5）物相及微观形貌分析

根据以上研究结果，对最佳工艺条件下的碱分解后矿和水洗矿进行 X 射线衍射（XRD）物相分析，结果如图 3.44 所示。由图 3.44（a）可知，经过分解后，碱分解产物中主要含有稀土氧化物、稀土氢氧化物、氟化钾以及磷酸钙。磷元素

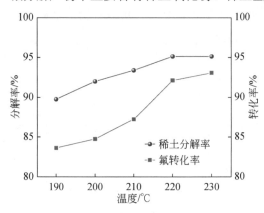

图 3.43   分解温度对稀土精矿及氟转化率的影响

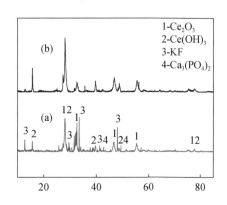

图 3.44   碱分解后矿和水洗后矿的 X 射线衍射图谱

（a）碱分解解后矿；（b）水洗后矿

主要以磷酸钙形式存在，其物相特征峰较弱；由图 3.44（b）可知，经过水洗后的分解矿中无氟化钾物相的存在，表明氟化钾已水洗至水洗液中。其他物相并未发生明显变化。

对上述确定的工艺条件下碱处理后产物和水洗碱解产物进行扫描电镜及能谱分析，结果如图 3.45 所示。由图可知，碱解产物表面存在裂纹，矿物颗粒近似球体但形状大多不规则。经过水洗后出现的形貌相比未水洗较光滑，为疏松多孔结构。对分解后的产物面扫进行 EDS 定性分析，结果如图 3.46（a）所示。可以看出，分解后的精矿主要含有钾、氧、镧、铈、磷等元素；选取点进行能谱分析如图 3.46（b）所示，可以看出选取的分解矿中主要含有氧、钾、氟、稀土以及钙等元素，说明该颗粒主要含有稀土氧化物、氟化钾和磷酸钙等物质。对水洗后的产物面扫进行 EDS 定性分析，结果如图 3.46（c）所示，可以看出水洗后的产物主要含有氧、镧、铈、氟以及钙等元素；选取点进行能谱分析如图 3.46（d）所示，可以看到选取的水洗后产物颗粒中钾元素的峰消失。

图 3.45　常压低温分解后矿和水洗后矿的 SEM 图像

（a）碱分解产物放大 500 倍；（b）碱分解产物放大 1000 倍；（c）水洗后碱解产物放大 500 倍；（d）水洗后碱解产物放大 1000 倍

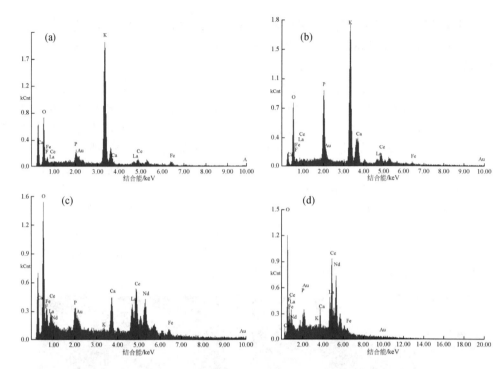

图 3.46　碱分解产物和水洗后碱分解产物的 EDS 微区元素分析结果

（a）碱分解产物面扫能谱分析；（b）碱分解产物点扫能谱分析；（c）水洗后碱解产物面扫能谱分析；（d）水洗后碱解产物点扫能谱分析

4. 碱分解过程动力学分析

为了深入探究精矿分解过程机理，对碱分解过程进行动力学分析。在此碱分解过程中，温度是非常重要的影响因素，故对精矿分解温度随反应时间变化对精矿分解率的影响进行了深入研究，其他条件如下：矿碱比 1∶1，碱浓度为 60%，结果如图 3.47 所示。随着温度的升高，不同温度下的精矿分解率也逐步增大。当反应温度在 190℃时，从开始反应到 20 min 时，精矿分解率从 0 升至 55.3%；此时分解率上升较快。当温度由 190℃增加到 230℃时，精矿分解率从 55.3%升至 63.78%。当分解时间从 20 min 升至 100 min 时，精矿分解率增长幅度稍平缓，可以看出，不同温度下的精矿分解反应均在 100 min 时基本达到了平衡。

精矿分解过程属于固-液反应，两相界面上的反应可以说是扩散控制和化学反应控制两个控制步骤。本小节采用混合控制模型对精矿分解前 20 min 进行动力学模拟，对 20～100 min 的分解过程采用扩散模型进行动力学模拟。20 min 前后拟合的反应速率常数和线性相关系数如表 3.20 和表 3.21 所示。

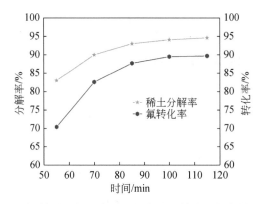

图 3.47　精矿分解温度随时间变化对精矿分解率的影响

表 3.20　20 min 前不同温度下 K 与 R^2 的关系

分解温度/℃	20 min 前	
	K_1	R^2
190	0.012	0.95514
200	0.01318	0.97882
210	0.01334	0.99652
220	0.01446	0.99774
230	0.0144	0.99938

表 3.21　20 min 后不同温度下 K 与 R^2 的关系

分解温度/℃	20 min 后	
	K_1	R^2
190	0.00516	0.99497
200	0.00571	0.98226
210	0.00608	0.97805
220	0.00653	0.99943
230	0.00654	0.99844

由表 3.20 可以看出,采用混合控制模型计算前 20 min 精矿分解过程得到的相关系数均大于 0.95,可以很好地拟合前 20 min 反应过程,经过计算求得反应表观活化能为 18.58 kJ/mol。表 3.21 中内扩散模型的拟合相关系数较优,基本都在 0.95 以上,且求得反应表观活化能为 11.86 kJ/mol,拟合效果结果见图 3.48。

图 3.48 中直线的斜率是反应速率常数 K。由阿伦尼乌斯公式对每条直线的斜率做对数运算,构建 20 min 前后的 $\ln K$ 与 $1/T$ 的阿伦尼乌斯关系,如图 3.49 所示。对阿伦尼乌斯公式做不定积分,可得

$$\ln K = \frac{-E_a}{RT} + C \tag{3.35}$$

式中，E_a 为反应的表观活化能；R 为摩尔气体常数；C 为常数。

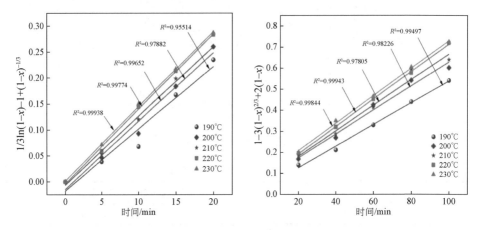

图 3.48　反应 20 min 前后不同温度下动力学模型与时间的关系

由式（3.35）可以看出，图 3.49 中的活化能分别为 E_{a1}=18.58 kJ/mol，E_{a2}=11.86 kJ/mol，符合 12～40 kJ/mol 和 4～12 kJ/mol，进一步验证了常压条件下碱分解过程在 20 min 之前受扩散和界面混合控制，20 min 之后受内扩散控制。

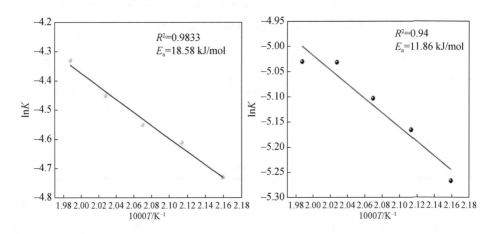

图 3.49　20 min 前后精矿分解反应的阿伦尼乌斯曲线

5. 不同浸出条件对稀土浸出率的影响

1）浸出温度的影响

对于一般化学反应而言，温度是影响反应速度的重要性因素。随着温度的升高，反应物质的活性也会相应提高，并且可以促进传质过程的快速进行。然而，过高的温度可能引起试验体系的不稳定，从而影响试验结果的准确性和可重复性。图 3.50 为浸出温度在 50～90℃范围内对稀土浸出的影响。其他条件为固液比 1∶5，盐酸浓度为 8 mol/L，可以看出温度在稀土浸出方面为主要影响因素。随着温度的升高，稀土浸出率逐渐提高。当浸出温度在 30～80℃范围内，稀土浸出率逐渐提高，并且在 70 min 以后呈浸出平衡状态。综合考虑后续的浸出试验中浸出温度选择 80℃。

2）浸出固液比的影响

考察浸出固液比条件也是影响稀土浸出率的重要环节。选取适合的浸出固液比对浸出结果有着重要影响。低固液比会导致矿浆的黏度增大，不利于外扩散，反应效率也会随之降低。然而固液比过高，会导致盐酸消耗过多，后续处理工作量增大，不适合在实际生产中应用。本节在固液比 1∶2～1∶6 范围内进行试验，选定其他条件为：浸出温度 80℃，初始盐酸浓度 8 mol/L。随着时间的变化，在不同固液比条件下稀土浸出率的结果见图 3.51。可知，稀土浸出率在固液比由 1∶2 增加到 1∶5 的幅度较大。另外，不同浸出固液比随着时间的延长而增加，但在 70 min 后均呈现平衡状态。考虑稀土能够充分浸出的前提下，又符合实际生产的应用，选定浸出固液比 1∶5 为最优工艺条件。

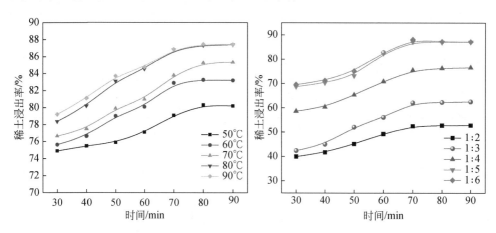

图 3.50　温度对稀土浸出率的影响　　　　图 3.51　浸出过程固液比对稀土浸出率的影响

3）盐酸浓度的影响

在矿物分解后的浸出过程中，盐酸浓度同样会影响稀土浸出效果。由碱分解产物的物相分析中可以看出，其中含有磷酸根以及少量氟化物。因此盐酸浓度过低不利于稀土浸出。这是因为已浸出的稀土会与磷、氟形成难溶的稀土化合物。因此，在盐酸浓度为 5～9 mol/L 的范围内进行试验，其余条件保持不变。由图 3.52

可知，稀土浸出率随着盐酸浓度的增加而增加，在盐酸浓度增加至 8 mol/L 时，稀土浸出率有着显著的提升，继续增加盐酸浓度后，稀土浸出率增长幅度较小。因此综合考虑选择 8 mol/L 作为最佳盐酸浓度。

综合考虑浸出温度、浸出时间、浸出固液比以及盐酸浓度等多个因素对分解后矿浸出过程的影响，得出结论：在浸出温度 80℃，浸出时间 70 min，浸出固液比 1∶5，初始盐酸浓度为 8 mol/L 时，分解后稀土浸出率可达 75%。

4）浸出渣的表征

以不同温度浸出 70 min 所得浸出渣为例，对浸出渣进行 XRD 物相分析，结果如图 3.53 所示。分析得出，碱分解产物经过酸浸后稀土氢氧化物、稀土氧化物以及磷酸钙的物相消失。酸浸后主要物相为 CaF_2、Fe_2O_3 以及以铈为代表的稀土氟化物和稀土磷酸盐。浸出温度的升高，稀土磷酸盐的衍射峰逐渐减弱，CaF_2 衍射峰逐渐增强，当温度增加至 80℃时，浸出渣中出现较多的稀土氟化物的物相峰，表明稀土氧化物与磷酸钙发生了充分反应。浸出温度较低情况下，稀土与磷酸根结合生成磷酸稀土。

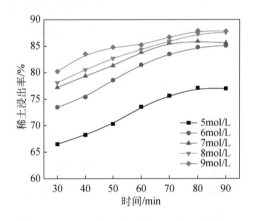 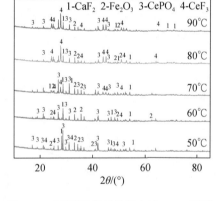

图 3.52　盐酸浓度对稀土浸出率的影响　　图 3.53　不同温度下的浸出渣 XRD 图谱

分别选取温度为 50℃和 80℃的浸出渣进行 SEM、EDS 分析，结果如图 3.54、图 3.55 所示。可以看出，酸浸渣的颗粒表面呈被侵蚀的球状颗粒，从能谱分析结果来看，50℃的酸浸渣主要含有氟、钙元素，而 80℃下的酸浸渣主要含有磷、氧、铈等元素说明该形貌的颗粒为磷酸铈。

5）浸出动力学模型

针对缩核模型而言，反应产物表面并没有形成反应产物层，且没有新产物的产生。大量研究表明，包头稀土精矿的浸出过程使用缩核模型，因此选择缩核模型来模拟本试验浸出过程。发现在整个 90 min 浸出反应时间内，如图 3.56 所示，前 30 min 内反应速率提高最快，30 min 时浸出率就已经达到了 60%，而后面的

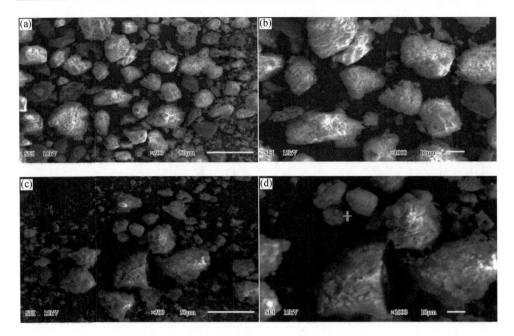

图 3.54　50℃和 80℃下浸出渣的 SEM 图像

(a) 50℃酸浸渣放大 500 倍；(b) 50℃酸浸渣放大 1000 倍；(c) 80℃酸浸渣放大 1000 倍；(d) 80℃酸浸渣放大 1000 倍

60 min 浸出率也仅仅提高了接近 20%。因此将前 30 min 的浸出数据代入公式（3.36）～式（3.38）进行拟合，来计算浸出过程受哪种类型调控。

根据缩核模型的观点，浸出过程可以被划分为以下几个步骤：①浸出剂或产物通过溶剂扩散区（外扩散）；②浸出剂或产物通过固体产物层（内扩散）；③浸出剂与未反应核的界面化学反应。其中用到的动力学方程如下：

$$1-(1-x)^{\frac{1}{3}}=K_1t \tag{3.36}$$

$$\frac{1}{3}\ln(1-x)-1+(1-x)^{-\frac{1}{3}}=K_2t \tag{3.37}$$

$$1-3(1-x)^{\frac{2}{3}}+2(1-x)=K_3t \tag{3.38}$$

分解后稀土精矿的浸出过程的表观活化能根据阿伦尼乌斯公式计算，方程如式（3.39）、式（3.40）所示：

$$K=Ae^{-\frac{E_a}{RT}} \tag{3.39}$$

$$\ln K=-\frac{E_a}{RT}+\ln A \tag{3.40}$$

式中，K 为表观速率常数；A 为频率因子；R 为理想气体的等压热容，8.314 kJ/mol；

E_a 为表观活化能。

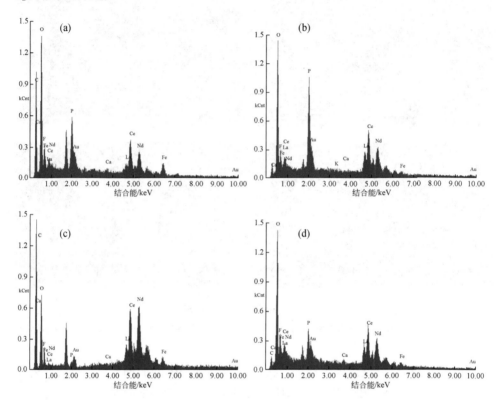

图 3.55 50℃和80℃下浸出渣的微区元素分析

（a）50℃酸浸渣面扫微区元素分析；（b）50℃酸浸渣点扫微区元素分析；（c）80℃酸浸渣面扫微区元素分析；（d）80℃酸浸渣面扫微区元素分析

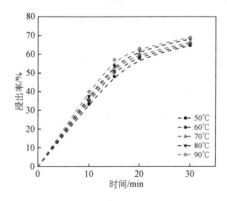

图 3.56 前 30 min 温度对稀土浸出率的影响

式（3.36）～式（3.38）分别为化学反应扩散模型、新的收缩核变种控制模型、内扩散控制模型。我们主要研究浸出温度这个主要因素对反应动力学的影响。根据图 3.56 中稀土浸出率数值按照动力学式（3.36）～式（3.38）计算，并进行线性拟合，将各动力学方程的线性拟合度结果列于表 3.22。

表 3.22 三个动力学模型在不同温度下的反应速率常数和线性相关系数

浸出温度/℃	化学反应扩散控制模型		收缩核变种控制模型		内扩散控制模型	
	K_1	R_1	K_1	R_1	K_1	R_1
50	0.00965	0.93348	0.00232	0.97827	0.00245	0.97015
60	0.00983	0.92941	0.00242	0.98076	0.00253	0.96119
70	0.01005	0.91801	0.00257	0.98819	0.00262	0.96826
80	0.01046	0.91997	0.00285	0.98615	0.00281	0.97292
90	0.00695	0.89273	0.00304	0.98257	0.00293	0.9413

由表 3.22 可知，将前 30 min 的不同浸出温度下的稀土浸出率代入式（3.36）～式（3.38）中发现化学反应扩散模型拟合系数在 90℃时较差，相关系数为 0.89273，而在收缩核变种控制模型中 70℃下拟合效果最好，相关系数为 0.98819，最差的是 50℃，相关系数为 0.97827。整体而言，线性相关系数 R^2 均在 0.97827 以上，故该模型能很好地拟合常压低温下反应温度对浸出动力学的影响。在图 3.57 中，各直线的斜率为反应速率常数 K，将每条直线的斜率进行对数计算，而后构建 $\ln K$ 与 $1/T$ 的阿伦尼乌斯关系，如图 3.58 所示。分解后的稀土精矿浸出过程的表观活化能为 9.960837 kJ/mol，不在收缩核变种控制模型所对应的活化能区间内。而采

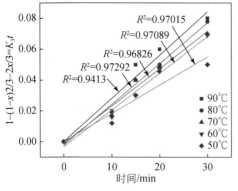

图 3.57 30 min 前不同温度下 $1-(1-x)2/3-2x/3=K_3t$ 与浸出时间的关系

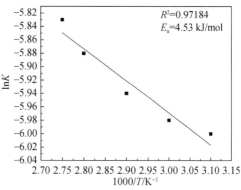

图 3.58 稀土浸出的阿伦尼乌斯曲线

用内扩散模型进行动力学计算时，相关系数均在 0.95 左右，并且在接下来活化能的计算过程中可以得出活化能为 4.53 kJ/mol，在 4～12 kJ/mol 之内。根据相应的活化能的数值可以推断出前 30min 的稀土精矿浸出过程是扩散过程的控制。

　　针对 30 min 之后，我们继续采用收缩核模型来进行动力学的计算，结果见图 3.59。可知，采用此模型的动力学计算出的相关系数均大于等于 0.94。然后构建 $\ln K$ 与 $1/T$ 的阿伦尼乌斯关系，如图 3.60 所示。计算得出活化能为 19.7 kJ/mol，在收缩核模型对应的活化能区间范围内，可得出收缩核模型可以描述 30 min 后的稀土浸出过程。由此可见在整个酸浸过程中，控制反应速率的环节分为两类。因此，在实际工业生产中应该考虑如何优化影响反应速率的条件，提高生产效率。

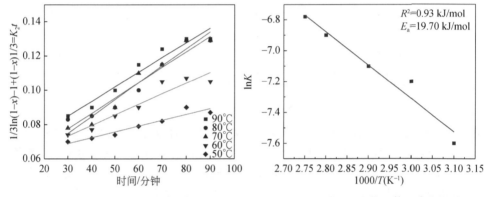

图 3.59　30 min 后不同温度下
$1/3\ln(1-x)-1+(1-x)^{-1/3}$ 与浸出时间的关系

图 3.60　稀土浸出的阿伦尼乌斯曲线

3.2　碳酸钠冶炼技术

　　Na_2CO_3 焙烧法是处理白云鄂博混合稀土精矿的两种相对清洁的冶炼工艺，可实现 P、F 的有效回收。传统碳酸钠焙烧法是一种研究较多的工艺，可有效分解混合稀土精矿，曾一度被认为是替代浓硫酸焙烧法的可行方案，但工业化实验过程中，回转窑内壁会出现严重的结圈现象，导致设备损坏和工艺不连续等问题，仍未被工业生产。

3.2.1　碳酸钠分解的反应原理

　　在高温下 Na_2CO_3 可以将混合型稀土精矿中的稀土氟碳酸盐和磷酸盐分解成稀土氧化物，在分解过程中，矿物中的其他组成也将参与反应，使焙烧产物的组成复杂化。Na_2CO_3 焙烧法的分解原理是：焙烧过程中，稀土矿物被分解成稀土氧化物和可溶性的磷酸稀土复盐，同时铈由三价氧化为四价；焙烧产物中含有

Na_3PO_4、$BaCO_3$、Na_2SO_4、$CaCO_3$、NaF 等非稀土杂质。为了防止这些杂质在硫酸浸出时与稀土形成难溶的稀土硫酸复盐及稀土磷酸盐，造成稀土损失，在硫酸浸出前需用水洗、酸洗方法预先处理焙烧矿；硫酸稀土溶液可以借溶剂萃取提取铈和回收钍；焙烧废气和浸出废渣以及废水对环境污染小。

3.2.2　碳酸钠分解工艺

图 3.61 所示为碳酸钠分解混合稀土精矿工业试验流程。

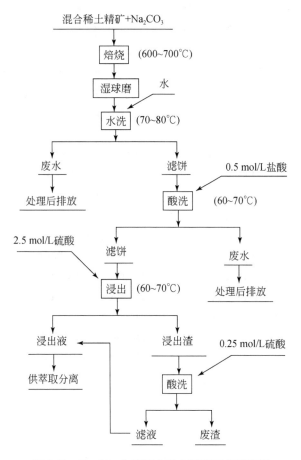

图 3.61　Na_2CO_3 分解混合稀土精矿工艺流程图

1）焙烧工序

因精矿与碳酸钠的反应为固相间的反应，在焙烧分解之前必须将精矿烘干并按一定比例进行混合。将混合物料加入反应器（静态）中或回转窑（动态）中，在 600～700℃下进行焙烧，焙烧产物称之为焙烧矿。

在 600～700℃用 Na_2CO_3 焙烧混合型稀土矿物，将发生如下化学反应：

$$2REFCO_3+Na_2CO_3=\!\!=\!\!=RE_2(CO_3)_3+2NaF$$

$$2CeFCO_3+Na_2CO_3+1/2O_2=\!\!=\!\!=2CeO_2+2NaF+3CO_2$$

$$2REPO_4+3Na_2CO_3=\!\!=\!\!=RE_2O_3+2Na_3PO_4+3CO_2$$

$$Th_3(PO_4)_4+6Na_2CO_3=\!\!=\!\!=3ThO_2+4Na_3PO_4+6CO_2$$

在 750～780℃下，精矿中的萤石(CaF_2)与上述反应生成的 Na_3PO_4 和 NaF 进一步反应，生成可溶于酸的 $NaREF_4$、$Na_nREPO_4F_n$ 和 $Na_3RE(PO_4)_2$。

$$CaF_2+Na_3PO_4=\!\!=\!\!=2NaF+NaCaPO_4$$

$$REPO_4+nNaF=\!\!=\!\!=Na_nREPO_4F_n$$

$$REPO_4+Na_3PO_4=\!\!=\!\!=Na_3RE(PO_4)_2$$

用 X 射线衍射方法测试不同温度下的焙烧产物，发现在 850℃下，Na_2CO_3 加入量不足时，焙烧产物中仍有 $REPO_4$ 存在，并且出现了 $Ca_8RE(PO_4)_5O_2$ 相。剩余的 $REPO_4$ 同矿物中 $CaCO_3$ 的分解产物 CaO 形成固溶体，在形成固溶体的同时伴有化学反应发生，即

$$REPO_4+2Ca_3(PO_4)_2+2CaO=\!\!=\!\!=Ca_8RE(PO_4)_5O_2$$

$$2REPO_4+3CaO=\!\!=\!\!=RE_2O_3 + Ca_3(PO_4)_2$$

此外，在焙烧过程中部分萤石、重晶石、磷灰石也参加如下反应：

$$CaF_2+Na_2CO_3=\!\!=\!\!=CaCO_3+2NaF$$

$$BaSO_4+Na_2CO_3=\!\!=\!\!=BaCO_3+Na_2SO_4$$

$$Ca_5F(PO_4)_3+5Na_2CO_3=\!\!=\!\!=5CaCO_3+3Na_3PO_4+NaF$$

$$2Na_3PO_4+3BaCO_3=\!\!=\!\!=Ba_3(PO_4)_2+3Na_2CO_3$$

$$2Na_3PO_4+3CaCO_3=\!\!=\!\!=Ca_3(PO_4)_2+3Na_2CO_3$$

精矿在焙烧过程中的分解率受碳酸钠的加入量和焙烧温度的影响较大。在 700℃前，分解率随碳酸钠加入量的增加而增加，但是当焙烧温度大于 700℃，碳酸钠加入量超过 20%后，由于 Na_2CO_3 与矿物中 SiO_2 的作用增强，反应过程变得更加复杂，并促进了难溶于酸的化合物 $NaRE_4(SiO_4)_3F$ 的生成，导致分解率下降。过高的温度将会引起可溶性的 $Na_3RE(PO_4)_2$ 分解及难溶于酸的化合物 $NaRE_4(SiO_4)_3F$ 的生成，也会导致分解率的降低。

2）焙烧矿的球磨与水洗

一般情况下，精矿分解后所得焙烧产物为疏松的小烧结块，且比较坚硬，直接进行水洗很难将其中的杂质洗除完全，所以必须进行细磨。细磨后的矿浆用热水（80℃）洗去剩余的碳酸钠及分解反应生成的可溶性盐类，但由于磷是以 $NaCaPO_4$ 形式存在，所以其洗除率很低（～0.2 g/L）。水洗结束后进行过滤。

3）酸洗

水洗后的滤饼进一步用稀酸洗除钙、钡等的碳酸盐。酸洗条件为：酸度 0.5 mol/L

HCl,固液比为 1：5,温度 60～70℃,洗涤时间 30 min。酸洗液中 CaO 和 BaO 含量分别为 5～6 g/L 和 8～10 g/L。同时,精矿中以 NaCaPO₄ 形式存在的磷也有相当部分进入酸洗液中。酸洗结束后过滤。

4）硫酸浸出及稀土提取

由于焙烧产物中除 REO 外,还含有 Na₂SO₄、BaCO₃、Na₂SO₄、CaCO₃、NaF 等非稀土杂质。Na₃PO₄ 在硫酸浸出时与硫酸反应生成 H₃PO₄ 和 Na₂SO₄,而 H₃PO₄ 和 Na₂SO₄ 与稀土又将形成难溶的稀土硫酸复盐及稀土磷酸盐,造成稀土损失。BaCO₃ 和 CaCO₃ 在硫酸浸出时生成了难溶化合物 BaSO₄ 和 CaSO₄ 而沉淀于浸出渣中。但是 CaSO₄ 在浸出过程中所形成的晶粒很小并且析出速度慢,在过滤时很难完全除去。因此,焙烧产物在进行硫酸浸出前需用水洗、酸洗方法预先除去这些杂质。浸出液的硫酸浓度约为 1.5 mol/L,铈氧化率大于 90%,浸出液成分见表 3.23。

表 3.23　浸出液的化学成分

化学成分	REO	ThO₂	F	Fe	CaO
含量/(g/L)	50～60	0.2～0.3	3～7	2～15	≈4

基于四价铈与三价稀土元素化学性质的差别,这种溶液可以用硫酸复盐沉淀或溶剂萃取的方法首先分离铈,但是硫酸复盐沉淀方法存在工艺流程长、消耗化工原料多、生产成本高等缺点。同硫酸复盐沉淀法相比,溶剂萃取法克服了这些工艺缺点,并且还具有铈产品的纯度高、稀土回收率高的优点,缺点是 F 对萃取过程干扰大,影响生产的正常进行。

3.2.3　碳酸钠分解工艺进展

1. 工艺流程

将一定量的高品位混合稀土精矿与一定比例的无水碳酸钠充分混合均匀,在三头玛瑙研钵中研磨 30 min 后,装入刚玉坩埚并置于马弗炉中,焙烧所需时间,待降到室温后,计算矿物烧失率、独居石分解率;将混合稀土精矿与碳酸钠混合后置于坩埚后进行焙烧,将焙烧矿放入烧杯中,加入 95～100℃的二次蒸馏水洗涤至 pH=7～8,过滤、干燥,分析水洗液的 F 含量和水洗渣的 F 含量,求出除氟率。水洗液中的 NaF、Na₂CO₃、Na₃PO₄ 等可以循环利用,取水洗渣置于烧杯中,加入一定浓度的盐酸进行优浸,搅拌 30 min 后过滤、干燥,分析优浸液和优浸渣的 Ce 含量、稀土浓度,求出 Ce 的优浸率和非铈稀土的浸出率。

1）TG-DSC 分析

为了研究碳酸钠焙烧混合稀土精矿过程中失重反应与热效应随温度不同而变化的规律,对加入一定量的碳酸钠焙烧高品位混合稀土精矿进行了 TG-DSC 分析,结果如图 3.62 所示。

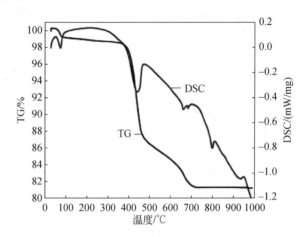

图 3.62　加入 Na_2CO_3 助剂焙烧混合稀土精矿的 TG-DSC 曲线

由图 3.62 可以看出，从开始升温到结束出现了 4 个明显的热量峰，其中 3 个峰还伴有失重的现象。在 58.6～83.8℃温度区间内出现了第一个吸热峰，其峰值为 73.1℃，失重量约为 1.04%。这阶段主要是碳酸钠置于空气中吸收了一定的水分，在焙烧过程中变成水蒸气吸热所致。

在 394.7～462.4℃温度区间内出现了第二个吸热峰，其峰值为 440.0℃，失重量约为 11.69%，是失重量最大的阶段。这主要是因为氟碳铈矿发生了热分解，有气体流失，降低了重量。生成气体的关键反应如下：

$$6REFCO_3 = RE_2O_3 + 3REOF + REF_3 + 6CO_2 \uparrow$$

在 654.4～681.4℃温度区间内出现了第三个吸热峰，其峰值为 661.3℃，失重量约为 5.58%，此时有碳酸钠与稀土矿反应并放出气体二氧化碳。此时焙烧过程中发生的主要反应如下：

$$2REFCO_3 + Na_2CO_3 = RE_2O_3 + 2NaF + 3CO_2$$
$$2CeFCO_3 + Na_2CO_3 + 1/2O_2 = 2CeO_2 + 2NaF + 3CO_2$$
$$2REPO_4 + 3Na_2CO_3 = RE_2O_3 + 2Na_3PO_4 + CO_2 \uparrow$$

这一阶段所发生的反应是比较复杂的，生成的 REF_3 和 REOF 在此阶段也会继续和碳酸钠反应生成可溶于酸的 RE_2O_3，而这些反应的发生反映了碳酸钠焙烧工艺适应于混合稀土精矿和独居石精矿的可行性，也是其工艺应用的基础理论。

在 791.3～806.0℃温度区间内出现了第四个吸热峰，其峰值为 799.3℃，但此阶段没有明显的失重现象。这主要是因为混合稀土精矿中的一些杂质（如萤石、重晶石、磷灰石）开始参与反应并逐渐成为主要反应，但反应没有气体产生。此阶段发生的主要化学反应如下：

$$CaF_2+Na_3PO_4\!=\!\!=\!\!2NaF+NaCaPO_4$$
$$REPO_4+nNaF\!=\!\!=\!\!Na_nREPO_4F_n$$
$$REPO_4+Na_3PO_4\!=\!\!=\!\!Na_3RE(PO_4)_2$$

2）焙烧条件对矿物烧失率及独居石分解率的影响

为了研究温度、时间、碳酸钠加入量及碳酸钠粒度对碳酸钠焙烧高品位稀土精矿的影响，选取不同条件进行实验，变化规律见图 3.63。

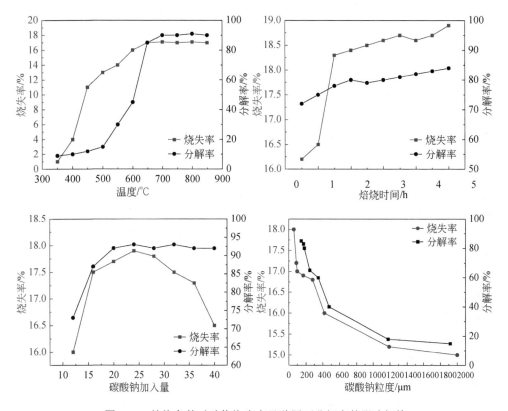

图 3.63　焙烧条件对矿物烧失率及独居石分解的影响规律

首先，从图 3.63（a）中可以看到，随着焙烧温度的增加，混合稀土矿物的烧失率和独居石的分解率都呈上升趋势，当焙烧温度为 660℃时，烧失率和分解率分别为 17.29% 和 91.35%，660℃之后，烧失率和分解率增加幅度不是很大。这是因为 REF_3、$REOF$、$REPO_4$ 等难溶物与碳酸钠在 660℃时已基本反应完了，剩余很少一部分的 $REPO_4$ 等难溶物随着温度的升高会继续反应，但已经不是主要反应阶段，所以结合 TG-DSC 分析曲线得到的数据，选择 660℃作为该工艺的焙烧温度来开展后续实验。

从图 3.63（b）可以看出，随着焙烧时间的增加，稀土烧失率和独居石分解率都逐渐上升，在 0.5~1.5 h 时间段内，矿物烧失率和独居石分解率增加幅度比较大，在 1.5 h 后，矿物烧失率和独居石分解率增加幅度相对较小，从能源和效率角度来说，焙烧 1.5 h 即可以满足工艺需要。

从图 3.63（c）可以得知，矿物烧失率随着碳酸钠加入量的逐渐增大呈现出先增大后减小的趋势，其峰值所对应的加入量为 24%；独居石分解率随着碳酸钠加入量的逐渐增大呈现出先增大后逐渐平稳的趋势。这主要因为在加入量为 24% 之前，碳酸钠与稀土矿物反应并放出 CO_2，烧失率和分解率都增大，而在 24% 之后碳酸钠与稀土矿物已基本反应完全，碳酸钠开始过量，碳酸钠剩余量越多烧失率就越小，而加入量越大独居石反应就越完全，分解率也就越大，所以综合上述结果选择加入量为 24% 作为该工艺的碳酸钠加入量来开展后续实验。

从图 3.63（d）可以看出，随着碳酸钠粒度的不断增大，矿物烧失率和独居石分解率都呈现下降的趋势，而且当碳酸钠粒度从 250~420 μm 增大到 420~1190 μm 时，矿物烧失率和独居石分解率的下降幅度较为明显。这主要是因为碳酸钠与稀土矿物的反应属于固固反应，所以影响反应进程的有接触面积、产物的成核速率和产物相的扩散速率等因素，而随着碳酸钠粒度的逐渐增大，碳酸钠与稀土矿物的有效接触面积减少，在相同时间内产物的成核速率和产物相的扩散速率都有所下降，宏观上则表现为反应不充分，矿物烧失率和独居石分解率比较低。从理论上讲，碳酸钠粒度越细，反应就越完全，但是粒度过细不管是对于实验室还是工业实际操作都有些困难，而且会增加磨料成本、降低产能、损失增大，所以选择合适的碳酸钠粒度对于生产实践具有很高的实用价值。从图 3.63（a）还可看出，碳酸钠粒度为 100~170 μm 之前时，矿物烧失率和独居石分解率的增减幅度不是很大，已经基本趋于平衡，当碳酸钠粒度为 60~90 μm 时，矿物烧失率和独居石分解率也已达到了 17.94% 和 95.62%。所以选择碳酸钠粒度为 60~90 μm 作为碳酸钠焙烧分解高品位混合稀土精矿工艺的最佳条件。

3）焙烧过程中各因素对固氟效果的影响

对一定水洗条件下得到水洗渣、水洗液进行氟含量的测定，得到了焙烧温度、碳酸钠加入量、碳酸钠粒度、焙烧时间与固氟率的变化规律，如图 3.64 所示。

由图 3.64（a）可知，随着焙烧温度的持续增加，固氟率结果呈现先增大后减小的趋势，在 660℃ 时固氟率为 87.72%，但在 860℃ 时固氟率却下降为 83.04%，这可能是因为在较高焙烧温度下萤石会与 NaF 进一步反应生成难溶于水的 $Na_nREPO_4F_n$，影响水洗效果，所以选择焙烧温度为 660℃ 作为固氟的最佳条件；当焙烧时间在 2.0 h 之前，固氟率随着时间的延长而逐渐升高，当时间超过 2.0 h 之后，固氟率的增幅较小，基本趋于平稳，这主要是因为随焙烧时间的延长，固固反应更加充分，也更加完全，所以选择焙烧时间 2.0 h 作为固氟的最佳条件。由

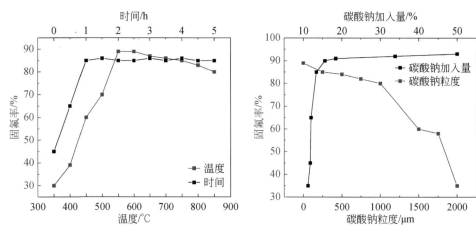

图 3.64　各因素对固氟效果的影响

图 3.64（b）可知，当碳酸钠加入量为 24%时，固氟率已达到 86.15%，之后虽然碳酸钠加入量不断增大，固氟率却逐渐趋于稳定，增加幅度也小于 0.34%，这是因为当反应物达到一定浓度后，反应速率便由其他因素所控制，所以选择碳酸钠加入量 24%作为固氟的最佳条件；当碳酸钠粒度为 250～420 μm 时，固氟率为81.55%，之后随着碳酸钠粒度的不断增大，固氟率却急剧地减小，而碳酸钠粒度为 60～90 μm 时，固氟率达到了 87.91%，这是因为碳酸钠粒度越小，与稀土矿物反应的接触面积就越大，单位时间内反应速率越快，固氟效果就越好，所以选择碳酸钠粒度 60～90 μm 作为固氟的最佳条件。因此，在焙烧温度为 660℃、焙烧时间为 2.0 h、碳酸钠加入量为 24%、碳酸钠粒度为 60～90 μm 时，固氟率可以达到 87.91%。

4）焙烧条件对酸浸液中 Ce 与非 Ce 优浸率的影响

现阶段大部分提 Ce 的湿法冶炼工艺都是利用 Ce 离子不同价态(Ⅲ、Ⅳ)时呈现出来的性质不同而将其与其他非铈稀土、杂质分离开来，而焙烧是将 Ce 离子氧化为+4 价的主要过程，也是决定 Ce 的优浸率和非铈稀土优浸率好坏的关键工艺，所以为了研究焙烧各因素对 Ce 优浸率和非铈稀土优浸率的影响规律，将一定焙烧、水洗条件下得到的水洗渣采用 $T=40℃$、$t=2.5$ h、$C(HCl)=3$ mol/L 的优浸条件进行考察，结果见图 3.65。

由图 3.65 可以清楚地看出，焙烧温度、碳酸钠加入量、焙烧时间和碳酸钠粒度对 Ce 的优浸率和非铈稀土优浸率都有不同程度的影响。这主要是因为铈的氧化是一个吸热过程，温度高有利于 Ce 的氧化；焙烧时间越长对 Ce 的氧化程度就越高；碳酸钠加入量越多，稀土分解得就越完全，生成的 CeO_2 就越多；而碳酸钠粒度减小会增大固固反应的接触面积,这样有利于反应的正向进行,生成的 Ce(Ⅳ)

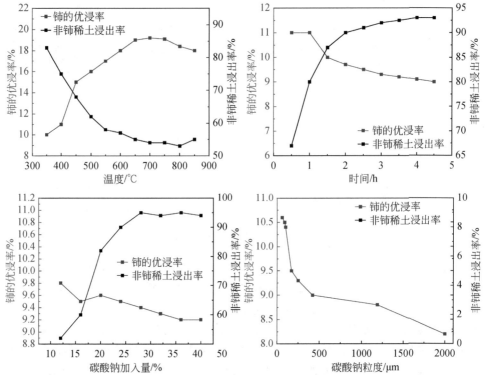

图 3.65　焙烧条件对 Ce 优浸率和非铈稀土优浸率的影响规律

氧化物也就越多。而对于浸出率来说，图 3.65（a）呈现出先增加后减小的趋势，这主要是因为温度高有利于碳酸钠与稀土矿物的反应，但过高的温度又会使得碳酸钠与其中的硅酸盐进一步生成难溶酸的 $NaRE_4(SO_4)_3F$ 等化合物，致使浸出率下降；图 3.65（b）和（c）都呈现出先增大后平稳的趋势，说明随着时间的延长和碳酸钠加入量的逐渐增大，都有利于独居石的分解和稀土氧化物的生成，从而提高了非铈稀土优浸率；从图 3.65（d）可以看出，当碳酸钠粒度超过 100～170 μm 之后，浸出率迅速地降低，下降幅度达 29.24%，当碳酸钠粒度在 60～90 μm 与 100～170 μm 之间时，Ce 的优浸率和非铈稀土优浸率的增减幅度放缓，但是仍然随着粒度的减小而呈现出逐渐增大的趋势，这主要是因为碳酸钠粒度越小，固固反应之间的界面增多，生成易溶于酸的稀土氧化物就更多，使得盐酸与稀土氧化物的接触机会变大，浸出效果也就越明显。所以，在焙烧温度为 660℃、焙烧时间为 2.0 h、碳酸钠加入量为 28%、碳酸钠粒度为 60～90 μm 时，Ce 在酸浸液中的浸出率达到 9.14%，非 Ce 稀土在酸浸液中的浸出率达到 89.21%。

5）碳酸钠高温焙烧混合稀土精矿的研究

为了进一步研究碳酸钠高温焙烧混合稀土精矿反应机理及矿物变化的规律，

对加入一定量碳酸钠的高品位混合稀土精矿进行了 TG-DSC 分析,结果见图 3.66。可以看出,除上述研究的吸热失重现象外,在 1000～1500℃内又出现了多个吸热峰,并且在 1200℃时,开始失重。对不同温度碳酸钠高温焙烧后的焙烧矿进行了 XRD 分析测试,结果如图 3.66 所示。

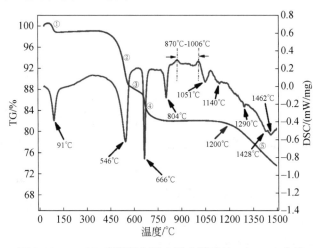

图 3.66　Na$_2$CO$_3$ 高温焙烧混合稀土精矿的 TG-DSC 曲线

混合稀土精矿的主要矿物依次为氟碳铈矿(REFCO$_3$)、独居石(REPO$_4$)、萤石(CaF$_2$)以及磷灰石[Ca$_5$(PO$_4$)$_3$F]。在加入碳酸钠后进行不同温度焙烧,上述对 28% Na$_2$CO$_3$ 焙烧混合稀土精矿进行了 1000℃以下温度的焙烧研究。在此重点分析了 1000～1500℃下焙烧矿转变过程。通过图 3.67 可以看到,1000～1200℃时,衍射峰基本相同,此时有稀土氧化物及其类质同相产物产生。1290℃时开始发生变化,有硅酸盐产生继而与 Ca^{2+}发生反应生成 Ca$_2$SiO$_3$,温度升至 1428℃,有钙钛矿结构的 La(AlO$_3$)生成。1462℃时,继续生成钙钛矿结构的 CeAlO$_3$ 与 LaFO$_3$,此时氧化反应剧烈,有 Al 参与反应,与 Na 反应生成了偏铝酸钠,并且有含稀土的磷灰石生成。温度高达 1500℃时,主要产物为稀土氧化物及其类质同相产物,伴有偏铝酸钠、La(AlO$_3$)、CeAlO$_3$ 与 LaFO$_3$,还有少量的 Ca$_2$SiO$_3$ 与 NaF。

在温度区间 1000～1428℃时,焙烧矿的衍射峰类似峰高呈逐渐减弱的趋势,峰宽逐渐变大,表明在该温度区间,焙烧矿的结晶性逐渐减弱,样品晶粒粒径变小,并且随着温度的升高,反应剧烈,晶格发生畸变,使得衍射峰角度发生变化;此时,主要产物为含稀土氧化物,如 Ce$_{0.33}$Th$_{0.33}$Ca$_{0.33}$O$_{1.83}$、Th$_{0.5}$Ce$_{0.5}$O$_2$、U$_{0.35}$Th$_{0.35}$Zr$_{0.3}$O$_2$、(La$_{0.5}$U$_{0.5}$)O$_2$ 以及 Nd$_{0.5}$Ce$_{0.5}$O$_{1.75}$ 等;根据微量元素地球化学特征,在碱性岩中,一些放射性元素与造石元素共生,且稀有元素如 Zr 易形成氧化物,本研究由于加入碳酸钠的原因,碱性环境强烈,另 Th、U、Zr 等元素反应强烈,高温下在矿物晶格中与稀土发生了类质同象现象。1428℃时，由 XRD 图可知，钙钛矿结构 ABO_3 产物开始生成，高温及 Fe、Al 的加入促进了该物质的生成。在 1462℃时，衍射峰发生明显变化，此时产物主要为含稀土氧化物，并且有偏铝酸钠及其组成物质相同的复合物生成，$CeAlO_3$、$La(AlO_3)$ 与 $LaFO_3$ 增加，有含稀土的氟磷酸钙生成。1500℃时，可以看到峰值与 1462℃时较强，说明此时结晶性趋于变好，产物趋于统一化。

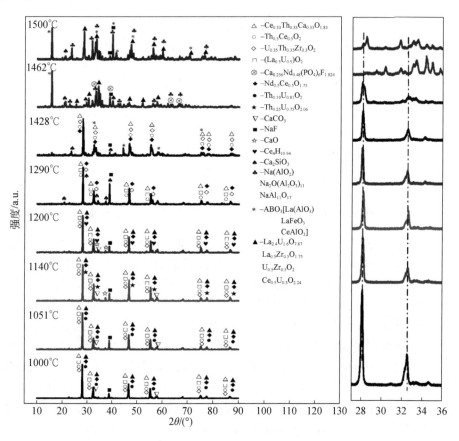

图 3.67　不同温度下碳酸钠焙烧矿 XRD

6）FTIR 分析

为了研究高温焙烧过程中样品内部键合结构的变化，进行了 FTIR 分析，结果如图 3.68 所示。在 3434 cm^{-1} 处的宽吸收带为碳酸钠焙烧矿的吸水峰。当温度升至 1000℃时，在 1500 cm^{-1} 以后的区域发生了变化，此时，发生了反应，经 XRD 及已知样品的红外光谱对比分析可知，当温度为 1000～1500℃时，在 1500～600 cm^{-1} 处分别产生了含有 CO_3^{2-}、SiO_4^{4-} 以及 NaF 等产物，例如 $CaCO_3$、Ca_2SiO_4、Na_4SiO_4

等，与 XRD 分析相符。当温度自 1000℃开始，900～400 cm⁻¹变化剧烈；当温度高达 1428℃时，可以观察到有不同于前面的结构生成；在 1428℃以上，可以看到 1462℃和 1500℃时的键合结构基本一致。

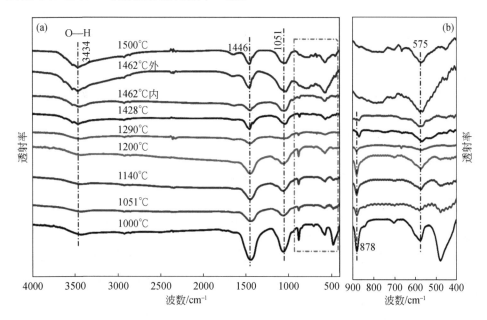

图 3.68　不同温度下碳酸钠焙烧高品位混合稀土精矿产物的 FTIR 图

通过对图分析发现，与原矿焙烧相同，几乎所有的特征吸收带都在红外光谱的指纹区域内，图 3.68（b）为不同温度下焙烧产品在吸收带 900～400 cm⁻¹处的 FTIR。观察 1000～1500℃时，1446 cm⁻¹键合结构一直存在，此为 NaF 的特征峰。在 900 cm⁻¹后的 878 cm⁻¹处，当 1000～1200℃时，为 CO_3^{2-} 的变形振动峰，结合 XRD 此时有 $CaCO_3$ 生成；而在 1200℃以后位置发生了偏移且峰形发生改变，此时有 Ca_2SiO_4 及 Na_4SiO_4 产生。1462℃时，可以看到 PO_4^{3-} 的峰发生分裂，推测此时有其他含 PO_4^{3-} 的物质生成并与萤石开始发生反应，这与上述分析一致，结合 XRD 分析，此时有含稀土的磷灰石生成为 $Ca_{8.256}Nd_{0.48}(PO_4)_6F_{1.824}$，高温环境下使得 Ca^{2+} 与稀土元素发生了类质同象置换。在 600 cm⁻¹以后，575～542 cm⁻¹处，为氧化物特征峰，结合 XRD 分析，此为 RE—O 的伸缩振动吸收峰。在 575 cm⁻¹后，温度达到 1428℃时，可以看到键合结构发生了变化，XRD 分析此时有 $La(AlO_3)$、$CeAlO_3$ 及 $LaFO_3$ 物质生成。

参 考 文 献

何仕磊, 张晓伟, 刘芳, 等, 2022. 硫酸稀土复盐的碱转化反应及动力学[J]. 湿法冶金, 41(3):

241-247.

李健飞, 2020. 混合稀土精矿氧化/钠化焙烧反应机制及浸出规律基础研究[D]. 北京: 北京科技大学.

李良才, 2011. 稀土提取及分离[M]. 赤峰: 内蒙古科学技术出版社: 137.

李梅, 柳召刚, 张晓伟, 等, 2016. 稀土现代冶金[M]. 北京: 科学出版社.

李梅, 张晓伟, 柳召刚, 等, 2013. 一种碱法低温分解稀土精矿的方法[P]. CN 201310044416. 9.

刘海蛟, 2010. 浓 NaOH 溶液分解包头混合稀土矿的工艺研究[D]. 呼和浩特: 内蒙古大学.

罗宁, 张晓伟, 柳召刚, 等, 2023. 微生物冶金及其在稀土资源利用中的研究进展[J]. 化工矿物与加工, 52(8): 75-82.

帅庚洪, 2018. 氟碳铈矿氧化焙烧—盐酸浸出过程反应机理研究[D]. 北京: 北京有色金属研究总院.

王慧惠, 李梅, 张栋梁, 等, 2019. 碳酸钠焙烧分解高品位混合稀土精矿工艺研究[J]. 有色金属(冶炼部分), (10): 39-45.

王满合, 曾明, 王良士, 等, 2013. 氟碳铈矿氧化焙烧-盐酸催化浸出新工艺研究[J]. 中国稀土学报, 31(2): 148-154.

吴大清, 刁桂仪, 魏俊峰, 等, 2000. 矿物表面基团与表面作用[J]. 高校地质学报, (2): 225-232.

吴大清, 刁桂仪, 袁鹏, 等, 2001. 矿物表面活性及其量度[J]. 矿物学报, (3): 307-311.

吴文远, 2005. 稀土冶金学[M]. 北京: 化学工业出版社: 22-25.

吴志颖, 吴文远, 孙树臣, 等, 2009. 混合稀土精矿氧化焙烧过程中氟的逸出规律研究[J]. 稀土, 30(6): 18-21.

徐光宪, 1995. 稀土(上)[M]. 2 版. 北京: 冶金工业出版社: 279-280.

张晓伟, 李梅, 柳召刚, 等, 2016. 一种高压络合浸出氟碳铈矿的方法[P]. ZL 201610616510. 0.

张晓伟, 李梅, 王觅堂, 等, 2016. 一种高压浸出包头稀土矿的方法[P]. ZL 201610616440. 9.

郑淇元, 2021. 氟碳铈精矿的微波无氧化焙烧分解工艺及盐酸浸出动力学[D]. 呼和浩特: 内蒙古大学.

祖鹏, 2021. 稀土精矿微波钠盐焙烧-浸出机理研究[D]. 包头: 内蒙古科技大学.

Li M, Li J F, Zhang D L, et al., 2020. Decomposition of mixed rare earth concentrate by NaOH roasting and kinetics of hydrochloric acid leaching process[J]. Journal of Rare Earths, 38(9): 1019-1029.

Liu X Y, Huang L, Liu Z G, et al., 2021. A novel, clean, closed-loop process for directional recovery of rare earth elements, fluorine, and phosphorus from mixed rare earth concentrate[J]. Journal of Cleaner Production, 321: 128784.

Wang H H, Li M, Zhang D L, et al., 2020. Phase change, micro-structure and reaction mechanism during high temperature roasting of high grade rare earth concentrate[J]. Journal of Rare Earths, 38(10): 1140-1150.

第4章 白云鄂博稀土矿铝盐冶炼技术

白云鄂博稀土矿是世界上最重要的稀土资源之一，其以储量巨大、矿物种类繁多、元素分布均匀等特点而著称。该矿区不仅含有丰富的稀土元素，还富含铁、铌、钍等多种有价值的矿物资源。因此，如何高效地提取和利用这些资源，特别是稀土元素，成为矿业界和材料科学界关注的焦点。

在众多稀土提取技术中，铝盐冶炼技术因其独特的优势而备受青睐。该技术通过铝盐分解、浸出和分离等一系列工艺步骤，能够有效地从白云鄂博矿石中提取出高纯度的稀土元素。与传统的稀土提取方法相比，铝盐冶炼技术具有反应条件温和、能耗较低、操作简便、环境友好等显著优点，因此在工业应用中得到了广泛推广。

本章将详细阐述铝盐冶炼技术的各个方面，力图全面呈现这一技术的理论基础和实际应用价值。首先，我们将探讨铝盐分解的化学原理和反应机制，解析在高温条件下铝盐与稀土矿石的相互作用。接着，详细介绍铝盐分解工艺的具体步骤，包括原料准备、混合反应、高温分解、浸出、固液分离和提纯等环节，深入分析工艺参数对分解效果的影响。

我们将重点讨论铝盐浸出液中稀土与非稀土元素的分离技术。复盐沉淀法是一种高效的分离方法，将对其原理、工艺步骤以及产物分析一一介绍。通过控制反应条件，实现稀土与非稀土元素的有效分离，提高提取纯度。

最后，我们将探讨稀土分离过程中的废水处理及其资源化利用问题。利用废水中含有的氟和铝离子，合成冰晶石是一种重要的资源化手段。我们将详细介绍氟铝络合的化学原理、废水合成冰晶石的工艺步骤，以及冰晶石产品的质量分析。

通过对以上内容的深入探讨，本章旨在为白云鄂博稀土矿的高效开发和综合利用提供理论基础和技术支持，推动稀土资源的可持续发展和高效利用。希望通过本章的内容，读者能够对铝盐冶炼技术有一个全面而深入的了解，并为相关领域的研究和实践提供参考。

4.1 铝盐冶炼技术

铝盐冶炼技术是现代冶金工业中一种重要的工艺方法，用于从铝矿石中提取金属铝及其化合物。这项技术广泛应用于多个工业领域，包括航空航天、汽车制造、建筑材料等。铝盐冶炼技术的核心在于利用铝盐的化学性质，通过一系列物理和化学反应，将铝从矿石中分离出来。这些反应通常涉及高温、高压和特定的化学试剂，从而实现铝盐的分解、还原和提纯。本节将详细介绍铝盐冶炼技术的基本原理、工艺流程及其在工业应用中的关键技术。

4.1.1 铝盐分解的原理

铝盐冶炼技术是从稀土矿石中提取稀土元素的关键步骤之一，其核心在于铝盐分解的化学原理。铝盐分解通常涉及氢氧化铝或其他铝盐与稀土矿石的反应，通过高温和化学反应，将稀土元素从矿石中分离出来。

在铝盐分解过程中，常用的铝盐包括氢氧化铝、硫酸铝和氯化铝等。这些铝盐在高温下能够与矿石中的稀土氧化物反应，生成可溶性的稀土盐。选择合适的铝盐对于分解效果至关重要。

氢氧化铝［$Al(OH)_3$］在高温下可分解生成氧化铝（Al_2O_3）和水。氧化铝能够与稀土氧化物反应，生成稀土铝酸盐。例如：

$$2Al(OH)_3 \longrightarrow Al_2O_3 + 3H_2O \tag{4.1}$$

$$RE_2O_3 + Al_2O_3 \longrightarrow 2REAlO_3 \tag{4.2}$$

在这一反应中，生成的稀土铝酸盐（$REAlO_3$）是可溶性的，可以通过溶液分离技术进行进一步提纯。氢氧化铝的优势在于其反应生成的氧化铝具有较高的反应活性，有利于与稀土氧化物的反应。此外，氢氧化铝的价格相对适中，且反应条件较为温和，适用于多种分解工艺。然而，由于其在分解过程中会生成水蒸气，需要在反应装置中考虑水蒸气的排放问题，以避免影响反应的进行。

硫酸铝［$Al_2(SO_4)_3$］在水中溶解后，能够与稀土氧化物反应生成稀土硫酸盐和氧化铝。反应过程如下：

$$RE_2O_3 + Al_2(SO_4)_3 \longrightarrow RE_2(SO_4)_3 + Al_2O_3 \tag{4.3}$$

其中，稀土硫酸盐是可溶性的，可以通过溶液分离技术提取。硫酸铝的优点在于其价格低廉，易于获得，这使得它在大规模工业生产中具有较高的经济性。此外，硫酸铝的溶解性好，能够快速与稀土氧化物反应，生成的稀土硫酸盐易于溶解和分离。但需要注意的是，硫酸铝的使用需要控制好反应条件，避免过量使用导致溶液中硫酸根离子过多，从而影响后续的分离和提纯工艺。

氯化铝（$AlCl_3$）在高温下能够直接与稀土氧化物反应生成稀土氯化物和氧化铝。反应过程如下：

$$RE_2O_3 + 2AlCl_3 \longrightarrow 2RECl_3 + Al_2O_3 \tag{4.4}$$

稀土氯化物也是可溶性的，可以通过溶液分离技术提取。氯化铝的使用适用于需要高纯度稀土盐的工艺。由于氯化铝具有较高的反应活性，能够在较低的温度下实现与稀土氧化物的反应，生成的稀土氯化物具有较高的纯度。此外，氯化铝的溶解性好，能够快速形成溶液，有利于后续的分离和提纯。然而，氯化铝的价格相对较高，且在使用过程中需要注意氯化物离子的控制，以避免对设备造成腐蚀。同时，氯化铝的反应过程中会释放出氯化氢气体，需要在反应装置中设置相应的废气处理设备，以保证环境的安全和清洁。

在选择适合的铝盐时，需要综合考虑多个因素，包括铝盐的反应活性、生成物的溶解性、价格以及对设备和环境的影响等。氯化铝具有较高的反应活性，适用于需要快速反应和高纯度产品的工艺，而氢氧化铝和硫酸铝的反应活性相对较低，但生成的稀土盐具有较好的溶解性。氢氧化铝生成的稀土铝酸盐、硫酸铝生成的稀土硫酸盐以及氯化铝生成的稀土氯化物均具有良好的溶解性，可通过溶液分离技术提取。硫酸铝价格较低，适合大规模工业生产；氢氧化铝价格适中，而氯化铝价格较高，适用于对产品纯度要求较高的工艺。氯化铝在使用过程中会释放氯化氢气体，需要设置废气处理设备；硫酸铝和氢氧化铝在反应过程中也会产生副产物，需要考虑其对环境和设备的影响。综上所述，选择合适的铝盐需要根据具体的工艺要求进行综合权衡。对于一般的稀土分解工艺，硫酸铝和氢氧化铝由于其经济性和操作便利性常常成为首选，而对于高纯度稀土盐的制备工艺，氯化铝因其高反应活性和生成物的高纯度尽管价格较高，但也具有独特优势。在实际生产中，可以根据具体需求和条件选择最适合的铝盐，以达到最佳的分解效果和经济效益。

4.1.2　铝盐分解工艺

铝盐分解工艺主要是通过化学反应将铝元素从矿石中提取出来。这种工艺在稀土矿物处理中尤为重要，特别是在包头混合稀土精矿的处理上。包头稀土矿物中含有大量的氟碳铈矿和独居石，而传统的高温焙烧分解工艺存在能耗高、污染重等问题。因此，研究低温条件下的铝盐分解工艺具有重要意义。

铝盐分解工艺是一种在低温条件下进行的化学分解过程，通过将矿石中的铝元素转化为可溶性铝盐，从而实现铝的提取和分离。相比传统的高温焙烧分解工艺，铝盐分解工艺在降低能耗和减少污染方面具有显著优势。在包头混合稀土精矿处理中，采用低温铝盐分解工艺不仅可以有效提高稀土元素的提取效率，还能减少高温操作带来的环境污染和能源消耗。这种工艺的研究和应用对于提升稀土资源的利用率和环境保护具有重要意义。

在铝盐分解工艺中，络合解离法是一种常用的技术，通过选择适当的络合剂，使矿石中的金属离子与络合剂结合，形成可溶性的络合物，从而实现金属的分离和提取。与高温焙烧不同，络合解离法可以在较低的温度下进行，有效避免了高温操作带来的能耗和污染问题。在包头混合稀土精矿处理中，HCl-AlCl$_3$ 体系是一种有效的络合解离体系，通过合理控制络合剂的浓度、溶液的 pH 值和反应温度，可以实现稀土元素的高效提取和分离。此外，铝盐分解工艺还包括复盐沉淀法，用于分离稀土和非稀土元素。在 HCl-AlCl$_3$ 体系中，通过加入硫酸钠等沉淀剂，可以使稀土元素形成难溶的复盐沉淀，从而实现稀土元素与其他金属元素的分离。通过优化沉淀剂的用量、反应温度和时间，可以显著提高稀土元素的回收率，减少铝、钙、铁等非稀土元素的干扰。这种方法不仅提高了稀土元素的提取效率，还有效减少了废水中的金属污染，具有良好的环保效益。

　　氟铝资源的转化也是铝盐分解工艺研究的重要内容之一。在稀土矿物处理中，氟和铝是常见的伴生元素，通过合理利用氟铝资源，可以提高资源利用率，减少废物排放。例如，通过调节 pH 值和温度，可以合成冰晶石，实现氟和铝的资源化利用。这不仅解决了氟铝废水处理的问题，还能产生具有工业价值的产品，提升整体工艺的经济效益。

4.1.2.1　解离剂的选择

　　包头混合稀土精矿主要由氟碳铈矿（REFCO$_3$）和独居石（REPO$_4$）组成，而氟碳铈矿又是由碳酸稀土 [RE$_2$(CO$_3$)$_3$] 和氟化稀土（REF$_2$）组成的复合化合物，碳酸稀土能够被无机酸溶解，但是氟化稀土极难溶解，所以需要加入一种络合解离剂与氟元素络合，从而使氟化稀土分解。通过查阅兰氏化学手册及无机化学手册得到氟离子与金属离子配合物的稳定常数，见表 4.1。

　　从表 4.1 中络合稳定常数的数据可以看出，与氟元素络合稳定常数比较大的金属离子有 Al^{3+}、Be^{2+}、Fe^{3+}、Hf^{4+}、Th^{4+}、Zr^{4+} 等，Al^{3+} 和 Fe^{3+} 是较常见金属离子，因此选择 Al^{3+} 和 Fe^{3+} 作为解离氟碳铈矿的络合离子。

表 4.1　氟离子与金属离子配合物的稳定常数表

配位体	金属离子	配位体数目 n	$\lg\beta_n$
F$^-$	Al^{3+}	1，2，3，4，5，6	6.11，11.12，15.00，18.00，19.40，19.80
	Be^{2+}	1，2，3，4	4.99，8.80，11.60，13.10
	Bi^{3+}	1	1.42
	Co^{2+}	1	0.4
	Cr^{3+}	1，2，3	4.36，8.70，11.20
	Cu^{2+}	1	0.9
	Fe^{2+}	1	0.8
	Fe^{3+}	1，2，3，5	5.28，9.30，12.06，15.77
	Ga^{3+}	1，2，3	4.49，8.00，10.50
	Hf^{4+}	1，2，3，4，5，6	9.0，16.5，23.1，28.8，34.0，38.0
	Hg^{2+}	1	1.03
	In^{3+}	1，2，3，4	3.70，6.40，8.60，9.80

配位体	金属离子	配位体数目 n	$\lg\beta_n$
F⁻	Mg²⁺	1	1.30
	Mn²⁺	1	5.48
	Ni²⁺	1	0.50
	Pb²⁺	1，2	1.44，2.54
	Sb³⁺	1，2，3，4	3.0，5.7，8.3，10.9
	Sn²⁺	1，2，3	4.08，6.68，9.50
	Th⁴⁺	1，2，3，4	8.44，15.08，19.80，23.20
	TiO²⁺	1，2，3，4	5.4，9.8，13.7，18.0
	Zn²⁺	1	0.78
	Zr⁴⁺	1，2，3，4，5，6	9.4，17.2，23.7，29.5，33.5，38.3

4.1.2.2　稀土精矿浸出过程热力学计算

铁离子酸性溶液浸出包头稀土精矿的主要离子反应方程如下：

$$3Fe^{3+}+5CeF_3 \Longrightarrow 3[FeF_5]^{2-}+5Ce^{3+} \tag{4.5}$$

$$Ce_2(CO_3)_3+6H^+ \Longrightarrow 2Ce^{3+}+3CO_2\uparrow+3H_2O \tag{4.6}$$

$$2Fe^{3+}+5CaF_2 \Longrightarrow 2[FeF_5]^{2-}+5Ca^{2+} \tag{4.7}$$

铝离子酸性溶液浸出包头稀土精矿的主要离子反应方程如下（用铈离子代表稀土精矿中的所有稀土离子）：

$$Al^{3+}+2CeF_3 \Longrightarrow [AlF_6]^{3-}+2Ce^{3+} \tag{4.8}$$

$$Ce_2(CO_3)_3+6H^+ \Longrightarrow 2Ce^{3+}+3CO_2\uparrow+3H_2O \tag{4.9}$$

$$Al^{3+}+3CaF_2 \Longrightarrow [AlF_6]^{3-}+3Ca^{2+} \tag{4.10}$$

通过表 4.2 中各物质在 298 K 的标准生成吉布斯自由能值，由公式 $\Delta G=\Delta H-T\Delta S$ 可以计算出 $[FeF_6]^{3-}$ 和 $[AlF_6]^{3-}$ 的标准生成吉布斯自由能。

反应式（4.5）～式（4.10）在温度 298 K 下的吉布斯自由能变化值，可以根据表 4.2 中的数据计算得到，具体结果见表 4.3。

由表 4.3 中的计算结果可以看出，反应式（4.5）～式（4.10）在 298 K 下的 $\Delta G^{\ominus}<0$，说明它们在 298 K 下热力学上都可以自发进行。对比反应式（4.1）～式（4.6）的 $\Delta G^{\ominus}$ 的值发现，Al^{3+} 参加的反应式（4.8）和式（4.10）的 $\Delta G^{\ominus}$ 值比 Fe^{3+} 参加的反应式（4.5）和式（4.7）的值略小，说明 Al^{3+} 与含氟化合物的反应能力比 Fe^{3+} 与含氟化合物的反应能力强，反应更容易发生。通过表 4.1 中的值可知，F^- 与 Al^{3+} 络合形成 $[AlF_6]^{3-}$ 的稳定常数为比 F^- 与 Fe^{3+} 形成 $[FeF_5]^{2-}$ 的稳定常数大，由

此可以推测 Al^{3+} 更容易与 F^- 络合，这与热力学的计算结果相吻合，下面通过实验研究进行论证。

表 4.2　298 K 时各物质的标准热力学参数

名称	$\Delta H_f^{\ominus}$/(kJ/mol)	$\Delta G_f^{\ominus}$/(kJ/mol)	$\Delta S_f^{\ominus}$/[J/(K·mol)]
Fe^{3+}	−48.5	−4.7	−315.9
Al^{3+}	−531	−485	−321.7
H^+	0	0	0
Ce^{3+}	−696.2	−672	−205
Ca^{2+}	−542.83	−553.58	−53.1
F^-	−332.63	−278.79	−13.8
CaF_2	−1224.3	−1171.8	69.132
$Ce_2(CO_3)_3$	−3145.506	−3033.072	−377.295
CeF_3	−1642.2	−1562.4	115.5
CO_2	−413.8	−385.98	117.6
H_2O	−285.83	−237.129	69.91
$[AlF_6]^{3-}$	−2526.78	−2406.239	−404.05
$[FeF_5]^{2-}$	−1944.28	−1725.467	−308.4

表 4.3　反应方程的 $\Delta G^{\ominus}$ 计算结果

反应式	$\Delta G^{\ominus}$/(kJ/mol)	反应式	$\Delta G^{\ominus}$/(kJ/mol)
（4.5）	−109.012	（4.8）	−140.439
（4.6）	−180.255	（4.9）	−180.255
（4.7）	−46.224	（4.10）	−66.579

4.1.2.3　不同解离剂对浸出过程影响研究

1. 盐酸浓度对矿物浸出的影响

首先研究了盐酸浓度对稀土精矿和稀土浸出率的影响，反应条件如下：$AlCl_3$ 和 $FeCl_3$ 浓度为 2.0 mol/L，液固比为 20∶1(mL/g)，温度为 65℃，搅拌速度 300 r/min，浸出时间为 60 min；分别得到稀土精矿和稀土浸出率在不同 HCl 浓度下的变化曲线，见图 4.1 和图 4.2。可以看出，随着盐酸浓度的增大，稀土精矿和稀土浸出率都逐渐增大，当 HCl 浓度大于 4 mol/L 后，HCl-$FeCl_3$ 体系的浸出率略有增加，而 HCl-$AlCl_3$ 体系中精矿与稀土浸出率均略有下降，这是由于 HCl 浓度的增加促进了反应式（4.6）、式（4.9）向正方向移动，当反应达到准平衡后，如果继续增加 HCl 的浓度，矿物颗粒表面的铝离子浓度可能会下降，破坏了反应平衡，从而导致浸出率降低。

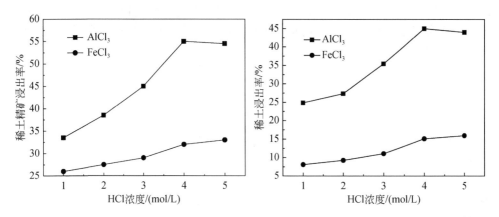

图 4.1　稀土精矿浸出率随盐酸浓度变化的曲线　　图 4.2　稀土浸出率随盐酸浓度变化的曲线

由图 4.1 和图 4.2 还可以看出，当盐酸浓度由 1 mol/L 增加到 4 mol/L 时，铁离子体系对稀土精矿和稀土的浸出率均比用铝离子体系低 10%～30%；铁与氟可以形成 1、2、3、5 四种配位离子，它们的稳定常数见表 4.1，最小和最大的稳定常数分别为 5.28 和 15.77，铝与氟可以形成 1～6 的六种配位，最小的和最大的稳定常数分别为 6.11 和 19.80。比较它们的络合稳定常数值可以看出，F^- 与 Al^{3+} 的络合作用比 F^- 与 Fe^{3+} 的络合能力强，F^- 与 Al^{3+} 更容易形成稳定的络合离子，Fe^{3+} 只能与部分的 F^- 络合生成 $[FeF_5]^{2-}$，而 Al^{3+} 能与更多的 F^- 络合形成 $[AlF_6]^{3-}$。通过元素周期表可以查到，铁离子的半径是 0.65，铝离子的半径是 0.54，原子半径越小，与氟离子的结合能力越强，所以铝离子更容易与氟离子形成络合离子。因此，HCl-$AlCl_3$ 体系更适合浸出包头混合稀土精矿，选择 4.0 mol/L 的 HCl 浓度作为后续实验的优化条件。

2. $AlCl_3$ 或 $FeCl_3$ 浓度对矿物浸出的影响

为了研究 $AlCl_3$ 或 $FeCl_3$ 浓度对稀土精矿和稀土浸出率的影响，反应条件如下：HCl 浓度为 4.0 mol/L，液固比为 20∶1（mL/g），温度为 65℃，浸出时间为 60 min，搅拌速度 300 r/min，分别得到稀土精矿和稀土浸出率在不同 $AlCl_3$ 或 $FeCl_3$ 浓度下的变化的曲线，见图 4.3 和图 4.4。可知，随着 $AlCl_3$ 或 $FeCl_3$ 浓度的增大，稀土精矿和稀土浸出率都逐渐增加，当 $FeCl_3$ 浓度大于 2.0 mol/L 时，精矿与稀土浸出率增加的幅度不大，而当 $AlCl_3$ 浓度大于 2 mol/L 时，精矿的浸出率出现下降趋势，稀土的浸出率基本不变，这是因为在起始阶段 Al^{3+}/Fe^{3+} 浓度的增加有利于反应式（4.5）、式（4.7）、式（4.8）、式（4.10）向正方向移动，但反应达到准平衡以后，Al^{3+}/Fe^{3+} 的浓度继续增加，可能导致矿物颗粒表面的 H^+ 浓度下降，破坏了反应的平衡状态。由图 4.3 和图 4.4 还可以看出，Fe^{3+}酸性体系对精矿和稀土浸出率比 Al^{3+}酸性体系低 15%～25%，所以通过以上实验仍然可以判断出，HCl-$AlCl_3$体系更适合浸出包头混合稀土精矿，选择 2 mol/L 的 $AlCl_3$ 和 $FeCl_3$ 浓度作为后续实验的优化条件。

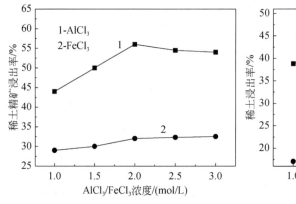

图 4.3 稀土精矿浸出率随 $AlCl_3$ 或 $FeCl_3$
　　　浓度变化的曲线

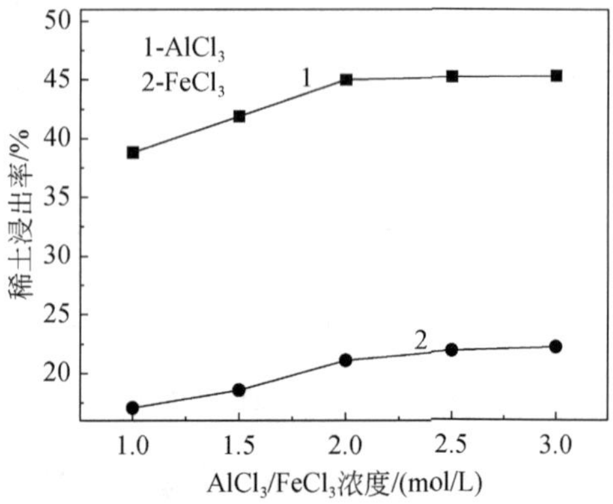

图 4.4 稀土浸出率随 $AlCl_3$ 或 $FeCl_3$
　　　浓度变化的曲线

3. 温度对矿物浸出的影响

温度是液固反应中一个至关重要的因素，选取 HCl 浓度为 4.0 mol/L，$AlCl_3$ 和 $FeCl_3$ 浓度为 2.0 mol/L，液固比为 20∶1（mL/g），搅拌速度 300 r/min 浸出时间为 60 min，不同温度条件下稀土精矿和稀土浸出率的变化曲线见图 4.5 和图 4.6。

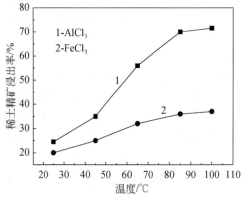
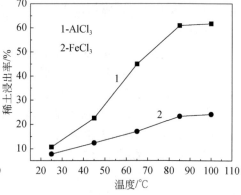

图 4.5 稀土精矿浸出率随温度变化的曲线

图 4.6 稀土浸出率随温度变化的曲线

　　由图 4.5 和图 4.6 可以看出，随着温度的升高，稀土精矿和稀土浸出率都迅速增加，当温度大于 85℃时，稀土精矿和稀土的浸出率都趋于平缓，这是因为随着温度的升高反应物分子较快地获得反应所需活化能，分子动能增大，扩散速率加快，促使反应向正方向移动，当温度达到一定值后，分子的扩散速率达到了最大值，反应就达到了准平衡状态。所以温度超过 85℃后，稀土精矿和稀土浸出率都趋于平缓；HCl-AlCl$_3$ 体系比 HCl-FeCl$_3$ 体系对稀土精矿浸出率和稀土浸出率高35%左右。因此，85℃可以作为后续研究的优化浸出温度。

4. 反应时间对矿物浸出的影响

　　为了经济高效地浸出矿物，反应时间也是一个非常重要的影响因素，选取 HCl浓度为 4.0 mol/L，AlCl$_3$ 和 FeCl$_3$ 浓度为 2.0 mol/L，温度为 85℃，液固比为 20∶1（mL/g），搅拌速度 300 r/min 的条件下，稀土精矿和稀土浸出率随时间变化的曲线见图 4.7 和图 4.8。

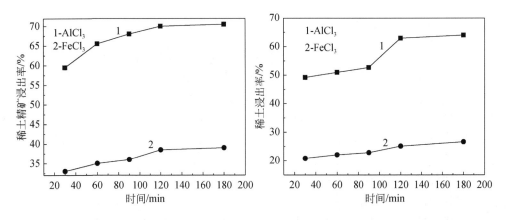

　　图 4.7　稀土精矿浸出率随时间变化的曲线　　　图 4.8　稀土浸出率随时间变化的曲线

　　由图 4.7 和图 4.8 可以看出，随着反应时间的增加，稀土精矿和稀土浸出率逐渐增加，当反应时间超过 120 min 以后，浸出率增加趋于平缓，这是因为随着时间的推移，精矿及稀土与溶液不断地发生着反应，达到一定时间以后，矿物颗粒表面或者矿物中的物质基本反应结束，所以继续增加浸出时间对浸出率不再产生影响。从图中还可以看出，Fe^{3+}酸性体系对精矿和稀土浸出率比 Al^{3+}酸性体系的都低 26%～35%。FeCl$_3$ 体系的浸出率比较低的原因是，FeCl$_3$ 只能与颗粒表层或者部分的矿物发生反应。因此，选择 120 min 作为后续实验的优化浸出条件。

5. 液固比对矿物浸出的影响

　　液固比与矿浆浓度互为倒数，在液固相反应中，液固比是影响反应速率的重要因素，所以选取 HCl 浓度为 4.0 mol/L，AlCl$_3$ 和 FeCl$_3$ 浓度为 2.0 mol/L，温度为

85℃，浸出时间为 120 min，搅拌速度 300 r/min 条件下，得到稀土精矿和稀土浸出率随液固比变化的曲线，见图 4.9 和图 4.10。

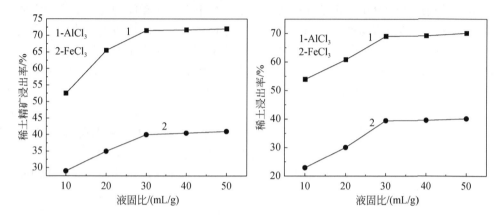

图 4.9　稀土精矿浸出率随液固比变化的曲线　　图 4.10　稀土浸出率随液固比变化的曲线

　　由图 4.9 和图 4.10 可以看出，随着液固比的逐渐增大，稀土精矿和稀土浸出率也逐渐增加，当液固比大于 30∶1 以后，精矿浸出率及稀土浸出率的值均趋于平缓。这是由于液固比增大，反应物间的接触就更加充分，生成物浓度更低，正向反应越容易发生，但是当矿物颗粒与液体充分接触后，反应速率达到极限值，生成物浓度再低也不会对反应产生影响，所以在液固比为 30∶1 时，反应速率达到了极限值，下一步的研究选择液固比为 30∶1（mL/g）。

6. 搅拌速度对矿物浸出的影响

　　搅拌速度对某些化学反应过程的影响也是非常大的，所以对此因素进行了研究，反应条件如下：HCl 浓度为 4.0 mol/L，温度为 85℃，浸出时间为 120 min，$AlCl_3$ 和 $FeCl_3$ 浓度为 2.0 mol/L，液固比为 30∶1（mL/g），得到稀土精矿和稀土浸出率随搅拌速度变化的曲线，见图 4.11 和图 4.12。

　　由图 4.11 和图 4.12 中的浸出率结果可以看出，搅拌速度对稀土精矿和稀土浸出率的影响很小，当搅拌速度由 100 r/min 增大到 500 r/min 时，稀土精矿和稀土浸出率随着搅拌速度的增加呈现出先缓慢增大后减小的趋势；当搅拌速度由 100 r/min 增大到 300 r/min 时，搅拌速度的增加能增大溶液中分子的扩散速度，从而使反应向正方向移动；继续增大搅拌速度时，稀土精矿和稀土浸出率明显减小，这是因为搅拌速度超过 300 r/min 时，已经消除了扩散对反应速率的影响，搅拌太快，导致反应物之间的接触时间太短，从而影响矿物表面的吸附过程，浸出率略有下降。

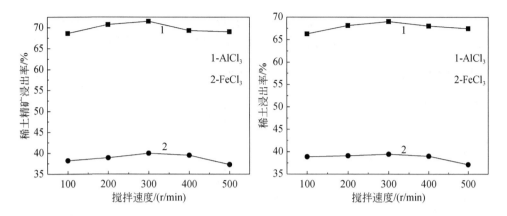

图 4.11　稀土精矿浸出率随搅拌速度　　图 4.12　稀土浸出率随搅拌速度变化的曲线
　　　　变化的曲线

通过络合物稳定常数比较、热力学计算结果以及初步的探索实验确定了铝盐体系的络合浸出效果优于铁盐体系的络合浸出效果，HCl-FeCl₃ 体系与 HCl-AlCl₃ 体系相比，在相同的优化条件下，前者的稀土精矿浸出率和稀土浸出率都比后者低 30%左右。所以后续实验对铝盐酸性体系浸出包头稀土精矿进行了深入的研究。

通过二次正交回归实验初步确定了各影响因素的条件范围，对不同的酸性体系进行了探索实验，发现 HCl 与 HNO₃ 的效果接近，但是 H₂SO₄ 的效果非常差，所以下面对 HCl-AlCl₃ 和 HNO₃-Al(NO₃)₃ 体系进行了详细的研究。

4.1.2.4　HCl-AlCl₃ 体系

HCl-AlCl₃ 体系浸出稀土精矿的研究基于酸性溶液中的化学反应和配位化学原理。该体系主要利用氯化氢（HCl）和氯化铝（AlCl₃）的协同作用，来有效地从稀土矿物中浸出稀土元素。HCl-AlCl₃ 浸出包头混合稀土精矿的目的是使稀土精矿中的氟碳铈矿溶解，而独居石保留在浸出渣中。由包头混合稀土精矿的组成特点可知，该矿物是以氟碳铈矿和独居石矿为主要矿相，矿物中还含有少量的磷灰石、萤石、铁氧化物及其他矿物等，但是这些矿物的含量很低，动力学过程可以忽略，本研究矿物浸出过程主要是氟碳铈矿的溶解，因此在研究多相反应浸出动力学过程中，我们只考察氟碳铈矿中稀土及氟元素的溶解。

HCl-AlCl₃ 体系在浸出稀土精矿中的应用是一种有效的化学方法，用于从矿石中提取稀土元素。这个体系利用氯化氢（HCl）和氯化铝（AlCl₃）来溶解稀土矿物，使稀土元素进入溶液中，从而实现分离和提取。

1. 盐酸浓度对浸出过程的影响

研究盐酸浓度对稀土和氟元素浸出率的影响，反应条件如下：AlCl₃ 浓度

1.5 mol/L，液固比为 10∶1（mL/g），浸出温度为 85℃，搅拌速度 300 r/min，在不同 HCl 浓度条件下，稀土和氟元素浸出率随时间变化的曲线见图 4.13 和图 4.14。

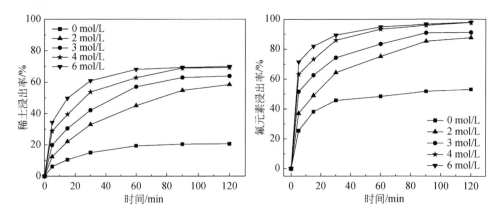

图 4.13　稀土浸出率随时间变化的曲线　　图 4.14　氟元素浸出率随时间变化的曲线

　　由图 4.13、图 4.14 可以看出，随着反应时间从 5 min 逐渐增加到 120 min，稀土和氟元素浸出率都逐渐增大，直至几乎不发生改变；随着 HCl 浓度由 0 mol/L 逐渐增大到 6 mol/L，稀土和氟元素浸出率也是逐渐增大的；当 HCl 浓度由 4 mol/L 增大到 6 mol/L 后，稀土与氟元素浸出率几乎没有变化，这是由于盐酸浓度的升高促进了矿物颗粒与 H^+ 的接触概率，导致反应更容易向正方向移动，当矿物颗粒表面的 Al^{3+} 与 H^+ 浓度达到准平衡以后，盐酸浓度对稀土精矿和稀土浸出率影响较小。

　　由图 4.13、图 4.14 还可知，当 HCl 浓度为 0 mol/L 时，也就是溶液中不添加 HCl 时，稀土与氟元素仍有部分浸出，这是因 Al^{3+} 能够与 F^- 形成非常稳定的络合离子 $[AlF_6]^{3-}$，促进了反应式（4.8）和式（4.10）的发生；从两个图的变化看，稀土与氟元素的浸出率趋势都一致，而稀土精矿中含有的稀土矿物主要是氟碳铈矿和独居石，独居石在这个体系溶液中是不溶解的，所以，只有氟碳铈矿中的稀土被 $HCl\text{-}AlCl_3$ 体系溶液浸出，进一步说明，氟碳铈矿在此溶液体系中已经被破坏进入盐酸溶液中。

2. $AlCl_3$ 浓度对浸出过程的影响

　　研究 $AlCl_3$ 浓度对稀土和氟元素浸出率的影响，反应条件如下：HCl 浓度为 4.0 mol/L，液固比为 10∶1（mL/g），浸出温度为 85℃，搅拌速度 300 r/min，在不同 $AlCl_3$ 浓度条件下，稀土精矿和氟元素浸出率随时间变化的曲线见图 4.15 和图 4.16。

　　由图 4.15、图 4.16 的可知，反应进行到 90 min 之前，当 $AlCl_3$ 浓度由 0 mol/L 增加到 2 mol/L，稀土和氟元素浸出率都逐渐增大，90 min 之后，当 $AlCl_3$ 浓度由

1.5 mol/L 增大到 2.0 mol/L，稀土与氟元素浸出率几乎没有变化，由于 AlCl₃ 浓度的增加促进了矿物颗粒与 Al³⁺的接触概率，使反应式（4.8）和式（4.10）更容易向正方向移动，但是当矿物颗粒表面的 Al³⁺与 H⁺浓度达到准平衡以后，AlCl₃ 的浓度对浸出率影响较小。

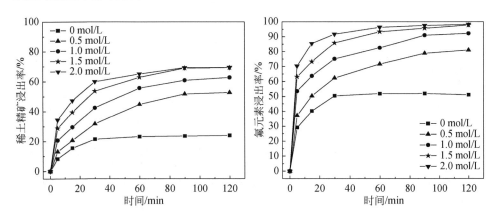

图 4.15　稀土精矿浸出率随时间变化的曲线　　图 4.16　氟元素浸出率随时间变化的曲线

由图 4.15、图 4.16 还可知，当 AlCl₃ 浓度为 0 mol/L 时，也就是溶液中不添加 AlCl₃ 时，稀土仍有部分浸出，这是因为在 H⁺的作用下，反应式（4.6）的发生使部分的碳酸稀土和氟化物发生溶解；但是当加入 AlCl₃ 后，稀土及氟元素的浸出率都明显比没有添加 AlCl₃ 增加了，可见氟碳铈矿的浸出需要 AlCl₃ 和 HCl 的共同作用，AlCl₃ 最佳浓度为 1.5 mol/L。

3. 液固比对浸出过程的影响

选择浸出条件如下：AlCl₃ 浓度 1.5 mol/L，HCl 浓度为 4 mol/L，浸出温度为 85℃，搅拌速度 300 r/min，在不同液固比条件下，稀土和氟元素浸出率随时间变化的见图 4.17 和图 4.18。

由图 4.17、图 4.18 的纵向可知，反应进行到 60 min 以前，稀土和氟元素浸出率随着液固比由 5∶1 增加到 30∶1 而明显增加，进行到 90 min 后，液固比由 20∶1 增大到 30∶1 时，稀土与氟元素浸出率的变化都不大，这是因为在固液反应体系中，液固比是一个非常重要的影响因素，它是矿浆浓度的倒数，液固比增大可使矿物颗粒与游离的 H⁺和 Al³⁺接触得更充分，生成物浓度降低，从而使反应更容易发生，加快浸出的速率，但是如果液固比过大，稀土、氟以及铝等离子在溶液中的浓度会非常低，这样就对后续溶液中元素的回收不利，且引起资源浪费，为了节约原材料和降低成本，选择 20∶1 的液固比作为优化条件。

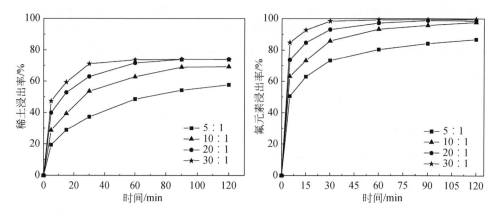

图 4.17 稀土浸出率随时间变化的曲线　　图 4.18 氟元素浸出率随时间变化的曲线

由图 4.17、图 4.18 还可知，稀土与氟元素的浸出率变化的趋势基本一致，进而说明稀土精矿中的氟碳铈矿已经被 HCl-AlCl₃ 体系溶液溶解，从而导致氟碳铈矿中的稀土进入溶液中，说明稀土精矿中的氟碳铈矿已被破坏进入溶液中，而独居石在此体系溶液中是不溶的，进一步证明了此方法能够将混合稀土精矿中独居石与氟碳铈矿分离。

4. 搅拌速度对浸出过程的影响

搅拌是为了促进反应过程的反应物和生成物的扩散，反应条件如下：HCl 浓度为 4 mol/L，AlCl₃ 浓度为 1.5 mol/L，液固比为 20∶1 mL/g，浸出温度为 85℃，在不同搅拌速度条件下，稀土和氟元素浸出率随时间变化的曲线见图 4.19 和图 4.20。

搅拌对于液固反应过程中的化学反应及离子扩散具有非常重要的作用，由图 4.19 和图 4.20 的纵向中的浸出率数据可知，搅拌速度对稀土和氟元素浸出率的影响很小，当搅拌速度从 100 r/min 增加到 500 r/min 时，稀土与氟元素稀土浸出率随着搅拌速度的增加先缓慢增大后减小。实验中还发现，当搅拌速度达到 200 r/min 时，烧瓶中的固体颗粒在溶液中已经达到了均匀的悬浮状态。当搅拌速度由 100 r/min 增加到 300 r/min 时，稀土及氟元素的浸出率逐渐增加，但是当搅拌速度大于 300 r/min 以后，精矿与氟元素的浸出率开始下降。这是因为在固液反应发生时，固体颗粒表面首先要吸附离子然后发生化学反应，搅拌速度过大时，必然要阻碍固体颗粒表面吸附反应的进行，所以精矿与氟元素的浸出率会下降。

由图 4.19、图 4.20 还可知，稀土与氟元素浸出率变化的趋势基本相同，说明氟碳铈矿在 HCl-AlCl₃ 体系溶液中溶解就导致了氟碳铈矿中的稀土元素进入溶液中，与前面的实验结论相同，因此选定搅拌速度 300 r/min 为最佳条件。

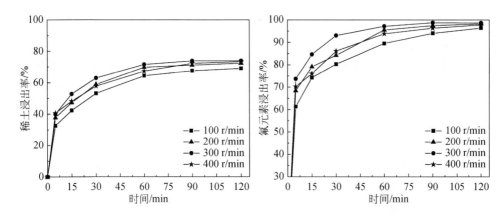

图 4.19　稀土浸出率随时间变化的曲线　　图 4.20　氟元素浸出率随时间变化的曲线

5. 温度对浸出过程的影响

研究温度对稀土和氟元素浸出率的影响，反应条件如下：HCl 浓度为 4 mol/L，AlCl$_3$ 浓度为 1.5 mol/L，液固比为 20∶1（mL/g），转速为 300 r/min，不同温度条件下，稀土和氟元素浸出率随温度变化的曲线见图 4.21 和图 4.22。

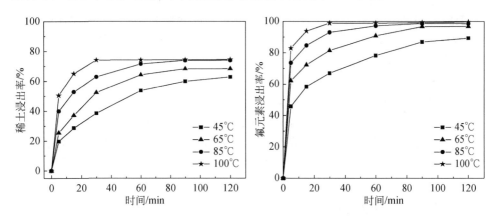

图 4.21　稀土浸出率随温度变化的曲线　　图 4.22　氟元素浸出率与温度的关系

温度是化学反应过程中的最大影响因素，由图 4.21 和图 4.22 可知，在反应 5 min 以后，当温度由 45℃增加至 100℃时，稀土和氟元素的浸出率迅速地由传统 19.72%和 45.77%增加至 50.47%和 82.96%，在 100℃时，当反应进行到 30 min 时就已达到了化学反应平衡。在 85℃时，60～90 min 之间达到化学反应平衡，可见温度越高，精矿的浸出速率越快，这是因为温度升高导致溶液中的分子动能增大，反应物活性增强，从而导致了正向化学反应速率增加，但是实验过程中温度越高，实验操作的难度就越大，高温条件下，溶液中水分及盐酸的挥发速度也会相应地增大，容器内压力就会增大，冷凝水的流速就必须增大。观察以上两图中的曲线，85℃可以作为浸出工艺的优化条件。

由图还可以看出，当反应时间到达 90 min 后，稀土与氟元素浸出率变化的幅度很小，此时反应基本达到平衡。通过以上的条件实验，在保证浸出率的条件下，综合考虑工作环境、设备腐蚀、能源消耗、环境污染以及工作效率等方面因素，可以得出优化实验条件为：盐酸浓度 4 mol/L，$AlCl_3$ 浓度 1.5 mol/L，液固比为 20：1，转速 300 r/min，温度 85℃，时间 90 min，在这个优化反应条件下，稀土的浸出率为 73.89%，氟元素浸出率为 98.74%，因为在该稀土精矿中氟元素几乎全部存在于氟碳铈矿中，氟元素大部分被浸出，所以混合稀土精矿中的氟碳铈矿已经进入溶液中，几乎全部分解。

4.1.2.5　HNO_3-$Al(NO_3)_3$ 体系

铝盐分解工艺中，硝酸（HNO_3）和硝酸铝［$Al(NO_3)_3$］体系是一种常见且高效的方法，用于分解稀土矿石，提取高纯度的稀土元素。这一体系的选择基于其反应活性高、操作相对简单以及生成物易于处理的特点。以下是对 HNO_3-$Al(NO_3)_3$ 体系在铝盐分解工艺中的详细分析。

HNO_3 和 $Al(NO_3)_3$ 体系分解稀土矿石的基本原理是通过硝酸的氧化作用和硝酸铝的络合作用，将矿石中的稀土元素转化为可溶性的硝酸盐，从而实现稀土元素的提取。主要反应过程如下：

硝酸的氧化作用：硝酸作为强氧化剂，可以氧化矿石中的稀土氧化物，使其溶解于硝酸溶液中，形成稀土硝酸盐。

$$RE_2O_3+6HNO_3\longrightarrow 2RE(NO_3)_3+3H_2O \qquad (4.11)$$

硝酸铝的络合作用：硝酸铝在溶液中解离生成铝离子（Al^{3+}）和硝酸根离子（NO_3^-）。铝离子可以与稀土离子形成络合物，进一步提高稀土元素的溶解度。

$$RE(NO_3)_3+Al(NO_3)_3\longrightarrow RE[Al(NO_3)_4]+2NO_3^- \qquad (4.12)$$

1. HNO_3 浓度对浸出过程的影响

为了研究 HNO_3 浓度对稀土和氟元素浸出率的影响，选取 $Al(NO_3)_3$ 浓度 1.5 mol/L，液固比 10：1（mL/g），浸出温度 85℃，搅拌速度 300 r/min，得到不同 HNO_3 浓度条件下，稀土和氟元素浸出率随时间变化的规律，见图4.23和图4.24。

由图 4.23 和图 4.24 可知，从横向看，在 30 min 前稀土及氟元素浸出率迅速增加，30 min 后浸出率增加趋于缓慢，90 min 后浸出率几乎不变，这是因为，在化学反应初期，溶液中 H^+ 浓度相对较高，并且主要以颗粒表面反应以及一些微小碎屑反应为主，生成物的浓度低，扩散阻力较小，所以在初始阶段反应较快，随着时间的延长，化学反应逐渐达到了平衡状态。当 HNO_3 浓度由 1 mol/L 增大到 3 mol/L 时，稀土和氟元素浸出率随着 HNO_3 浓度的增大而增加。而当 HNO_3 浓度由 3 mol/L 增大到 4 mol/L 时，稀土与氟元素浸出率的变化减小,这是因为 HNO₃ 浓度的增加导致溶液中 H⁺ 浓度梯度增大,矿物颗粒与 H⁺ 的接触概率增大,促进了反应向正方向移动,但是当颗粒表面的 H⁺ 浓度达到饱和以后,继续增加 HNO₃ 的浓度对于浸出率几乎没有影响,所以 3 mol/L 的 HNO₃ 可以作为浸出的优化浸出条件。

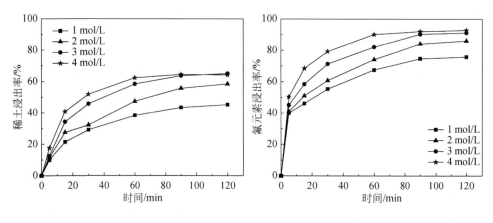

图 4.23　稀土浸出率随 HNO₃ 浓度　　　图 4.24　氟元素浸出率随 HNO₃ 浓度
　　　　变化的曲线　　　　　　　　　　　　　变化的曲线

2. Al(NO₃)₃ 浓度对浸出过程的影响

为了研究 Al(NO₃)₃ 浓度对稀土和氟元素浸出率的影响,选取 HNO₃ 浓度 3.0 mol/L,液固比 10∶1(mL/g),浸出温度 85℃,搅拌速度 300 r/min,得到不同 Al(NO₃)₃ 浓度条件下,稀土和氟元素浸出率随时间变化的规律,见图 4.25 和图 4.26。

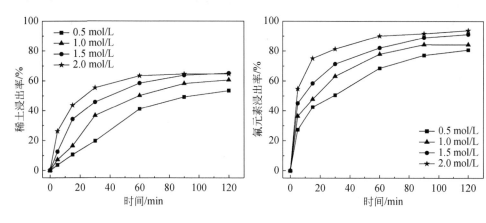

图 4.25　稀土浸出率随 Al(NO₃)₃ 浓度　　图 4.26　氟元素浸出率随 Al(NO₃)₃ 浓度
　　　　变化的曲线　　　　　　　　　　　　　变化的曲线

由图 4.25 和图 4.26 可以看出，稀土和氟元素的浸出率随着 Al(NO₃)₃ 浓度的增大而逐渐增加，特别是在 30 min 之前，稀土及氟元素的浸出率迅速增加，30 min 后开始趋于缓慢，到 90 min 后基本不再发生变化。这是因为在反应起始阶段，溶液中 Al³⁺浓度较高，以颗粒表面化学反应为主，生成物的浓度较低，扩散较快，所以反应速度会比较快，随着化学反应的进行，溶液中的 Al³⁺被逐渐地消耗，生成物的浓度在逐渐地增加，化学反应由颗粒表面逐渐向内延伸，所以反应速率就会逐渐地减慢。

当 Al(NO₃)₃ 浓度由 1.5 mol/L 增大到 2.0 mol/L，时间延长到 90 min 后，稀土和氟元素浸出率几乎不再增加，这是因为当颗粒表面参加化学反应的 Al³⁺达到饱和后，化学反应的接触概率达到了最大，所以继续增加 Al(NO₃)₃ 浓度已无意义，1.5 mol/L 的 Al(NO₃)₃ 可以作为优化工艺条件。

3. 液固比对浸出过程的影响

在固液反应中，液固比是非常重要的影响因素，它是矿浆浓度的倒数，分别选取 HNO₃ 浓度为 3 mol/L、Al(NO₃)₃ 浓度 1.5 mol/L、浸出温度 85℃、搅拌速度 300 r/min，得到不同液固比条件下，稀土和氟元素浸出率随时间变化的规律，见图 4.27 和图 4.28。

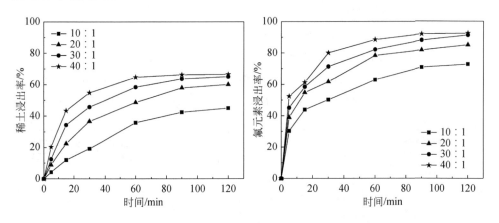

图 4.27 稀土浸出率随液固比变化的曲线　　图 4.28 氟元素浸出率随液固比变化的曲线

由图 4.27 和图 4.28 可以看出，90 min 前反应时，随着液固比由 10：1 增加到 40：1，稀土和氟元素浸出率都明显增大，90 min 后，液固比由 30：1 增大到 40：1 时，稀土与氟元素浸出率的变化都不大，这是因为液固比较大时，反应物间接触的概率增大，但是生成物浓度会减小，所以会加快反应速率并促进反应的正向进行，达到 90 min 时精矿中的氟碳铈矿几乎全部浸出，如果液固比过大，稀土、氟以及铝等离子在溶液中的浓度会非常低，这样就对后续溶液中元素的回收不利，且会引起资源浪费，为了节约原材料和降低成本，选择 30：1 的液固比作为优化条件。

4. 搅拌速度对浸出过程的影响

为了消除外扩散的限制，必须确定最佳的搅拌速度，所以选取 HNO_3 浓度为 3 mol/L、$Al(NO_3)_3$ 浓度 1.5 mol/L、液固比 30：1（mL/g）、浸出温度为 85℃，得到不同搅拌速度条件下，稀土和氟元素浸出率随时间变化的规律，见图 4.29 和图 4.30。

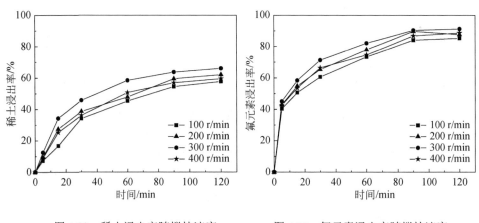

图 4.29　稀土浸出率随搅拌速度
变化的曲线

图 4.30　氟元素浸出率随搅拌速度
变化的曲线

搅拌对于液固反应过程中的化学反应及离子扩散具有非常重要的作用，由图 4.29 和图 4.30 中的浸出率数据可知，搅拌速度对稀土和氟元素浸出率的影响很小，当搅拌速度从 100 r/min 增加到 300 r/min 时，稀土和氟元素浸出率随着搅拌速度的增加缓慢增大，实验中还发现，当搅拌速度达到 200 r/min 时，烧瓶中的固体颗粒在溶液中已经达到了均匀的悬浮状态，外扩散对于浸出过程的限制基本消除。当搅拌速度为 300 r/min 时，稀土及氟元素的浸出率都达到了最大值，再加大搅拌速度，稀土及氟元素的浸出率开始下降。这是因为在固液发生反应时，固体颗粒表面首先要吸附离子然后发生化学反应，搅拌速度过大时，必然要阻碍固体颗粒表面吸附反应的进行，因此精矿的浸出率会下降。

5. 温度对浸出过程的影响

温度升高，反应物的分子活性增大，固体颗粒与溶液反应的内扩散速率就会增大，为了确定最佳的反应温度，选取 HNO_3 浓度 3 mol/L、$Al(NO_3)_3$ 浓度 1.5 mol/L、液固比 30：1（mL/g）、搅拌速度 300 r/min，得到不同温度条件下，稀土和氟元素浸出率随时间变化的规律，见图 4.31 和图 4.32。

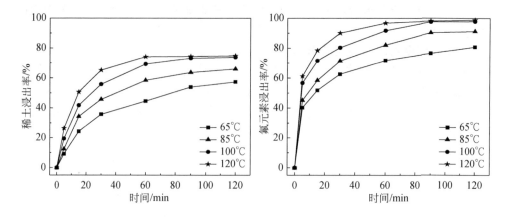

图 4.31　稀土浸出率随温度变化的曲线　　图 4.32　氟元素浸出率随温度变化的曲线

温度是化学反应过程中最大的影响因素，由图 4.31 和图 4.32 可知，随着反应温度的增加，稀土及氟元素的浸出率迅速增加。120℃时溶液开始沸腾，60 min 时浸出率基本达到了最大值，但是在沸腾状态下实验操作难度较大，原料容易溢出，所以冷凝水流速必须加快。虽然升高温度可以增加分子的活性，提高内扩散的速率，促进正向化学反应进行，但是考虑到实验操作的便利性，100℃即可作为浸出工艺的优化条件。

通过以上的条件实验，在确保浸出率的条件下，综合考虑工作环境、设备腐蚀、能源消耗、环境污染以及工作效率等方面，确定 HNO_3-$Al(NO_3)_3$ 体系浸出包头混合型稀土精矿的优化工艺条件为：HNO_3 浓度 3 mol/L，$Al(NO_3)_3$ 浓度 1.5 mol/L，液固比 30∶1（mL/g），搅拌速度 300 r/min，温度 100℃，时间 90 min，在优化条件下，稀土的浸出率也达到了 73.18%，氟元素的浸出率达到了 97.59%，通过分析得出氟碳铈矿中稀土浸出率达到了 97.81%。与 HCl-$AlCl_3$ 体系相对比，包头混合稀土精矿在 HNO_3-$Al(NO_3)_3$ 体系中的浸出率略低，且对于浸出条件的要求也较高，液固比大，浸出温度高，浸出剂成本较高，所以综合比较 HCl-$AlCl_3$ 体系比 HNO_3-$Al(NO_3)_3$ 体系更具有优越性。

4.1.3　铝盐分解工艺新进展

铝盐分解工艺作为稀土提取的重要技术，不断地在理论和实践中得以完善和创新。近年来，随着科学技术的进步，铝盐分解工艺在多个方面取得了显著的新进展。这些进展不仅提高了稀土元素的提取效率和纯度，还在环保和经济效益方面表现出显著的优势。下述介绍几项关键的新进展。

4.1.3.1 优化包头稀土精矿络合浸出液中稀土与氟铝的分离

胡晓倩提出一种新的绿色工艺，采取 H_2SO_4-$Al_2(SO_4)_3$ 体系浸出包头混合稀土矿，再利用 N1923 联合三异辛胺萃取分离浸出液中的稀土和铝并回收酸资源，对于萃余液中的氟铝资源，则通过外加氟源制作冰晶石来进行综合回收利用，而剩余的浸出渣（主要为未分解的独居石）采用传统碱法工艺回收。此工艺流程的浸出过程温度较低，铝盐可充分络合 F^- 而不会产生废气污染，之后的溶剂萃取流程不仅实现了稀土元素与氟、铝的分离而且其中的酸、氟以及铝资源都进行了可回收利用，减少了资源浪费。

基于铝盐辅助酸浸法，使用铝盐辅助浸矿，使得混合稀土精矿变为单一稀土矿，再分别进行回收。得到的强酸高铝浸出液，传统使用复盐沉淀法分离稀土，但得到的稀土回收不完全，纯度低，而使用溶剂萃取法则能够避开这些问题，且萃取剂能够循环利用。溶剂萃取法中萃取剂的选择尤为重要，已知伯胺 N1923 对酸和稀土的萃取能力强，对稀土溶液中的 Fe、Al 等离子与 RE 的萃取分离系数大，且它是一种在硫酸体系中具有更好萃取性能的萃取剂，因此选择其作为后续工艺的萃取剂。工艺流程图如图 4.33 所示。

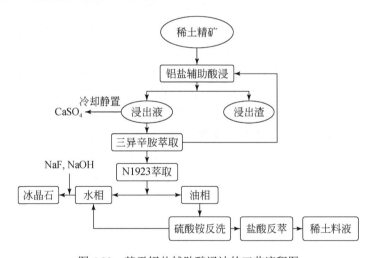

图 4.33　基于铝盐辅助酸浸法的工艺流程图

1. 铝盐抑制氟离子溢出的效果

为了验证铝盐的加入对氟碳铈矿分解及 HF 溢出的影响，做如下实验：称取两份相同质量的矿样，①组使用纯硫酸浸出，②组在前一组的基础上加入 0.15 mol/L 硫酸铝。将两组实验进行对比，反应结束后，用硫酸亚铁铵定铈法测定精矿及稀土浸出率。针对可能溢出的 HF 气体，两组实验都使用同一套装置，用 NaOH 溶液做尾气吸收液，每隔 15 min 检测吸收液中的氟离子含量，直至反应结束。

图 4.34 是两组实验精矿及稀土浸出率的对比图。可以看到，加入 0.15 mol/L 的硫酸铝后，促进了稀土精矿中氟碳铈矿的分解，精矿的浸出率由 46.9% 提升到 63.2%，增加了 16.3%，而对稀土浸出率的促进作用更显著，直接提升了 32.02%。

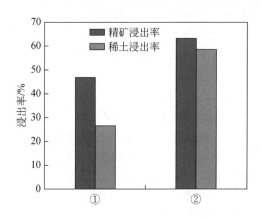

图 4.34　铝盐的添加对精矿及稀土浸出率的影响

图 4.35 是两组实验的氟离子溢出对比曲线。我们了解到，在纯硫酸浸出时，前 45 min 是没有 HF 溢出的，这段时间产生的 F^- 都被水所吸收，45 min 之后，开始有 HF 溢出，总体趋势为先快速上升后变得平缓，在约 210 min 时达到最大值，之后吸收液中的 HF 不再增加，说明此时反应已达到平衡。而在硫酸溶液中添加 0.15 mol/L 硫酸铝后，从反应开始到结束都没有 HF 溢出，这是由于 Al^{3+} 与 F^- 的强络合作用将 F^- 固定在了溶液里，避免了 HF 有害气体的溢出。

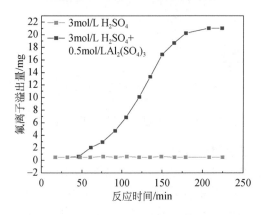

图 4.35　氟离子溢出量随时间的变化曲线

综合两图所示，在酸浸体系中加入铝盐，无论是对稀土浸出还是防止环境污染都有着积极的作用。纯酸条件下反应速度慢，分解不完全的原因是混合精矿中的氟碳铈矿与酸反应会产生 CO_2 和 HF 气体，但 HF 在水中的溶解度较大，抑制了反应的进行。而加入铝盐后，利用 F^- 与 Al^{3+} 的强络合作用，使氟形成四氟合铝络阴离子，大大减少了水中游离氟离子的浓度，促进了氟碳铈矿的分解，且 HF 为有害气体，若溢出，对环境会造成污染，通过加入铝盐也可抑制 HF 的溢出。分解过程具体发生的化学反应如下：

$$2REFCO_3+3H_2SO_4 = RE_2(SO_4)_3+2HF+2CO_2+2H_2O \qquad （4.13）$$

$$CaF_2+2H_2SO_4 = CaSO_4+2HF \qquad （4.14）$$

$$SiO_2+4HF = SiF_4+2H_2O \qquad （4.15）$$

$$Al^{3+}+4F^- = AlF_4^- \qquad （4.16）$$

2. H_2SO_4-$Al_2(SO_4)_3$ 体系浸出稀土精矿的研究

1）H_2SO_4 浓度对浸出过程的影响

探究 H_2SO_4 浓度对精矿及稀土浸出率的影响。反应条件如下：已过筛至 100 目的包头混合稀土精矿，$Al_2(SO_4)_3$ 浓度 0.3 mol/L，反应温度 135℃，液固比 32：1，反应时间 2 h，搅拌速度 200 r/min，在不同 H_2SO_4 浓度下，精矿及稀土浸出率的变化如图 4.36 所示。

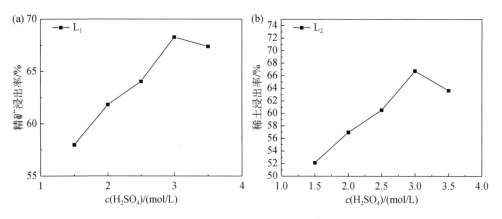

图 4.36　硫酸浓度变化对浸出率的影响

(a) 精矿浸出率；(b) 稀土浸出率

硫酸浓度从 1.5 mol/L 增加到 3.0 mol/L 的过程中，精矿浸出率与稀土浸出率都是随着硫酸浓度的增大而增大的，浓度超过 3.0 mol/L 后，浸出率有所下降。整体呈现先上升后下降的趋势，浸出率在硫酸浓度 3.0 mol/L 时达到最高点，此时精矿浸出率为 68.00%，稀土浸出率为 66.91%。

硫酸浓度为 3.5 mol/L 时，浸出率出现异常下降，取该反应条件下的浸出渣做

XRD 分析，其中出现了 CaSO$_4$ 物相。由此推测浸出率曲线变化的原因，开始时增加硫酸浓度即反应物在增加，因此促进了反应正向进行，浸出率也在不断增大，但当硫酸浓度达到 3.5 mol/L 时，溶液中的硫酸根过多，与包头稀土精矿中的萤石 CaF$_2$ 反应，生成 CaSO$_4$ 沉淀，覆盖在精矿表面，导致浸出率下降，因此最佳硫酸浓度选定为 3 mol/L。

2）Al$_2$(SO$_4$)$_3$ 浓度对浸出过程的影响

探究 Al$_2$(SO$_4$)$_3$ 浓度对精矿及稀土浸出率的影响。反应条件如下：已过筛至 100 目的包头混合稀土精矿，H$_2$SO$_4$ 浓度 3 mol/L，反应温度 135℃，液固比 32：1，反应时间 2 h，搅拌速度 200 r/min，在不同 Al$_2$(SO$_4$)$_3$ 浓度下，精矿及稀土浸出率的变化如图 4.37 所示。

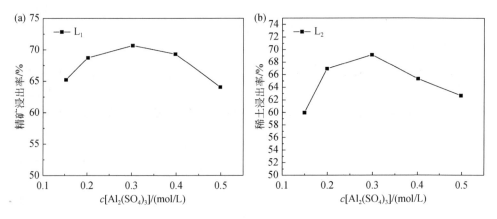

图 4.37　硫酸铝浓度变化对浸出率的影响

（a）精矿浸出率；（b）稀土浸出率

硫酸铝浓度从 0.15 mol/L 增加到 0.30 mol/L 的过程中，精矿浸出率与稀土浸出率是不断增大的，超过 0.30 mol/L 后，浸出率都在不断下降，且幅度较大，在硫酸铝浓度为 0.50 mol/L 时，精矿浸出率比 0.15 mol/L 时还要低，稀土浸出率也只是稍高于 0.15 mol/L 时的浸出率。整体趋势是，浸出率随着硫酸铝浓度的增大，先增大后减小。因此，我们选择硫酸铝浓度 0.30 mol/L 为最佳条件。

硫酸铝浓度高时，对稀土浸出是非常不利的。造成浸出率先上升后下降的原因是，在反应刚开始时，增加硫酸铝的浓度，使得 Al 可以更加有效地络合溶液中的 F，促进反应的正向进行，但在 0.30 mol/L 之后，硫酸铝的浓度过高，溶液中存在离子强化电场效应导致 pH 会有变化，同时硫酸根过多导致生成 CaSO$_4$ 沉淀，两者结合导致了浸出率的下降。

3）液固比对浸出过程的影响

探究液固比对精矿及稀土浸出率的影响。反应条件如下：已过筛至 100 目的包头混合稀土精矿，H₂SO₄浓度 3.0 mol/L，$Al_2(SO_4)_3$ 浓度 0.30 mol/L，反应温度
135℃，反应时间 2 h，搅拌速度 200 r/min，在不同液固比的影响下，精矿及稀土
浸出率的变化如图 4.38 所示。

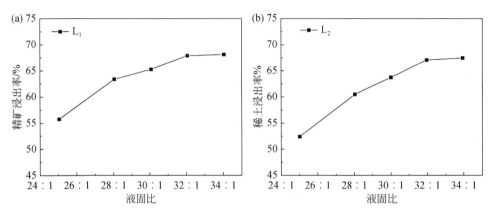

图 4.38 液固比变化对浸出率的影响

（a）精矿浸出率；（b）稀土浸出率

可以看出，液固比的增大对精矿浸出率及稀土浸出率的影响都是正向的，整
体浸出率的变化趋势是，先增大后变得平缓，在液固比为 32∶1 时，精矿浸出率
达到最高点，为 68.00%，稀土浸出率为 66.91%，此后的增大趋势变得缓和，因
此，选择液固比 32∶1 为最佳条件。出现这种一直增大的趋势的原因是，液固比
增大，溶液体积增加，加强了溶液中的离子扩散作用，因此浸出率是不断增大的，
但当液固比超过 32∶1 后，增幅的效果没有之前那么明显。

4）反应时间对浸出过程的影响

探究反应时间对精矿及稀土浸出率的影响。反应条件如下：已过筛至 100 目
的包头混合稀土精矿，H₂SO₄浓度 3.0 mol/L，$Al_2(SO_4)_3$ 浓度 0.30 mol/L，液固比
32∶1，反应温度 135℃，搅拌速度 200 r/min，在不同的反应时间下，精矿及稀土
浸出率的变化如图 4.39 所示。

由图可知，随着反应时间的延长，精矿浸出率及稀土浸出率都是不断上升的。
可以明显看到，在反应 0～90 min 之间，化学反应速率是较快的，浸出率的增长
也比较明显，90 min 以后，反应速率下降，在 120 min 之后，出现平缓期，为节
约时间，我们选择反应时间 120 min 为最佳反应条件。浸出率随着反应时间的增
加而增加，这是由于反应时间越长，分解反应越充分，精矿的浸出率自然也会上
升，而到了后期，大部分原料已经分解完，使得分解反应速率降低，浸出率的增
长变缓。

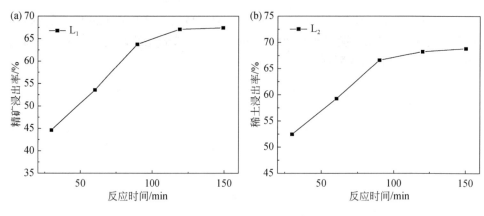

图 4.39 反应时间变化对浸出率的影响

(a) 精矿浸出率；(b) 稀土浸出率

5）反应温度对浸出过程的影响

探究反应温度对精矿及稀土浸出率的影响。反应条件如下：已过筛至 100 目的包头混合稀土精矿，H_2SO_4 浓度 3.0 mol/L，$Al_2(SO_4)_3$ 浓度 0.30 mol/L，液固比 32∶1，反应时间 2 h，搅拌速度 200 r/min，在不同的反应温度下，精矿及稀土浸出率的变化如图 4.40 所示。

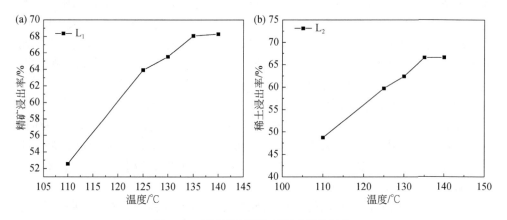

图 4.40 反应温度变化对浸出率的影响

(a) 精矿浸出率；(b) 稀土浸出率

由图可知，温度的升高可促进精矿的分解。在 110～135℃ 之间，浸出速率较快，135℃ 之后，速率变慢，浸出率提升变缓。无论是精矿浸出率还是稀土浸出率，变化趋势一致，都是随着温度的升高浸出率不断增加，这是由于受热力学因素影响，反应温度越高，分子与分子之间更易发生碰撞，反应会变得更加剧烈。浸出率的最高点在 135℃，之后再提高温度，对反应的影响不大，因此，为了节约能耗，选择 135℃为最佳实验温度。通过以上条件实验，综合考虑能源消耗、设备损耗、时间成本等方面因素，得到 H$_2$SO$_4$-Al$_2$(SO$_4$)$_3$ 体系浸出包头稀土精矿的最佳实验条件：过筛至 100 目的精矿，H$_2$SO$_4$ 浓度 3.0 mol/L，Al$_2$(SO$_4$)$_3$ 浓度 0.30 mol/L，反应温度 135℃，液固比 32∶1，反应时间 2 h，搅拌速度 200 r/min。此条件下包头稀土矿的精矿浸出率为 68.00%，稀土浸出率为 66.91%。

4.1.3.2　反应温度对稀土及氟离子浸出率随时间变化的影响

对稀土浸出率及氟离子浸出率做热力学研究，探究这两者在不同温度下随时间变化的热力学曲线，具体变化如图 4.41 和图 4.42 所示。

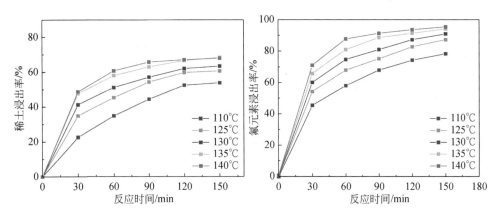

图 4.41　不同温度下稀土浸出率随时间　　　图 4.42　不同温度下氟离子浸出率随时间
　　　　　变化的关系　　　　　　　　　　　　　　　　变化关系

温度是化学反应过程中影响反应进程最大的因素。由图 4.41 与图 4.42 可知，不同温度下氟离子浸出率与稀土浸出率随时间变化的总体趋势是一致的，也可以说明，随着时间的变化，混合精矿中的氟碳铈矿在不断分解。在最佳浸取条件温度 135℃、反应 2 h 的情况下，氟离子的浸出率为 94.42%，说明此体系下，氟碳铈矿较难分解完全。在反应开始 30 min 后，温度从 110℃上升到 140℃的过程中，稀土浸出率与氟离子浸出率迅速地从 22.37%与 46.81%增加到 48.28%与 70.95%，早期反应较为快速。也可以看到，随着反应时间的变化，稀土浸出率与氟离子浸出率的变化幅度在不断减小，反应进行到 90 min 以后，温度从 135℃上升至 140℃，稀土浸出率与氟浸出率几乎没有变化。反应温度为 140℃时，反应时间在 90 min 左右即可达到平衡，而温度低于 140℃时，反应时间在 120 min 左右，基本达到平衡，可见温度越高，精矿的浸出速率越快。这是由于温度升高导致反应物活性增强，但同时实验操作也更难，升高温度也会导致水蒸发的速度变大。

4.1.3.3　H_2SO_4-HNO_3-$Al_2(SO_4)_3$ 体系浸出稀土精矿的研究

上述 H_2SO_4-$Al_2(SO_4)_3$ 体系浸出稀土精矿中的氟碳铈矿，无法做到完全浸出，虽对实际后续碱分解独居石操作影响不大，后续浸出液的萃取分离也可通过 N1923 实现。但还是需要思考是否可以实现将氟碳铈矿完全浸出，使得独居石与氟碳铈矿分离，并且不影响浸出液后续 N1923 萃取的工艺，因此在 H_2SO_4-$Al_2(SO_4)_3$ 体系的基础上，提出采用 HNO_3 混合 H_2SO_4 结合铝盐浸出的方案。

1. $c(1/2H_2SO_4$）与 $c(HNO_3)$ 比例对浸出稀土精矿的影响

探究体系中 $c(1/2H_2SO_4)$ [即 $2c(H_2SO_4)$] 与 $c(HNO_3)$ 比例对稀土精矿浸出的影响。混酸最开始必须确定两者酸的比例，由于之后该浸出液可能需要用 N1923 萃取，因此尽量保证硫酸占多数的情况下提升稀土精矿中氟碳铈矿的浸出率。具体实验条件如下：已过筛至 100 目的稀土精矿，硫酸铝浓度 0.30 mol/L，溶液中总的 H^+ 浓度为 6 mol/L，反应温度 135℃，液固比 32∶1，反应时间 2 h，搅拌速度 200 r/min。随 $c(1/2H_2SO_4)$ 与 $c(HNO_3)$ 比例的变化，精矿浸出率及稀土浸出率的变化如图 4.43 所示。

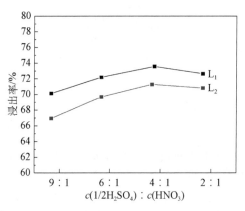

图 4.43　混酸比例变化对精矿浸出率（L_1）与稀土浸出率（L_2）的影响

由图 4.43 可知，对比纯硫酸联合硫酸铝浸矿，在其中加入少量的 HNO_3 即可使得精矿与稀土浸出率增大，可以看到，在 $c(1/2H_2SO_4)$ 与 $c(HNO_3)$ 的比例为 9∶1 时，精矿浸出率就已达到了 70.00%，稀土浸出率也达到了 67.55%，而原本的最佳浸出条件下，精矿浸出率只能达到 68.00%，稀土浸出率也只能达到 66.91%，可以看到，用两种酸混合浸矿，浸出率是有提升的。

混酸体系中，随着硝酸占比的增多，精矿浸出率与稀土浸出率也在增大，在 $c(1/2H_2SO_4)∶c(HNO_3)=4∶1$ 时，精矿及稀土浸出率达到最大值，此时精矿浸出率为 72.80%，稀土浸出率达到了 71.02%，对比之前的矿样数据，可以知道此时氟碳铈矿基本已经全部浸出，之后再增加硝酸比例，浸出率会有些许下降但幅度不大，因此我们选择 $c(1/2H_2SO_4)$ 与 $c(HNO_3)$ 的比例 4：1 作为最佳反应条件。

2. 溶液中总酸度对浸出稀土精矿的影响

之前我们也探究了硫酸浓度对精矿浸出率的影响，因此在混酸体系中，我们需要两种酸在一定比例下，改变溶液中总的 H^+ 浓度对精矿浸出率的影响。具体实验条件如下：已过筛至 100 目的稀土精矿，硫酸铝浓度 0.30 mol/L，$c(1/2H_2SO_4)$：$c(HNO_3)=4$：1，反应温度 135℃，液固比 32：1，反应时间 2 h，搅拌速度 200 r/min。精矿浸出率与稀土浸出率随总酸度的变化如图 4.44 所示。

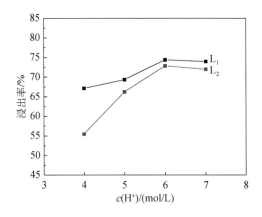

图 4.44　溶液中总酸度对精矿浸出率（L_1）与稀土浸出率（L_2）的影响

由图 4.44 可知，溶液中总 H^+ 浓度从 4.0 mol/L 增加至 5.0 mol/L 的过程中，稀土浸出率从 54.72% 增大到了 65.18%，直接提升了 10.46%，而精矿浸出率仅提升了 2.4%，说明稀土的浸出与总 H^+ 浓度有很密切的关系。浸出率与总 H^+ 浓度的关系是，随着 H^+ 浓度的增大，浸出率先上升后有些许下降，在总 H^+ 浓度为 6.0 mol/L 时，浸出率达到最高点。因此选择溶液中总 H^+ 浓度 6.0 mol/L 作为最佳酸度反应条件。

3. $Al_2(SO_4)_3$ 浓度对浸出过程的影响

此混酸体系还是选择硫酸铝作为辅助铝盐，是为了更好地控制整个体系中硝酸根的量，因为硝酸根过多可能会影响后续萃取实验，因此需要探究硫酸铝浓度对稀土精矿浸出的影响。具体实验条件如下：已过筛至 100 目的稀土精矿，$c(1/2H_2SO_4)$：$c(HNO_3)=4$：1，溶液中总 H^+ 浓度为 6.0 mol/L，反应温度 135℃，液固比 32：1，反应时间 2 h，搅拌速度 200 r/min。随硫酸铝浓度的变化，精矿浸出率及稀土浸出率的变化如图 4.45 所示。

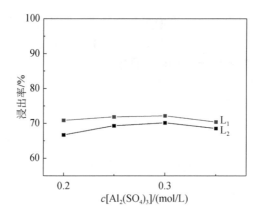

图 4.45　硫酸铝浓度对精矿浸出率（L_1）与稀土浸出率（L_2）的影响

　　由图可知，精矿浸出率与稀土浸出率的变化趋势是随着硫酸铝浓度的升高先上升后下降。在硫酸铝浓度为 0.30 mol/L 时，稀土浸出率达到最大值，为 71.02%，之后再增加硫酸铝浓度，稀土浸出率下降至 68.41%，比硫酸铝浓度为 0.25 mol/L 时还要低。猜测原因是，此时溶液中的金属离子过多，盐效应导致了 pH 的变化，造成了浸出率的下降。因此，我们选择硫酸铝浓度 0.30 mol/L 作为最佳浓度。

4. 液固比对浸出过程的影响

　　探究液固比对精矿浸出率及稀土浸出率的影响。具体实验条件如下：已过筛至 100 目的稀土精矿，$c(1/2H_2SO_4)\colon c(HNO_3)=4\colon 1$，溶液中总 H^+ 浓度为 6.0 mol/L，反应温度 135℃，硫酸铝浓度 0.30 mol/L，反应时间 2 h，搅拌速度 200 r/min。随液固比的变化，精矿浸出率及稀土浸出率的变化如图 4.46 所示。

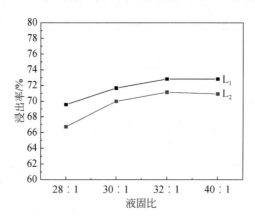

图 4.46　液固比对精矿浸出率（L_1）与稀土浸出率（L_2）的影响

　　由图可知，液固比的增大对精矿浸出率及稀土浸出率是有促进作用的。随着液固比的增大，浸出率先快速上升后变得平缓，这是因为液固比的增大，导致溶液体积增加，加强了溶液中的离子扩散作用，使得反应更容易发生，而液固比增大到 32∶1 之后，再增大液固比对浸出率的影响不大。因此，为了考虑成本以及浸出率本身，选择液固比 32∶1 作为最佳条件。

5. 反应温度对浸出过程的影响

探究反应温度对精矿浸出率及稀土浸出率的影响。具体实验条件如下：已过筛至 100 目的稀土精矿，$c(1/2H_2SO_4)∶c(HNO_3)=4∶1$，溶液中总 H^+ 浓度为 6.0 mol/L，液固比 32∶1，硫酸铝浓度 0.30 mol/L，反应时间 2 h，搅拌速度 200 r/min。随反应温度的变化，精矿浸出率及稀土浸出率的变化如图 4.47 所示。

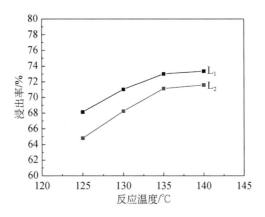

图 4.47　反应温度对精矿浸出率（L_1）与稀土浸出率（L_2）的影响

由图可知，温度对精矿及稀土浸出率的影响较大，在 125℃升高至 135℃的过程中，精矿浸出率与稀土浸出率分别从 68.00%与 64.64%上升至 72.80%与 71.02%。之后再升高温度，浸出率的增幅不明显，浸出速度变缓一定程度上是由于反应物氟碳铈矿已基本全部分解，而独居石较为稳定不与酸发生反应，因此温度在 135～140℃的过程中，浸出率的提升很小。根据总体浸出率随温度变化的曲线，我们选择 135℃作为反应的最佳温度条件。

6. 反应时间对浸出过程的影响

探究反应时间对精矿浸出率及稀土浸出率的影响。具体实验条件如下：已过筛至 100 目的稀土精矿，$c(1/2H_2SO_4)∶c(HNO_3)=4∶1$，溶液中总 H^+ 浓度为 6.0 mol/L，液固比 32∶1，硫酸铝浓度 0.30 mol/L，反应温度 135℃，搅拌速度 200 r/min。随反应时间的变化，精矿浸出率及稀土浸出率的变化如图 4.48 所示。

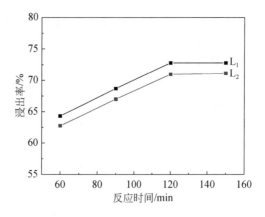

图 4.48　反应时间对精矿浸出率（L_1）与稀土浸出率（L_2）的影响

由图可以知，精矿及稀土浸出率随着反应时间的延长呈现先快速上升后变得平缓的趋势。在 60～120 min 这段反应时间内，浸出率的提升是比较快速的，这是由反应时间越长反应越充分造成的。但在反应到 120 min 之后，继续延长反应时间对稀土浸出率的影响不大，这主要是由于反应物已基本反应完全，因此，为了节约时间成本，我们选择反应时间 120 min 为最佳条件。

4.1.3.4　结论

H_2SO_4-$Al_2(SO_4)_3$ 体系浸出稀土精矿的优化条件为：过筛至 100 目的精矿，H_2SO_4 浓度 3 mol/L，$Al_2(SO_4)_3$ 浓度 0.30 mol/L，反应温度 135℃，液固比 32∶1，反应时间 2 h，搅拌速度 200 r/min。此条件下包头稀土矿的精矿浸出率为 68.00%，稀土浸出率为 66.91%，氟离子浸出率达到 94.42%。

进一步探究 HNO_3-H_2SO_4-$Al_2(SO_4)_3$ 体系浸出包头混合稀土精矿的优化条件：已过筛至 100 目的稀土精矿，$c(1/2H_2SO_4)$∶$c(HNO_3)=4∶1$，溶液中总 H^+ 浓度为 6.0 mol/L，液固比 32∶1，硫酸铝浓度 0.30 mol/L，反应温度 135℃，反应时间 2 h，搅拌速度 200 r/min。该条件下，精矿浸出率为 72.8%，稀土浸出率为 71.02%。

H_2SO_4-$Al_2(SO_4)_3$ 体系浸出液静置冷却后产生 $CaSO_4$ 沉淀，此沉淀是缓慢连续产生的，需将浸出液放置 24 h，才可不再产生沉淀。经过 XRD、SEM 及化学分析，$CaSO_4$ 沉淀的形貌为棒状结构，表面较光滑，沉淀纯度达到 96.14%，只会存在少量包夹稀土离子的现象，对浸出液中稀土离子基本无影响。

收集完 $CaSO_4$ 沉淀后，探究浸出液中的稀土与铝的分离以及氟元素回收，提出 N1923 联合三异辛胺萃取分离稀土与铝的溶液萃取法。整个萃取流程为：取一定浸出液，加入 O/A=2 的三异辛胺进行酸萃，降低酸度，静置分层后取水相，加入 O/A=3 的 N1923，再分层后，油相经硫酸铵反洗，盐酸反萃，得到较纯的稀土料液。在最优萃取条件下，稀土萃取率为 97.38%，铝离子萃取率为 8.61%，再经硫酸铵反洗，HCl 反萃，稀土的反萃率为 98.05%，反萃相中的 $C_{Al^{3+}}/C_{RE^{3+}}$ 为 0.008，基本实现了稀土与铝的分离。

电导率测试实验中，我们知道氟铝比为 6∶1 时形成的络合物最为稳定。准确测定萃余水相中的氟离子与铝离子含量，外加 NaF 至氟铝比为 6，在一定条件下即可得到较纯的冰晶石产物，制成的冰晶石的形貌为片状的正六边形，萃余液中 Al^{3+} 的回收利用率高达 98.4%。

4.1.3.5　混合稀土精矿中氟碳铈矿和独居石的 N_2 加热 HCl/AlCl$_3$ 浸出高效分离

何家豪等在前人研究的基础上，提出了加热选择性矿物相变（MPT），然后逐步浸出的绿色新工艺，如图 4.49 所示。探讨了 MPT 工艺提高混合稀土精矿中氟碳铈矿提取效率的机理。随后可使用氢氧化钠分解法从独居石中提取稀土元素。这不同于以往的共分解氟碳铈矿和独居石的工艺，但利用了它们在高温操作中的性质差异，可以逐步分离和冶炼。该工艺具有绿色环保、浸出效率高等优点，为后续研究提供了新的方向。

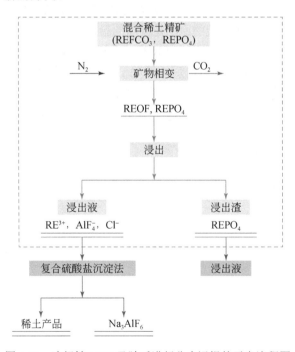

图 4.49　选择性 MPT 及随后进行分步浸提的示意流程图

将 30 g 混合稀土精矿置于炉管中，以 600 mL/min 的总气体流速引入所需气体（N_2 或空气）。一旦煅烧炉达到预设温度（430~800℃），将装有稀土精矿的炉管插入其中。随后，炉温下降。当炉温恢复到预设值时，该过程开始。当达到预设时间（10~60 min）时，移除炉管并冷却至室温，之后移除焙烧的精矿。在冷却过程中继续通入气体，并且使来自炉的尾（出口）气通过气体处理操作。在浸提过程中，搅拌速度保持恒定在 300 r/min。盐酸与 MPT 产物的质量的液固比保持恒定在 2。浸提温度也保持恒定在 90℃，$AlCl_3 \cdot 6H_2O$ 用作浸提助剂，以与 MPT 质量相比 40% 的 $AlCl_3 \cdot 6H_2O$ 的质量百分比添加。浸出后，真空分离固体和液体。在分离过程中，首先进行酸洗，然后用水洗涤，将浸提残余物干燥并称重。

1. MPT 工艺对稀土浸出的影响

1）惰性气氛下加热条件对稀土浸出的影响

图 4.50 显示了稀土浸出的结果。REO、F 和 Fe 的浸出效率随着 MPT 温度的升高而增加，这是由于氟碳铈矿分解为 REOF。在低于 470℃ 的温度下，$REFCO_3$ 的分解相对较小，导致图 4.50（a）中的浸出效率较低。当温度从 470℃ 升高到 550℃ 时，F-REO 的浸出率从 30.4% 急剧升高到 93.7%。当温度升高到 550℃ 以上时，F-REO 的浸出效率呈现下降趋势。一个可能的原因是 $REFCO_3$ 分解产生的 CO_2 的速率过高。因此，所产生的 CO_2 将 Ce(III) 氧化成 Ce(IV)，降低了稀土浸出效率。反应如式（4.17）所示。另一个可能的原因是过高的温度导致产品的孔参数降低。

随着温度的升高，F 的浸出率在 510℃ 之前迅速增加，之后保持平衡。相反，铁的浸出率最初表现出上升趋势，后逐渐趋于平稳。因此，选择 550℃ 作为 MPT 在惰性气体中的最佳温度，以在不同条件下继续后续实验。

$$Ce_2O_3(s)+CO_2(g)\Longrightarrow 2CeO_2(s)+CO(g) \tag{4.17}$$

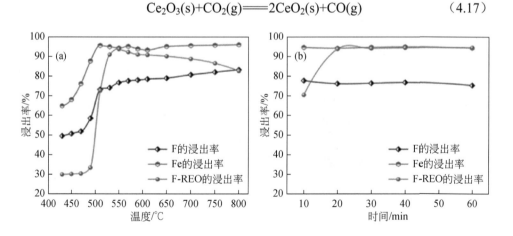

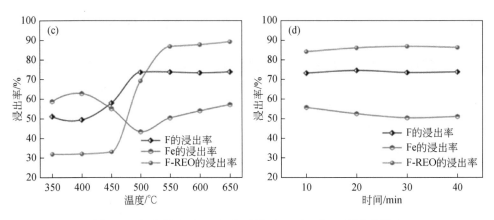

图 4.50　加热温度（a、c）和时间（b、d）对 RE 浸出的影响

（a）加热 40 min 后 N_2 气氛中温度的影响；（b）N_2 气氛中 550℃加热时间的影响；（c）加热 30 min 后空气气氛中温度的影响；（d）空气气氛中 550℃加热时间的影响（所有情况下的浸出条件：HCl 浓度为 20%，液固比为 2.0，搅拌速度为 300 r/min，浸出温度为 90℃，浸出时间为 30 min，$AlCl_3 \cdot 6H_2O$ 添加量为 MPT 产物质量的 40%）

在 N_2 气氛下，550℃的条件下，研究加热时间对浸出率影响。图 4.50（b）显示，随着加热时间的增加，F-REO 的浸出效率首先增加，然后趋于稳定，而 F 和 Fe 的浸出效率没有显著变化。这可能是由 20 min 后 $REFCO_3$ 完全分解所致。F-REO、F 和 Fe 的浸出率分别为 93.7%、76.7%和 94.1%。因此，选择 20 min 作为在惰性气体中的最佳加热时间。

2）氧化性气氛中加热条件对稀土浸出的影响

为了研究 MPT 产品在氧化性气氛中的浸出性能，在空气中，对不同加热温度和时间进行了实验。研究了在加热温度（350~650℃），空气再加热时间 30 min 对稀土浸出率的影响。

图 4.50（c）表明，随着加热温度的升高，F-REO 的浸出效率先升高，然后趋于平稳。在 550℃下加热后，F-REO 的浸出率为 86.9%，明显低于在惰性气体中的浸出率。这是因为 Ce(IV)的浸出性能不如 Ce(III)的好。在浸提过程中产生有害的 Cl_2 气体。F 的浸出率先增加后趋于平稳，而 Fe 的浸出率先降低后增加。在空气和 550℃的加热温度下，研究了加热时间对浸出率影响。

图 4.50（d）显示，随着时间的增加，氧化性气氛中 F-REO 的浸出效率仅略有增加，而 F 的浸出效率保持相对不变，Fe 的浸出效率略有下降。这是因为 $REFCO_3$ 的大部分分解发生在 10 min 内。

2. 氟碳铈矿的分解氧化规律

氟碳铈矿的分解和氧化效率分别通过混合 RE 精矿和 MPT 产物中 Ce(IV)的存在和总 Ce 含量来表征，结果示于图 4.51（N_2）和图 4.52（空气）中。在惰性气体中，氟碳铈矿在 450℃开始分解，在 650℃完全分解。在氧化性气氛中，氟碳铈矿在400℃分解，600℃完全分解。在惰性气体中，氟碳铈矿分解后不发生氧化。因此，氟碳铈矿分解过程中产生的CO_2不会将Ce(III)氧化为Ce(IV)，也不是导致浸出效率降低的原因。而在氧化性气氛中，氟碳铈矿在450℃开始氧化，氧化效率为5.3%，表明氧化和分解反应不是同时进行的。氟碳铈矿在600℃的氧化效率达到82.5%，随着温度的继续升高，Ce(IV)的含量保持不变，表明Ce(III)完全氧化为Ce(IV)是一项具有挑战性的任务。结果表明，氧化性气氛能促进氟碳铈矿的分解，并使分解产物氧化。这解释了氧化性气氛中稀土浸出率低于惰性气体中的原因。

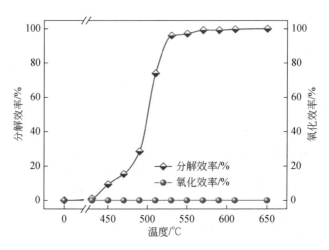

图4.51　氟碳铈矿在N_2气氛中不同温度下（MPT条件：焙烧时间40 min）的分解氧化效率

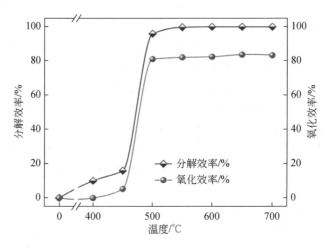

图4.52　氟碳铈矿在不同温度（MPT条件：焙烧时间30 min）下的空气气氛中的分解氧化效率

3. 孔隙性质分析

图 4.53 显示了样品的 N_2 吸附和脱附等温线以及孔径分布曲线。图 4.54 显示了 MPT 温度在改变产物的孔结构模式中的作用。如图 4.53 所示，混合稀土精矿和 MPT 产品均显示出 H3 型滞后回线，表明样品中存在平板狭缝、裂纹和楔形结构。此外，这些孔的形状和大小是不均匀的。MPT 操作提高了产物的吸附容量，当温度升高到 550℃时，最大吸附量从 1.2 m^2/g 增加到 10.6 m^2/g。当温度升至 750℃时，最大吸附量降至 4.0 m^2/g。如图 4.54 所示，随着 MPT 温度的升高，MPT 产物的 BET 比表面积和总孔容先增大后减小，而 BJH 平均孔径没有显著变化。在 550℃时，与混合稀土精矿相比，MPT 产物的 BET 比表面积和总孔容分别提高了 2530%和 755%，BJH 平均孔径降低了 11%。结果表明，$CeFCO_3$ 在 MPT 过程中分解产生的 CO_2 气体使样品中的孔增多，但平均孔径变化不大。这导致 N_2 吸附、BET 比表面积和总孔容增加。比表面积和总孔容的增加有利于盐酸和助浸剂与 MPT 产物在后

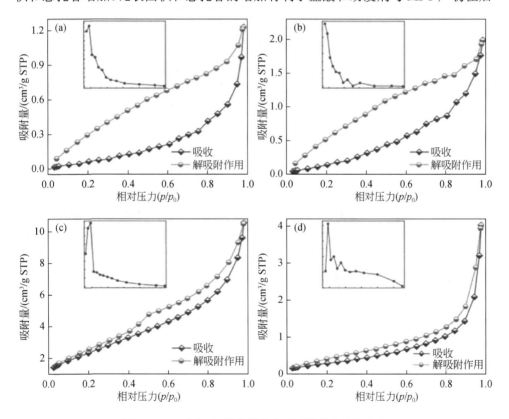

图 4.53　N_2 吸附-脱附等温线和不同样品的孔径分布

（a）混合稀土精矿；（b）400℃；（c）在 N_2 气氛中，550℃；（d）750℃

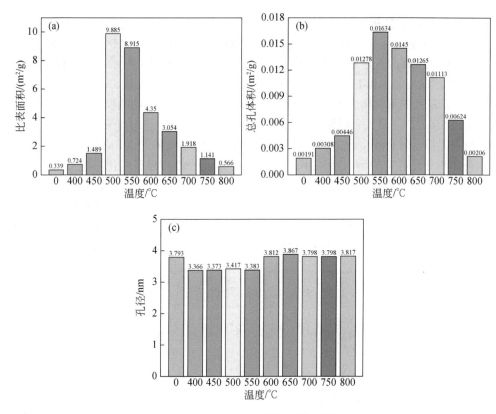

图 4.54　不同 MPT 温度下样品的孔结构参数

（a）BET 比表面积；（b）总孔体积；（c）BJH 平均孔径

续浸出过程中的反应，从而促进 REO 的浸出。当温度高于 550℃时，MPT 产品的结构经历了一个调整阶段，导致层压结构解体。随后，结构从松弛阶段的紧密构型逐渐转变为无序状态，导致 N_2 吸附、比表面积和总孔体积的降低。

4. 氟碳铈矿与独居石分离的证据

表 4.4 给出了浸提残渣的化学组成分析结果和浸提效率的计算。浸出渣的 F-REO、P-REO、F、P 和 Fe 含量（质量分数）分别为 5.9%、56.3%、3.2%、10.3%、0.4%，浸出率分别为 93.7%、3.2%、76.1%、27.5%、94.1%。相比之下，在相同的浸出条件下，MPT 工艺下混合稀土精矿中氟碳铈矿的 REO 浸出率仅为 29.8%。因此，MPT 工艺是促进氟碳铈矿浸出的有效方法。固体的质量和浸出液的体积示于表 4.5 中。

表 4.4　进料的化学组成、MPT 产品、浸出渣和浸出效率的结果

类型	质量/g	REO 类型		成分		
		F-REO/%	P-REO/%	F/%	P/%	Fe/%
原料	30.0	37.6	22.8	5.7	5.6	2.8
氮气下的 MPT 产物	26.7	39.8	24.6	5.8	6.1	3.1
浸出进料	25.0	39.8	24.6	5.8	6.1	3.1
浸出渣	10.6	5.9	56.3	3.2	10.3	0.4
浸出率/%	—	93.7	3.2	76.7	27.5	94.1

表 4.5　MPT 浸出过程中的固体质量或溶液体积

类型	浸出进料/g	助滤剂 $AlCl_3 \cdot 6H_2O$/g	浸出渣/g	浸出液/mL
进料或产品质量或体积	25.0	10.0	10.6	137.5

混合稀土精矿中的主要稀土矿物为独居石、寄生矿 [$CaCe_2(CO_3)_3F_2$] 和氟碳铈矿，分别占 32.7%、1.2% 和 50.1%。主要脉石矿物为磷灰石、萤石、磁铁矿/赤铁矿和黄铁矿，分别占 6.8%、2.7%、1.5% 和 2.0%。浸出渣中主要稀土矿物为独居石（91.2%）、非稀土矿物为萤石（4.9%）。结果表明，采用选择性 MPT-浸出工艺可有效分离混合稀土精矿中的氟碳铈矿和独居石。

5. 选择性 MPT 机理及助浸剂的作用

通过对混合稀土精矿和不同 MPT 产品的物相变化、氧化效率、微观结构演变和孔结构分析，探讨了选择性 MPT 提高稀土浸出率的机理。在 MPT 过程中，氟碳铈矿分解生成 REOF，其更容易被盐酸浸出 [见式（4.18）]，而独居石则没有发生变化。在 MPT 工艺期间，引入 N_2 可防止 Ce(III) 氧化成 Ce(IV)，提高了稀土浸出率，避免了在浸出过程中添加还原剂或产生有害的气态 Cl_2。同时，从矿物中释放的 CO_2 在矿物的表面和内部都产生了许多孔和裂缝。这些结构改变通过增加矿物、盐酸和浸出助剂之间的接触表面积而显著地增加了稀土元素的浸出。此外，在浸提过程中还加入了 $AlCl_3 \cdot 6H_2O$（浸提助剂）。Al^{3+} 和 F^- 之间的络合作用促进了 REF_3 的溶解，从而提高了 RE 萃取效率 [式（4.19）]。因此，选择性 MPT 可以提高稀土氧化物的浸出率。

$$3CeOF(s)+6H^+(aq)=\!=\!=CeF_3(s)+2Ce^{3+}(aq)+3H_2O(l) \qquad （4.18）$$

$$\Delta G_{rxn}^0 =-299.55 \text{ kJ/mol}(90℃)$$

$$Al^{3+}(aq)+2CeF_3(s)=\!=\!=[AlF_6]^{3-}(aq)+2Ce^{3+}(aq) \qquad （4.19）$$

$$\Delta G_{rxn}^0 =-75.42 \text{ kJ/mol}(90℃)$$

6. 结论

本研究表明，选择性 MPT 后再浸出能有效分离氟碳铈矿和独居石。MPT 条件如下：温度 550℃，时间 20 min，N_2 中的总气体流量 600 mL/min。在此条件下，F-REO（来自 $REFCO_3$）、P-REO（来自 $REPO_4$）、F 和 Fe 的浸出率分别为 93.7%、3.2%、76.7% 和 94.1%，浸出残渣中独居石含量为 91.2%，从而实现了混合稀土精矿中氟碳铈矿和独居石的有效分离，同时完成了氟碳铈矿的冶金过程。随后通过 NaOH 分解法进行浸出残余物中独居石的分解。MPT 工艺不仅将 $CeFCO_3$ 转化为更易浸出的 CeOF，而且大大增加了稀土矿石的比表面积和总孔容。这增加了盐酸、助浸剂和稀土元素之间的接触面积，也是提高氟碳铈矿浸出率的重要因素。由于 MPT 是在惰性气体中进行的，因此在 MPT 过程中不会产生 Ce(IV)，从而避免了盐酸浸出过程中有害气体 Cl_2 的产生。

4.2 铝盐浸出液中稀土与非稀土的分离

在白云鄂博稀土矿的铝盐冶炼过程中，稀土元素与非稀土元素的分离是一个至关重要的环节。铝盐浸出液中含有大量的铝、铁、镁等非稀土元素以及钇、铈、镧、镨、钕等稀土元素。为了提取高纯度的稀土元素，必须有效地将其从这些非稀土元素中分离出来。复盐沉淀法作为一种成熟的分离技术，在这一过程中得到了广泛应用。

4.2.1 复盐沉淀法分离稀土与非稀土的原理

复盐沉淀法是一种通过向溶液中加入盐类使金属离子形成难溶的复盐沉淀，从而实现金属离子分离的化学方法。此方法在湿法冶金中具有广泛应用，特别适用于分离稀土元素与铝、氟等非稀土元素。复盐沉淀法的基本原理是通过化学沉淀反应，将目标金属离子与溶液中的沉淀剂结合，形成不溶于水的复盐沉淀物，从而实现从溶液中分离目标金属离子的目的。这一过程不仅依赖于溶液中金属离子和沉淀剂的浓度，还受到溶液的 pH 值、温度等因素的影响。选择合适的沉淀剂和控制适当的反应条件，是保证复盐沉淀法有效实施的关键。

在包头混合稀土精矿的处理过程中，复盐沉淀法因其操作简便、成本低廉和分离效果显著等优点，成为分离稀土元素与非稀土元素的重要技术手段。包头混合稀土精矿中含有大量的稀土元素（如镧、铈、镨、钕等）以及铝、铁、钙等非稀土元素。在传统的高温焙烧和酸浸工艺中，稀土元素与非稀土元素往往同时溶解于酸性溶液中，增加了后续分离和提纯的难度。通过引入复盐沉淀法，可以在较低的温度及温和的反应条件下实现稀土元素与非稀土元素的有效分离，显著降低能耗和环境污染。

复盐沉淀法的实施步骤通常包括沉淀剂的选择与加入、反应条件的控制、沉淀物的分离与洗涤以及沉淀物的后续处理等。首先，根据待分离金属离子的性质选择合适的沉淀剂。在包头混合稀土精矿处理中，常用的沉淀剂包括硫酸钠、硫酸铵、硫酸钡等。这些沉淀剂能与稀土金属离子或非稀土金属离子反应，形成难溶的复盐。例如，硫酸钠可以与稀土金属离子反应，生成硫酸稀土复盐沉淀，而不与铝、铁、钙等非稀土元素发生反应，从而实现稀土元素与非稀土元素的分离。

在稀土硫酸盐或氯化盐溶液中加入碱金属硫酸盐，可生成稳定的复盐沉淀：

$$x\text{RE}_2(\text{SO}_4)_3 + y\text{Me}_2\text{SO}_4 + z\text{H}_2\text{O} = x\text{RE}_2(\text{SO}_4)_3 \cdot y\text{Me}_2\text{SO}_4 \cdot z\text{H}_2\text{O} \qquad (4.20)$$

式中，Me 表示 Na、K、NH$_4$；x、y、z 随生成条件的不同而有所不同，在较低浓度的碱金属硫酸盐溶液中，x、y、z 分别为 1、1、2。

稀土硫酸复盐的溶解度随原子序数增大而增大，中、重稀土的溶解度较大，但在精矿中的中、重稀土含量很低，在沉淀条件下都能载带下来。

在稀土硫酸盐或氯化盐溶液中加入硫酸钠时，溶液中的稀土生成稳定的稀土硫酸复盐沉淀，而大多数非稀土元素则难于或不能生成复盐沉淀而留在溶液中。非稀土元素中的铁、磷以及氟等杂质留在复盐上清液中。浸出液中的钍也可与硫酸钠形成复盐沉淀：

$$\text{Th}(\text{SO}_4)_2 + \text{Na}_2\text{SO}_4 + 6\text{H}_2\text{O} = \text{Th}(\text{SO}_4)_2 \cdot \text{Na}_2\text{SO}_4 \cdot 6\text{H}_2\text{O} \qquad (4.21)$$

其溶解度比稀土复盐溶解度大，但在复盐沉淀时，大部分钍能沉淀下来。

1. 复盐沉淀法的基本化学原理

1）选择性沉淀

选择性沉淀是复盐沉淀法的核心原理之一。稀土元素的化学性质决定了它们能够与一些阴离子形成难溶性盐。这个过程是选择性的，因为大多数非稀土金属离子在相同条件下不会与草酸形成沉淀。

在选择性沉淀过程中，草酸根离子与稀土离子形成的沉淀物由于其较低的溶解度，从而可以有效地从溶液中分离出来。稀土离子通常具有较高的电荷密度和较小的离子半径，使得它们更容易与多价阴离子如草酸根结合。这种结合通常通过离子键和配位键的共同作用，形成稳定的化合物。

例如，稀土元素（如 Y、La、Nd 等）与草酸（$C_2O_4^{2-}$）在水溶液中反应生成难溶的草酸稀土 [$\text{RE}_2(\text{C}_2\text{O}_4)_3$]，其反应式为

$$2\text{RE}^{3+} + 3\text{C}_2\text{O}_4^{2-} \longrightarrow \text{RE}_2(\text{C}_2\text{O}_4)_3 \downarrow \qquad (4.22)$$

此外，稀土离子之间的化学相似性使得它们可以形成类似的沉淀物，而不同于非稀土金属离子。例如，铁（Fe）、铜（Cu）和锌（Zn）等金属离子在相同条件下通常不会与草酸形成不溶性复盐，或者其形成的复盐具有更高的溶解度。这种差异使得复盐沉淀法能够有效地分离稀土和非稀土元素。

2）溶解度积原理

溶解度积（K_{sp}）是描述难溶电解质在饱和溶液中溶解度的一个常数。对于稀土复盐沉淀的形成，溶解度积是决定其沉淀程度的重要因素。一般来说，溶解度积越小，复盐的溶解度越低，越容易形成沉淀。

溶解度积定义为难溶电解质在饱和溶液中各离子浓度的乘积。例如，对于稀土草酸盐的溶解度积，假设化学反应如下：

$$Re_2(C_2O_4)_3(s) \rightleftharpoons 2Re^{3+}(aq)+3C_2O_4^{2-}(aq) \qquad (4.23)$$

溶解度积表达式为

$$K_{sp}=[RE^{3+}]^2[C_2O_4^{2-}]^3 \qquad (4.24)$$

这里，$[RE^{3+}]$和$[C_2O_4^{2-}]$分别表示饱和溶液中稀土离子和草酸根离子的浓度。

溶解度积是一个常数，特定温度下稀土复盐的溶解度积越小，表明该复盐在该温度下的溶解度越低，更容易形成沉淀。例如，对于草酸稀土的溶解度积，如果溶液中的稀土离子和草酸根离子的浓度乘积超过K_{sp}，则溶液处于过饱和状态，复盐将开始沉淀。

调节溶液中稀土离子和草酸根离子的浓度可以控制复盐的沉淀过程。通过增加稀土离子或草酸根离子的浓度，可以提高溶液的过饱和度，从而促进沉淀生成。相反，降低任一离子的浓度，则可以防止或减少沉淀。

以稀土元素钕为例，其草酸盐的溶解度积为

$$Nd_2(C_2O_4)_3(s) \rightleftharpoons 2Nd^{3+}(aq)+3C_2O_4^{2-}(aq) \qquad (4.25)$$

$$K_{sp}=[Nd^{3+}]^2[C_2O_4^{2-}]^3 \qquad (4.26)$$

假设K_{sp}值为$1.0×10^{-30}$（具体值视条件而定），通过控制稀土离子和草酸根离子的浓度，可以实现钕的高效沉淀。举例来说，若溶液中$[Nd^{3+}]=1.0×10^{-6}$ mol/L，而$[C_2O_4^{2-}]=1.0×10^{-8}$ mol/L，则$Q=(1.0×10^{-6})^2×(1.0×10^{-8})^3=1.0×10^{-36}$。

由于Q远小于K_{sp}，溶液中不会形成钕草酸盐沉淀。通过增加$[C_2O_4^{2-}]$浓度至$1.0×10^{-6}$ mol/L，则$Q=(1.0×10^{-6})^2×(1.0×10^{-6})^3=1.0×10^{-30}$，此时$Q$等于$K_{sp}$，溶液处于饱和状态，钕草酸盐开始形成沉淀。

通过上述过程，充分利用溶解度积原理，可以精确控制稀土复盐的沉淀过程，实现稀土与非稀土元素的有效分离。

3）pH值的影响

溶液的pH值对复盐沉淀过程有显著影响。通常，在酸性条件下，草酸根离子较多，有利于与稀土离子形成沉淀；而在碱性条件下，草酸盐的溶解度增加，不利于沉淀的生成。因此，通过调节溶液的pH值，可以控制沉淀的生成和分离效果。

在酸性溶液中，草酸根离子更容易与稀土离子结合，形成不溶性草酸稀土沉淀。当 pH 值过低时，草酸可能会部分解离为草酸氢根离子（$HC_2O_4^-$），从而影响沉淀的生成。因此，需要选择适当的 pH 范围，以保证草酸根离子的有效浓度。

另一方面，溶液的 pH 值还会影响稀土离子的存在形式。在高 pH 值条件下，稀土离子可能会与 OH^- 离子结合，形成氢氧化物沉淀，从而干扰草酸复盐的沉淀过程。因此，通常选择在弱酸性至中性范围内调节 pH 值，以确保草酸复盐的有效沉淀。调节 pH 值的方法包括添加酸或碱、使用缓冲溶液等。常见的调节剂有盐酸（HCl）、氢氧化钠（$NaOH$）和乙酸（CH_3COOH）等。通过精确控制 pH 值，可以提高复盐沉淀的选择性和效率，从而实现高效的稀土分离。

在不同 pH 条件下，稀土元素的氢氧化物和复盐的溶解度不同。通常，稀土元素在中性或弱碱性条件下（pH 值在 6~8 之间）形成难溶的氢氧化物或复盐，而大部分非稀土元素在这一范围内仍保持溶解。在较高的 pH 值下（如大于 10），大多数金属离子，包括稀土和非稀土元素，都会形成氢氧化物沉淀。因此，选择合适的 pH 值范围对于实现选择性沉淀至关重要。

4）复盐沉淀的热力学与动力学

复盐沉淀过程受热力学和动力学的双重影响。热力学上，复盐的生成需要满足吉布斯自由能变负值的条件，即反应过程是自发的。动力学上，沉淀反应速率受到反应物浓度、温度以及溶液搅拌等因素的影响，通常需要优化这些条件以提高沉淀效率和纯度。

热力学分析：复盐沉淀反应的热力学特性决定了反应的平衡常数和沉淀的生成条件。通过吉布斯自由能（ΔG）的计算，可以判断反应的自发性。当 $\Delta G<0$ 时，复盐沉淀反应是自发进行的。影响 ΔG 的因素包括反应物的浓度、温度、压强等。通常，通过调整反应物的初始浓度和溶液条件，可以优化复盐沉淀反应的热力学驱动力。复盐沉淀的生成也受溶液的离子强度影响。高离子强度条件下，离子间的相互作用增强，可能会影响沉淀的溶解度和形态。因此，在设计沉淀工艺时，需要综合考虑离子强度对热力学平衡的影响。

动力学分析：复盐沉淀过程的动力学特性决定了沉淀反应的速率和沉淀物的形态。反应速率受到反应物浓度、温度、搅拌速度等因素的影响。较高的反应物浓度和温度通常可以加速沉淀反应，提高沉淀效率。搅拌对沉淀过程有重要影响。适当的搅拌可以促进反应物的均匀混合，防止局部过饱和，从而提高沉淀的均匀性和纯度。然而，过度搅拌可能导致沉淀物的微细化，增加过滤和分离的难度。因此，需要根据具体情况选择合适的搅拌条件。此外，沉淀反应的动力学还与反应路径和中间产物有关。例如，草酸稀土复盐的生成可能经历多个中间步骤，每个步骤的速率常数不同，从而影响总体反应速率。通过动力学模拟和实验研究，可以优化反应条件，提高沉淀过程的效率和产物质量。

2. 复盐沉淀法的影响因素

复盐沉淀法的分离效果受多种因素的影响，包括溶液的 pH 值、沉淀剂的种类和用量、络合剂的使用、反应温度和时间等。

1）溶液 pH 值

正如前述，溶液的 pH 值是影响复盐沉淀效果的关键因素。通过精确控制 pH 值，可以实现稀土元素的选择性沉淀。例如，在 pH 值为 6~8 的范围内，稀土元素形成难溶的氢氧化物或复盐，而大部分非稀土元素保持溶解，从而实现分离。

实际操作中，常通过滴定或缓慢加入酸（如盐酸）或碱（如氢氧化钠溶液）来调节 pH 值。需要使用精密的 pH 计进行实时监测，以确保 pH 值在理想范围内。

2）沉淀剂的选择和用量

沉淀剂的选择对复盐沉淀法的效果有重要影响。常用的沉淀剂包括草酸、碳酸氢铵、氨水等。沉淀剂的用量需要根据溶液中稀土离子的浓度和目标复盐的溶解度积进行优化。

例如，草酸作为沉淀剂时，其用量应足以完全沉淀稀土元素，但不应过量以避免沉淀过多的非稀土元素。

3）络合剂的使用

络合剂能够与金属离子形成稳定的络合物，从而改变其溶解性和沉淀行为。在复盐沉淀法中，络合剂的使用可以提高分离的选择性。例如，EDTA（乙二胺四乙酸）能与大部分非稀土元素形成稳定的络合物，抑制其沉淀，而对稀土元素的络合作用较弱。加入络合剂后，溶液中的非稀土元素被络合剂稳定，而稀土元素则更容易形成复盐沉淀，从而提高分离效率。

4）反应温度和时间

反应温度和时间对复盐沉淀过程的动力学和热力学有显著影响。较高的温度通常有助于加快沉淀反应的速度，但可能降低某些复盐的稳定性。反应时间过短可能导致沉淀不完全，而反应时间过长则可能引发二次反应或沉淀再溶解。实验中需根据具体情况优化温度和时间参数，以实现最佳的沉淀效果和分离效率。

4.2.2　复盐沉淀法分离稀土的工艺

复盐沉淀法在稀土分离中的应用是一种成熟且有效的技术，广泛应用于工业生产中。其工艺步骤包括样品预处理、沉淀剂的选择与添加、pH 值调节、沉淀分离、洗涤和纯化等。以下是对这一过程的详细描述和分析。

1）白云鄂博稀土矿铝盐冶炼中的应用

在白云鄂博稀土矿的铝盐冶炼过程中，复盐沉淀法被广泛应用于从铝盐浸出液中分离稀土元素。具体步骤如下：

样品预处理：对铝盐浸出液进行预处理，去除悬浮物和杂质，调整溶液的初始 pH 值至适当范围。

加入沉淀剂：根据浸出液中稀土元素的种类和浓度，选择合适的沉淀剂（如草酸）并加入溶液中。

pH 值调节：在加入沉淀剂的同时，通过滴定或缓慢加入酸或碱，调节溶液的 pH 值至 6～8 之间，促使稀土元素形成复盐沉淀。

沉淀分离：在适当的 pH 值和沉淀剂作用下，稀土元素逐渐形成复盐沉淀。沉淀完成后，通过过滤或离心等方法将沉淀物与母液分离。

洗涤和纯化：分离出的沉淀物通常含有少量杂质，需要进一步洗涤和纯化。常用的洗涤剂包括去离子水和稀酸溶液。

2）稀土氟化物的分离

稀土氟化物复盐沉淀法在稀土分离中也有重要应用。通过加入氟化物沉淀剂（如氟化钠），使稀土元素形成难溶的氟化物沉淀，实现稀土元素与其他金属离子的分离。

反应式如下：

$$RE^{3+}+3F^+ =\!=\!=\!= REF_3\downarrow \tag{4.27}$$

稀土氟化物具有较低的溶解度，能够在合适的条件下从溶液中沉淀出来。通过控制氟化物沉淀剂的用量和溶液的 pH 值，可以实现高效的稀土分离。

1. pH 值对稀土收率的影响

为了研究在酸性、高铝浸出液体系中，不同 pH 值对浸出液中稀土收率的影响，选取稀土氧化物为 15 g/L、反应温度为 70℃、反应时间为 60 min、硫酸钠和稀土氧化物质量之比为 3.0∶1，得到浸出液中稀土收率随 pH 变化的曲线，如图 4.55 所示。由图可知，pH 对稀土收率的影响较小，几乎没有变化。当 pH<0 时，浸出液中稀土收率为 62.35%；随着 pH 增加至 0.5 时，有所下降，但下降幅度非常小；继续调节 pH 值至 3.0 时，稀土收率为 62.05%，与 pH<0 时稀土收率相比几乎没有差异。这是因为在强酸高铝体系中，稀土复盐沉淀的溶解度主要受混合物内各元素之间的百分比、溶液中稀土氧化物浓度以及温度的影响，而酸度对其溶解度几乎没有影响。

在未加无水硫酸钠的条件下，调节浸出液的酸度至 pH=3.0，络合浸出液中没有胶体或者沉淀现象发生；继续调节浸出液酸度至 pH=3.8～4.0 左右时，溶液中有少量胶体产生，继续增加 pH，溶液中有大量絮状物产生，过滤后呈胶体状态。这是因大量游离的 Al^{3+}、部分 Fe^{3+} 以及极少量的 RE^{3+} 和 OH^- 结合生成胶体所致。所以，在此体系中进行复盐沉淀提取稀土应在 pH<3.0 条件下进行。而在 pH<3.0 范围内，pH 对稀土收率的影响较小。同时，在强酸性条件下可以使浸出液中的非稀土杂质 Al^{3+} 和 Fe^{3+} 等保持游离状态，不会形成沉淀，从而对稀土复盐沉淀的纯度影响较小。故在后续复盐沉淀实验中，无需考虑 pH 对浸出液中稀土收率的影响。

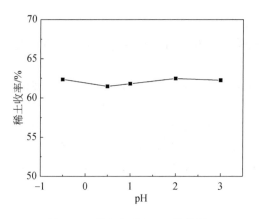

图 4.55　稀土收率与 pH 的关系

2. 稀土浓度对稀土收率的影响

为了研究稀土浓度对浸出液中稀土收率的影响，选取反应温度为 70℃、反应时间为 60 min、硫酸钠和稀土氧化物质量之比为 3.0∶1，得到浸出液中稀土收率随稀土浓度变化的曲线，如图 4.56 所示。可知，溶液中稀土浓度对稀土收率影响较大，稀土收率随着溶液中稀土浓度的增加而增加；当稀土浓度大于 20 g/L 时，稀土收率继续增加但增加幅度较小。稀土浓度从 5 g/L 增加至 20 g/L 时，稀土收率由 26.83% 提高至 73.49%，继续增加稀土浓度至 25 g/L，稀土收率仅比 20 g/L 提高了 3% 左右。

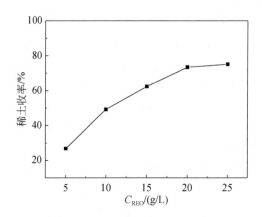

图 4.56　稀土收率和稀土浓度的关系

浸出液中稀土收率随着稀土浓度的增加而增加，这是因为随着稀土浓度的增加，有利于反应的正向进行，增大稀土复盐的沉淀量。稀土复盐沉淀量的增加有助于溶液中的中、重稀土以及钍等复盐的载带，从而可提高稀土收率。但当稀土氧化物浓度大于 20 g/L 后，浸出液中所含游离的 Al^{3+} 浓度也大大增加，从而使反应体系的黏度增加，不利于溶液中各物相之间的传递，反而阻碍了反应的进行。同时在强酸高铝浸出液体系中，当稀土浓度增大至 30 g/L 时，Al^{3+} 浓度较大，从而导致部分铝盐析出，不利于有价元素 Al 的有效回收。综合考虑以上因素，选择稀土浓度为 20 g/L，提取络合浸出液中的稀土较合适。

3. 反应温度对稀土收率的影响

　　复盐沉淀过程受温度的影响较大，所以必然会对稀土的收率产生影响，选取稀土浓度为 20 g/L，反应时间为 60 min、硫酸钠和稀土氧化物质量之比为 3.0∶1，得到浸出液中稀土收率随反应温度变化的曲线，如图 4.57 所示。可知，温度对稀土收率影响较大，稀土收率随温度的增加而增加，温度大于 90℃以后，稀土收率基本保持不变，继续增加温度对稀土收率影响较小。当温度从 30℃增加至 90℃，稀土收率由 56.23%提高至 79.63%，增加幅度较大，温度继续增加，则稀土收率增加幅度为 2%左右。这是因为，反应活化分子数量随温度的增加而增加，有利于加快反应式（4.17）的正向进行，当反应达到平衡后，温度对浸出液中稀土收率影响不大。同时，在酸性条件下，稀土硫酸复盐沉淀的溶解度随温度的增高而下降，所以温度升高可以阻碍新生成的稀土复盐沉淀再次溶解进入溶液中，从而有利于固体物质的稳定存在。但温度过高对能源的消耗较大，所以选择反应温度为 90℃较合适。

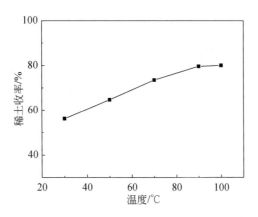

图 4.57　稀土收率和反应温度的关系

4. 反应时间对稀土收率的影响

　　为了研究反应时间对浸出液中稀土收率的影响，选取稀土浓度为 20 g/L、反应温度为 90℃、硫酸钠和稀土氧化物质量之比为 3.0∶1，得到浸出液中稀土收率随反应温度变化的曲线，如图 4.58 所示。可知，浸出液中稀土收率随反应时间的增加而增加，当达到一定时间后稀土收率不再增加。当反应时间为 30 min 时，稀土收率为 63.5%，增加反应时间至 90 min 时，稀土收率提高至 85.46%，继续延长反应时间至 150 min，缓慢增加至 87%，几乎没有变化。这是因为反应初期，各反应物浓度较高，有利于反应式（4.17）正向进行且反应较迅速，所以浸出液中稀土收率在反应初期上升速度较大。随着反应时间的增加，复盐沉淀量逐渐增加，反应体系中，稀土浓度和硫酸钠的浓度不断下降，形成复盐沉淀的速度也随之下降。当反应达到平衡后，继续延长时间，对稀土收率影响较小。所以，在提高浸出液中稀土收率的前提下，为了提高工作效率，选择反应时间为 90 min 较合适。

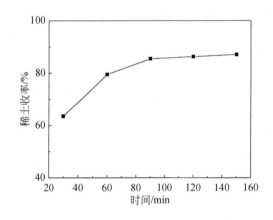

图 4.58　稀土收率和反应时间的关系

5. 硫酸钠和稀土氧化物质量之比对稀土收率的影响

为了研究硫酸钠和稀土氧化物质量之比对稀土收率的影响，选取稀土浓度为 20 g/L、反应温度为 90℃、反应时间为 90 min，得到稀土收率随硫酸钠和稀土氧化物质量之比变化的曲线，如图 4.59 所示。可知，稀土收率随着硫酸钠和稀土氧化物质量之比的增加而增加，当硫酸钠和稀土氧化物质量之比为 4∶1 后，稀土收率不再增加。当硫酸钠和稀土氧化物质量之比从 1∶1 增加至 4∶1 时，稀土收率从 35.49% 增加至 97.53%。这是因为随着硫酸钠和稀土氧化物质量之比的增加，即无水 Na_2SO_4 的加入量增加，有利于反应式（4.17）的正向移动，但当反应达到平衡后，继续增加硫酸钠的加入量，对稀土收率的影响较小。

在此络合浸出体系中，稀土硫酸复盐沉淀过程中硫酸钠加入量应过量。在实验中，当硫酸钠和稀土氧化物质量之比为 0.5∶1 时，几乎没有稀土硫酸复盐沉淀产生，这是因为无水硫酸钠在反应中不仅为复盐沉淀提供 Na^+ 和 SO_4^{2-}，同时也向 RE^{3+} 提供 SO_4^{2-}，但不应过量太多，否则有碍于后期复盐沉淀滤液中有价元素 Al 和 F 的综合回收，并且消耗大量的硫酸钠。综合以上叙述，在稀土复盐沉淀过程中应选择硫酸钠和稀土氧化物质量之比为 4∶1 较合适。

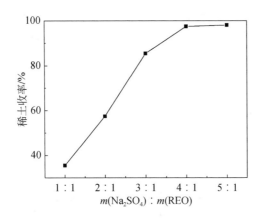

图 4.59　稀土收率和硫酸钠与稀土氧化物质量之比的关系

综合以上实验数据，得出以下优化实验条件：稀土复盐沉淀过程中，络合浸出液中酸度无需调节，溶液中稀土浓度为 20 g/L，反应温度为 90℃，反应时间为 90 min，硫酸钠和稀土之比为 $m(Na_2SO_4)：m(REO)=4：1$，在此条件下，络合浸出液中稀土收率为 97.53%，大部分稀土被提取出来。

4.2.3　复盐沉淀产物分析

复盐沉淀产物的分析在稀土分离与提取工艺中具有至关重要的作用。通过多种分析方法，我们可以全面了解复盐沉淀的化学成分、结构、形貌以及热稳定性等方面的特性，从而指导工艺优化和质量控制。以下是对复盐沉淀产物分析的详细讨论。

1. 复盐沉淀物 XRD 分析结果

将优化实验所得复盐沉淀烘干后，进行 XRD 物相分析并与标准 PDF 卡片对照，所得结果见图 4.60 所示。由图中稀土复盐沉淀的 XRD 特征衍射峰可以看出，衍射峰主相为 $NaRE(SO_4)_2 \cdot 2H_2O$，同时有部分的 $CaSO_4 \cdot H_2O$ 的衍射峰出现，实验所得沉淀是混合稀土硫酸钠复盐沉淀，硫酸钙可能在复盐沉淀过程中被载带进入沉淀中。

2. 复盐沉淀物 SEM-EDS 分析结果

将优化实验条件下所得稀土复盐沉淀进行 SEM 形貌分析以及 EDS 能谱分析，如图 4.61 所示。由 SEM 形貌分析可知，稀土复盐沉淀形貌规则呈梭状，且颗粒分布均匀。EDS 能谱图中，可以得出所得复盐沉淀主元素中没有 Al、F 等非稀土杂质，说明在复盐沉淀过程中，这些非稀土杂质没有形成沉淀。所以利用复盐沉淀法能够使浸出液中的稀土与非稀土元素分离。

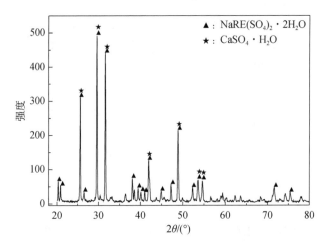

图 4.60 稀土硫酸复盐沉淀 XRD 图

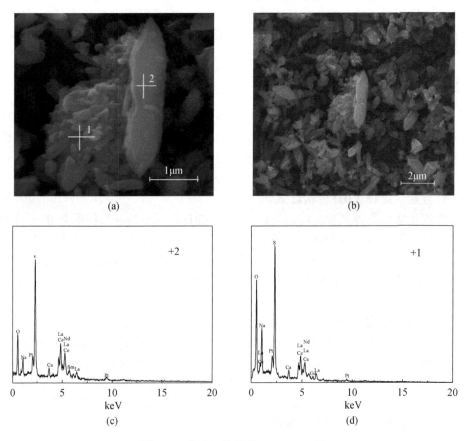

图 4.61 复盐沉淀物的 SEM-EDS 图

3. 化学分析结果

将稀土硫酸钠复盐沉淀物进行化学组成分析，结果见表 4.6。

表 4.6　硫酸钠复盐沉淀物化学组成分析（质量百分数，%）

成分	REO	F	Al_2O_3	CaO	Fe	P
含量	41.37	0.08	0.13	1.3	0.07	0.51

由表 4.6 可以看出，氟与铝只有微量进入硫酸钠复盐沉淀中，这与我们最初的实验目的相符，稀土绝大部分都进入了复盐沉淀中，该沉淀可以直接进入碱转化工艺生产氢氧化稀土。由于滤液中含有大量的 Al^{3+} 及氟铝络合物，后续的实验将进行合成冰晶石回收氟铝元素的研究。

4.3　稀土分离废水合成冰晶石

在稀土分离过程中，生成大量含氟废水，这些废水如果直接排放，不仅会造成环境污染，还会浪费其中的氟资源。通过处理这些废水，将其中的氟铝化合物转化为冰晶石（Na_3AlF_6），不仅能够实现废水的无害化处理，还能够回收利用宝贵的氟资源。以下将详细探讨氟铝络合的原理以及稀土分离废水合成冰晶石的工艺。

在稀土分离过程中，特别是采用氟化物作为沉淀剂或助溶剂时，会产生大量的含氟废水。这些废水中不仅含有氟化物，还可能含有铝离子、稀土金属离子以及其他杂质离子。直接排放这些废水会对水体和土壤造成严重的氟污染，影响生态环境和人类健康。因此，必须对这些废水进行有效处理，以去除其中的有害物质，并实现资源的回收利用。

氟铝络合物在废水处理中扮演着重要角色。在酸性条件下，氟离子（F^-）与铝离子（Al^{3+}）可以形成多种配位数的氟铝络合物，如 AlF_2^+、AlF_3、AlF_4^-、AlF_5^{2-} 和 AlF_6^{3-}。这些络合物的形成不仅降低了氟离子的自由浓度，减少了氟的毒性，还为进一步的化学处理提供了可能。

合成冰晶石（Na_3AlF_6）是处理含氟废水的一种有效方法。冰晶石是一种重要的工业矿物，广泛用于铝电解生产、电光源材料和陶瓷釉料等领域。将含氟废水中的氟铝化合物转化为冰晶石，不仅可以实现废水的无害化处理，还可以回收宝贵的氟资源，提高资源利用率。

4.3.1　氟铝络合的原理

1. 氟铝络合物的形成

氟铝络合是指在酸性条件下，铝离子（Al^{3+}）和氟离子（F^-）通过配位键形成稳定的络合物，这一过程在湿法冶金和化学提纯中具有重要应用。铝离子具有较强的亲核性，容易与具有较高电负性的氟离子结合，形成多种配位数的络合物。研究表明，氟铝络合物的配位数可以从 2 到 6 变化，平均配位数为 4。这些络合物在溶液中的存在形式和稳定性直接影响到铝离子和氟离子的化学行为和分离效率。根据氟离子的浓度和溶液的 pH 值，氟铝络合物的种类和稳定性会有所不同。常见的氟铝络合物包括四氟铝酸根（$[AlF_4]^-$）、五氟铝酸根（$[AlF_5]^{2-}$）和六氟铝酸根（$[AlF_6]^{3-}$）等。

氟与铝的稳定常数较大，所以在溶液中极易形成氟与铝的络合物，但是氟与铝有多种配位形式，在我们利用氟铝络合原理浸出稀土精矿过程中究竟会形成哪种形式的络合物，就目前的检测技术水平还没有一种直接而准确的测定方法，但我们可以模拟滤液环境，通过间接的方法测得氟铝的络合行为。由于包头稀土精矿中含有大量的金属阳离子以及阴离子，其成分较复杂。受其他杂质离子对络合过程的影响，若直接利用滤液中的铝和氟的络合状况进行研究较困难，故采用氯化铝、氟化钾以及盐酸来模拟滤液环境，进行铝与氟元素的络合行为的研究。

氟铝络合物的形成过程可以通过电导率法来研究。在酸性条件下，铝离子和氟离子在溶液中相遇，会形成不同配位数的络合物，随着络合物的生成，溶液的电导率会发生变化。通过测定溶液的电导率变化，可以推断出络合物的形成过程和稳定性。例如，当铝离子和氟离子以一定比例混合时，溶液的电导率会随着氟离子的增加而变化，达到一个稳定值后，不再显著变化。这表明氟铝络合物已经形成并稳定存在。通过分析电导率数据，可以确定氟铝络合物的配位数范围在 2～6 之间。

其次，氟离子示踪法是一种有效的技术，可用于研究氟铝络合物的形成和配位数。此方法通过添加具有放射性的氟同位素，示踪氟离子在络合反应中的行为。通过检测放射性氟离子的分布和浓度变化，可以确定氟离子在络合物中的配位数。实验结果显示，在酸性条件下，氟铝络合物的配位数主要集中在 2～6 之间。这种方法不仅验证了电导率法的结果，还提供了更加精确的定量分析数据，有助于深入理解氟铝络合物的形成机制和稳定性。

分光光度法是另一种研究氟铝络合物的有效方法。通过测量溶液在不同波长下的吸光度，可以推断出络合物的存在和浓度变化。铝离子和氟离子在形成络合物后，其溶液的紫外-可见吸收光谱会发生变化。通过分析吸光度的变化，可以确定不同配位数的氟铝络合物的生成情况和比例。实验表明，随着氟离子浓度的增加，溶液的吸光度变化呈现规律性，这与氟铝络合物的生成和配位数有关。分光光度法的研究结果进一步确认了氟铝络合物的配位数范围在2～6之间，并且平均配位数为4。

氟铝络合物的配位数不仅影响其化学性质，还对其在溶液中的稳定性和行为有重要影响。配位数较低的络合物（如 AlF_2^+）通常具有较高的溶解性和较低的稳定性，而配位数较高的络合物（如 AlF_6^{3-}）则具有较高的稳定性和较低的溶解性。这些络合物在溶液中的分布和平衡关系，会受到溶液的 pH 值、离子强度和温度等因素的影响。在实际应用中，通过调控这些条件，可以优化氟铝络合物的形成和分离过程，提高铝和氟元素的回收率和纯度。

氟铝络合的化学平衡可以用络合平衡常数（K）来表示。对于不同配位数的氟铝络合物，其平衡常数也不同。实验研究表明，配位数为 4 的氟铝络合物（如 AlF_4^-）的平衡常数最大，表明其在溶液中最为稳定。通过测定不同配位数络合物的平衡常数，可以进一步理解氟铝络合的热力学性质和形成机制。这些数据不仅对理论研究具有重要意义，还为实际应用提供了科学依据。

此外，氟铝络合物的形成也受到溶液中其他离子的影响。例如，溶液中存在的硫酸根离子（SO_4^{2-}）和氯离子（Cl^-）等，会与铝离子竞争配位，从而影响氟铝络合物的生成和稳定性。在含有多种阴离子的复杂溶液中，通过控制溶液的 pH 值和离子强度，可以调节氟铝络合物的形成平衡，优化铝和氟的分离提纯过程。

2. 氟铝络合物的结构

氟铝络合物的结构决定了其化学性质和应用特性。在这些络合物中，铝离子处于中心位置，周围配位有不同数量的氟离子。

四氟铝酸根（$[AlF_4]^-$）。结构：四面体结构，铝离子处于中心，四个氟离子位于四面体的四个顶点。特性：这种结构在较低氟离子浓度下形成，具有一定的稳定性。

五氟铝酸根（$[AlF_5]^{2-}$）。结构：三角双锥结构，铝离子处于中心，五个氟离子分别位于三角双锥的五个顶点。特性：这种结构在中等氟离子浓度下形成，稳定性较高。

六氟铝酸根（$[AlF_6]^{3-}$）。结构：八面体结构，铝离子处于中心，六个氟离子分别位于八面体的六个顶点。特性：这种结构在高氟离子浓度下形成，稳定性最高，广泛存在于工业生产中。

4.3.2　废水合成冰晶石工艺

冰晶石（synthetic cryolite）的化学式是 Na_3AlF_6（$3NaF·AlF_3$），化学名称为氟化铝钠或六氟铝酸钠，熔点约为 1000℃，密度为 3.0 g/cm³，是一种无色单斜晶系结构。实际上，冰晶石的组成比较复杂，水溶液中析出的冰晶石就有多种形态。其为白色细小的结晶体，但常因含有不同杂质而呈现出浅灰、浅棕、淡红或砖红色等。

冰晶石按照氟化钠与氟化铝的分子比（CR），可分为普通冰晶石和高分子比冰晶石，普通冰晶石 CR 为 1.00～2.80，高分子比冰晶石的 CR 为 2.80～3.00；冰晶石的物理形态也有很大的区别，有粉状、粒状以及砂状等各种形态。

在我国电解铝行业，多数采用分子比 CR<2.2 的低分子比冰晶石，而国外则采用 CR>2.7 的高分子比冰晶石。高分子比冰晶石中的杂质含量低于普通冰晶石，其物化性质优于普通冰晶石。例如在电解铝过程中，使用高分子比冰晶石，氟化物的损失率和水解率都明显低于普通冰晶石。

目前，工业上所用冰晶石皆为人工制造，在我国氟工业中，冰晶石的生产，按照氟的来源可分为萤石法、磷肥副产法、废气法、氟铝酸铵法以及再生冰晶石法等；按照合成冰晶石的反应，可分为氟化氢中间产物法、氟化铵中间产物法、直接合成法以及碳酸化法等，人造冰晶石的 NaF 与 AlF_3 的比值比天然冰晶石的略低，但是人造冰晶石的物化性质和组成与天然冰晶石相比几乎没有区别。

冰晶石在工业上的用途比较广泛，在有些行业有着不可替代的作用，例如在铝电解工业中，主要用作助熔剂，目前还没有一种比冰晶石更加有效的助剂；还可以作为钢铁冶炼熔剂、脱氧剂，在玻璃、陶瓷以及农药方面也有着广泛的应用。随着我国铝行业的快速发展，冰晶石的需求逐年递增。上述运用于工业上的各种冰晶石制备工艺，均会对环境造成不同程度的污染，尤其是氟工业中废水较难处理，成本也大，因此有必要完善传统工艺并开发新的冰晶石生产工艺。随着现代工业的飞速发展，矿物冶炼、含氟产品的生产和应用等产生了大量的含氟的废水、废气和废渣，将这些含氟的废弃物进行综合回收利用，已成为本领域的研究热点，对环境保护和资源综合利用都具有重要的科学意义。

$AlCl_3$-HCl 溶液处理包头稀土矿所得浸出液经过硫酸钠复盐沉淀后，得到稀土复盐沉淀和滤液。所得滤液中含有大量游离的 Al^{3+}、氟铝络合物及 F^- 等。若将上述滤液直接排放，将对环境造成较大的破坏，尤其是溶液中的 F^- 易随水系而转移，则其危害性大大加强。铝元素是较典型的两性元素，在本研究的滤液中含有大量的游离的 Al^{3+}，高含量的溶解态 Al^{3+} 随着污水的排放，进入河道，随着河水进入土壤溶液中。铝容易在人体内积累而引起慢性中毒。富集在人体中的铝，能对中枢神经系统造成损害，这是因为神经系统是铝作用的主要靶器官。铝还将引起老年痴呆症、骨软化症以及贫血症等疾病。

氟是较容易迁移的元素，从而容易导致其在环境中失衡，即形成高氟和低氟地理区。在高氟地理区，氟经植物吸收后，进入食物链。而氟是构成骨骼和牙齿的重要部分，若摄入大量的氟会导致氟斑牙和氟骨症的出现，也会对生长发育和中枢神经系统以及生殖系统等造成较大的影响。

上述原因导致包头稀土精矿较难实现绿色清洁化生产，故开展对滤液中的氟铝资源转化研究具有重要的现实意义和对 $AlCl_3$-HCl 溶液处理包头稀土精矿新工艺的开发奠定了一定的基础。

4.3.2.1 合成冰晶石原理

由 4.1 节可知，氟与铝在酸性条件下，可形成多种氟铝络合物。而在本研究中，当稀土精矿浸出液采用稀土硫酸钠复盐沉淀后，溶液中的氟铝络合物与 SO_4^{2-} 结合形成 $(AlF_x)_y(SO_4)_{y(3-x)/2}$，在酸性条件下，氟铝络阳离子可转化为络阴离子，故可按照冰晶石的化学式：Na_3AlF_6 中 Na、Al、F 之间的比例添加适量的钠盐或者氟化物，然后通过添加适量的碱液调节氟铝络合物溶液的 pH，可形成冰晶石。其主要化学反应如下：

$$(AlF_x)_y(SO_4)_{y(3-x)/2}+y(6-x)HF \longrightarrow yH_3AlF_6+y(3-x)/2H_2SO_4 \qquad (4.28)$$

$$(AlF_x)_y(SO_4)_{y(3-x)/2}+y(6-x)NaF+3yH^+ \longrightarrow yH_3AlF_6+y(3-x)/2Na_2SO_4+3yNa^+ \qquad (4.29)$$

$$H_3AlF_6+3NaOH \longrightarrow Na_3AlF_6\downarrow+3H_2O \qquad (4.30)$$

$$2H_3AlF_6+3Na_2CO_3 \longrightarrow 2Na_3AlF_6\downarrow+3H_2O+CO_2 \qquad (4.31)$$

$$Na_3AlF_6 \longrightarrow 3Na^++[AlF_6]^{3-} \qquad (4.32)$$

$$S=[Na^+]^3[AlF_6]^{3-} \qquad (4.33)$$

其中，$S=4\times10^{-10}$。

4.3.2.2 合成冰晶石工艺流程的确定

滤液中主要化学成分含量见表 4.7 所示。

表 4.7 滤液中主要化学成分含量

成分	REO	F	Fe_2O_3	Al_2O_3
物质浓度/(g/L)	1.90	1.43	0.29	28.79

4.3.2.3 加氟盐的确定

由 4.2.2 节中所述原理可以看出，当在酸性条件下，滤液中的氟铝络合离子为络阴离子时，可以直接利用碱液对调节其溶液 pH，从而使氟铝转化为冰晶石。

取复盐沉淀后的滤液 100 mL，在 pH=5.0、T=90℃、t=1.0 h、v=350 r/min 条件下，反应完全后，静置，过滤，沉淀在 110℃下烘干。将所得产物进行 XRD 分析，结果如图 4.62 所示。由不外加氟盐的 XRD 图谱分析发现，样品中没有明显的衍射峰显示，说明样品未形成结晶即没有合成冰晶石。

在调节 pH 过程中，当 pH 为 3.0 时，便有絮状物产生，颜色呈灰白色；pH 为 5.0 时，沉淀增多，且颜色加深；过滤时较难过滤，呈胶体状态。这是因为在 pH 为 5.0 时，滤液中的 Al^{3+} 和 OH^- 形成了 $Al(OH)_3$ 胶体。故通过直接调节 pH 无法使溶液中的氟和铝形成冰晶石。

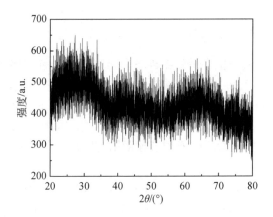

图 4.62　不外加氟条件下 XRD 图谱

在 25℃时，$NaF-AlF_3-H_2O$ 体系中可以存在两个固相，当 NaF 浓度小于 1.4% 时，是同元溶解的 $Na_{11}Al_4F_{23}$ 或 $3Na_3AlF_6 \cdot 2NaF \cdot AlF_3$；而当 NaF 浓度大于 1.4% 时，是异元溶解的冰晶石 Na_3AlF_6，故可通过向溶液中添加 NaF 的方式，合成冰晶石。

取复盐沉淀后的滤液 100 mL，按照 F/Al 比为 6∶1 添加一定量的 NaF，在 pH=5.0、T=90℃、t=1.0 h、v=350 r/min 条件下，完全反应后，静置，过滤，将所得滤液收集装瓶，沉淀在 110℃下烘干。将所得沉淀进行 XRD 物相分析，如图 4.63 所示。

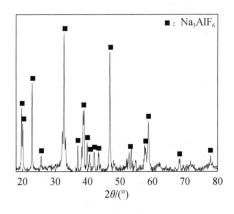

图 4.63　外加氟盐条件下 XRD 图谱

由图 4.63 所得样品的 XRD 图谱分析可知，晶体衍射峰和冰晶石标准 PDF 卡片所显示的衍射峰相吻合。这说明通过外加氟盐后，调节 pH 可合成冰晶石。这是因为，浸出液中游离的铝离子和外加氟盐中的氟离子结合，并在酸性条件下形成氟铝络合物。通过碱液对 pH 的调节可使浸出液中的氟铝络合离子$[AlF_6]^{3-}$与碱液中的 Na^+ 结合，从而合成冰晶石，故本节后续研究均是在外加氟盐的条件下进行的。

4.3.2.4　调节溶液 pH 的碱性溶液的确定

在合成冰晶石过程中，可通过加入碳酸氢铵、氨水、氢氧化钠、碳酸钠等碱液调节 pH。但碳酸氢铵及氨水调节会形成氨氮废水，给后期废水处理带来困难，故排除。

在 pH=5.0、F/Al=6、T=90℃、t=1.0 h、v=350 r/min 条件下，分别采用 NaOH、Na_2CO_3 调节 pH，得到如下结果。

由表 4.8 可知，Na_2CO_3 调节所得样品的过滤性好，且颜色为白色，符合冰晶石工业标准。故后期在外加氟盐的条件下，采用 Na_2CO_3 调节 pH 合成冰晶石。

表 4.8　NaOH 和 Na_2CO_3 调节 pH 结果对比

碱液	浓度/(mol/L)	过滤性	颜色	沉淀量/g
NaOH	1	好	浅红色	13.58
	0.5	较好	浅红色	13.32
	0.2	较好	浅红色	13.07
Na_2CO_3	1	好	白色	11.28
	0.5	好	白色	11.22
	0.2	好	白色	11.03

注：冰晶石的理论沉淀量为 11.86 g。

通过以上实验可确定合成冰晶石工艺流程，如图 4.64 所示。

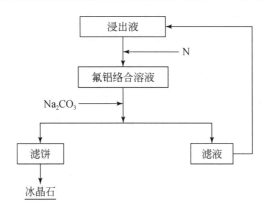

图 4.64　利用浸出液合成冰晶石工艺流程图

4.3.2.5 冰晶石合成方法及计算

在稀土复盐沉淀后的滤液中，采用外加氟盐，Na_2CO_3 调节 pH 合成冰晶石，考察了滤液 pH、合成温度、F/Al 等影响因素对冰晶石合成过程中氟和铝回收率的影响。由于铝元素属于两性元素，具有强吸附性等，所以 F、Al 在溶液中的形态比较复杂，除有无水 AlF_3 和 Al_2F_6 外，还有含结晶水的氟化铝，如 $AlF_3 \cdot H_2O$、$AlF_3 \cdot 3H_2O$、$AlF_3 \cdot H_2O$，在酸性条件下 Al 的形态比较单一，仅为 Al^{3+}。所以通过调节以上几个影响因素，使溶液中的 F、Al 元素尽可能地合成具有商品价值的冰晶石，使废弃资源进行商品转化。

在一定温度下，将按照比例称量好的氟化钠加入滤液中充分反应后，采用蠕动泵缓慢加入一定浓度的碳酸钠溶液，反应结束后，停止搅拌，静置，过滤，滤饼在恒温干燥箱中于 120℃ 条件下烘干。所得滤液和滤饼中的氟和铝分别采用 EDTA 容量法以及锌标液滴定法进行测定。根据如下公式计算出滤液中铝和氟的回收率。

$$S_2 = \frac{w_2 R_2}{w_2 R_2 + C_2 V_2} \times 100\% \tag{4.34}$$

$$S_3 = \frac{w_3 R_2}{w_3 R_2 + C_3 V_2} \times 100\% \tag{4.35}$$

式中，S_2 为滤液中铝的回收率（%）；S_3 为滤液中氟的回收率（%）；w_2 为沉淀中铝的质量分数（%）；w_3 为沉淀中氟的质量分数（%）；C_2 为滤液中铝浓度（g/L）；C_3 为滤液中氟浓度（g/L）；R_2 为沉淀总质量（g）；V_2 为滤液总体积（L）。

1）pH 对氟、铝收率的影响

为了研究不同 pH 对冰晶石合成过程中氟铝收率的影响，选取 Na_2CO_3 浓度为 1 mol/L、反应温度为 55℃、氟铝比 F/Al 比为 6∶1，保温时间 60 min，得到滤液中氟和铝收率随 pH 变化的曲线，如图 4.65 所示。由图可知，合成冰晶石过程中，溶液中铝的收率随 pH 的增加，变化不大。当 pH 增加至 5 时，铝的收率达到最大值，继续增加 pH，铝的收率反而下降，但下降幅度不大；氟的收率随着 pH 增加，缓慢增加，当增加至 4.5 时，达到最大值，而继续增加 pH，收率缓慢下降。这是因为溶液 pH 较大时，即 Na_2CO_3 加入溶液中的量较大，而溶液中形成的 Na_3AlF_6 显酸性，所以溶液中合成的 Na_3AlF_6 会与加入的 Na_2CO_3 发生如下反应：

$$Na_3AlF_6 + 2Na_2CO_3 \longrightarrow NaAl(CO_3)_2 + 6NaF \tag{4.36}$$

当 pH=4 后，继续增加 pH，溶液中的氟回收率将会下降；在溶液 pH 高的条件下，添加一定量的 H^+，则有利于如下反应发生：

$$Al(CO_3)_2^- + 4H^+ + 3Na^+ + 6F^- \longrightarrow Na_3AlF_6 + 2H_2O + 2CO_2 \qquad (4.37)$$

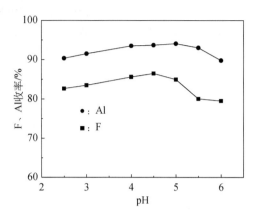

图 4.65　pH 对滤液中 Al 和 F 收率的影响

故在利用溶液中的氟铝合成冰晶石过程中，需在酸性条件下才能将氟和铝转化为冰晶石。综合以上分析，在利用滤液合成冰晶石过程中，溶液中的 pH 应调节为 4.5 左右较合适。

2）温度对氟、铝收率的影响

为了研究不同温度对合成冰晶石过程中氟和铝收率的影响，选取 Na_2CO_3 浓度为 1 mol/L、pH 为 4.5、氟铝比为 6∶1、保温时间 60 min，得到溶液中氟和铝收率随合成温度变化的曲线，如图 4.66 所示。

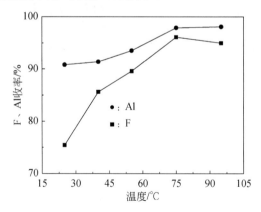

图 4.66　合成温度对滤液中 Al 和 F 收率的影响

由图 4.66 可知，在合成冰晶石过程中，温度对氟和铝的收率影响较大。随着合成温度的增加，氟和铝的收率均增加。当温度为 75℃时，溶液中氟和铝收率均大于 95%；继续增加至 95℃，溶液中铝的收率几乎没有发生变化，而氟的收率略有下降。这是因为，温度升高使反应物分子动能增大，扩散速度增加，从而有利于合成反应的正向进行；当温度继续增加时，分子扩散的影响已经消除，所以氟和铝的收率变化较小。当温度超过 75℃时，溶液的蒸发速度加剧，由于调节 pH 的过程是一个非常缓慢的过程，所以操作难度增大，同时能源的消耗增加。

由图 4.67 可以看出，在低温和高温状态下都可以形成冰晶石，但是在低温时冰晶石的结晶性较差，随着温度的增加，冰晶石的结晶性越来越好，因此冰晶石的制备最好在 75～95℃之间进行，后续实验选择 75℃条件下进行。

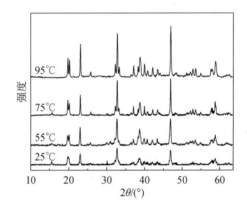

图 4.67　不同温度条件下所得物质的 XRD 图

3）氟铝比对氟、铝收率的影响

为了研究不同氟铝比对滤液中氟铝络合物合成冰晶石过程的影响，选取 Na_2CO_3 浓度为 1 mol/L、pH 为 4.5、合成温度为 75℃、保温时间 60 min，得到滤液中氟和铝收率随合成温度变化的曲线，如图 4.68 所示。

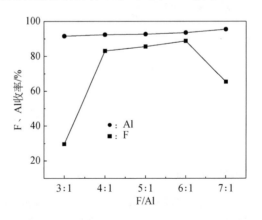

图 4.68　氟铝比对滤液中 Al 和 F 收率的影响

　　由图 4.68 可知，随着氟铝比的增加，溶液中氟的收率先增加后降低，铝的收率不断增加，但增加幅度较小。当氟铝比增至 6∶1 时，氟的收率达到最大值；氟铝比为 7∶1 时，氟的收率开始下降。根据图 4.69，当氟铝比为 3∶1 时，形成的沉淀为含水氟化羟基铝化合物，而不是冰晶石，所以氟的回收率非常低；随着氟铝比的逐渐增加，开始形成锥冰晶石与冰晶石的混合物，当氟铝比为 6∶1 时，沉淀物大部分为冰晶石，当氟铝比为 7∶1 时，几乎全部形成了冰晶石，由于此时氟已过量，导致部分的氟不能与铝络合，所以氟的回收率开始下降。因此，综合考虑溶液中氟和铝的回收率达到较大值，选择氟铝比为 6∶1 较合适，如果要获得纯度较高的冰晶石，则选择氟铝比为 7∶1。

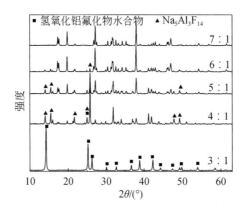

图 4.69　不同氟铝比条件下所得物质的 XRD 图

4）保温时间的影响

　　在本研究中，保温时间是指调节 pH 到指定值后，停止搅拌，在水浴锅中密闭保温。为了研究不同保温时间对合成冰晶石过程中氟和铝的收率的影响，选取 Na_2CO_3 浓度为 1 mol/L、pH 为 4.5、氟铝比为 6∶1、温度为 75℃，得到溶液中氟和铝收率随保温时间变化的曲线，如图 4.70 所示。

　　由图 4.70 可知，随着保温时间的延长，溶液中氟铝的收率均逐渐增加，60 min 后氟铝的收率基本不再发生变化，根据图 4.71 可知，当调节 pH 后不进行保温过程直接过滤得到的固体物质以锥冰晶石为主相，随着保温时间的延长，锥冰晶石逐渐消失，冰晶石逐渐增加，60 min 与 90 min 的相组成基本相同，因此保温时间超过 60 min 以后溶液中氟铝的收率基本没有变化。

4.3.3　冰晶石产品分析

　　根据以上实验数据，得出以下优化实验条件：pH 为 4.5、氟铝比为 6∶1、合成温度为 75℃、保温时间为 60 min，在此条件下，进行优化验证实验，对实验所

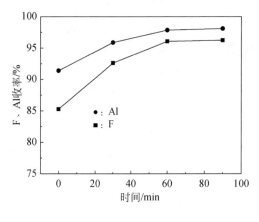

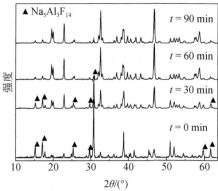

图 4.70　保温时间对滤液中 Al
和 F 收率的影响

图 4.71　不同保温时间条件下
所得物质的 XRD 图

得液体和滤饼进行收集。通过对滤液和所得沉淀中的氟以及铝进行化学分析，其氟的收率为 96.09%、铝的收率为 97.87%。这说明复盐沉淀后所得滤液中的氟和铝几乎全部被提取出来，从而实现滤液中氟和铝的有效回收。

　　将上述优化实验条件下所得沉淀与商用冰晶石的物相进行对比，并进行 SEM-EDS 及粒度分析。

　　1）与商用冰晶石的物相对比

　　将优化条件所得样品与商用冰晶石的 XRD 图谱对比分析，如图 4.72 所示。可

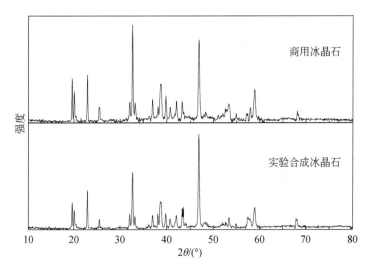

图 4.72　商用冰晶石与实验合成冰晶石 XRD 物相对比

以看出，在优化实验条件下合成的样品 XRD 特征衍射峰与商用冰晶石 XRD 所显示的特征衍射峰吻合度较高，后续实验将对制得的样品进行详细的化学分析，进一步与商用冰晶石进行对比。

2）SEM-EDS 分析

将在优化条件下，所得样品进行 SEM-EDS 分析，如图 4.73 所示。从图 4.73（a）、（b）沉淀物的 SEM 图像可以看出，沉淀晶体呈无规则片状，堆积在一起，片状长度大部分集中在 10 μm 左右。对晶体分两处取点进行 EDS 定性分析，如图 4.73（c）、（d）所示，可知晶体的主要元素为 F、Na、Al，含有微量的 Ca、Fe 等元素。

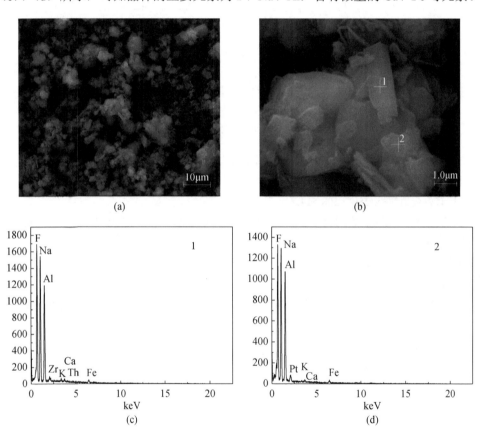

图 4.73　实验合成冰晶石 SEM-EDS 图

3）粒度分析

将所合成的冰晶石粉末经激光粒度仪进行粒度分析，其粒度分布图如图 4.74 所示。可知：通过滤液中的氟和铝合成的冰晶石粒度主要集中在 5～20 μm 之间，其中粒径大于 20 μm 的占 10%左右。这说明所合成的冰晶石粒度较小，其属于粉状冰晶石。

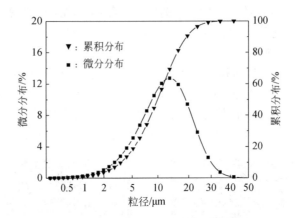

图 4.74　合成冰晶石的粒径分布图

参 考 文 献

胡晓倩, 2023.优化包头稀土精矿络合浸出液中稀土与氟铝的分离[D]. 南昌: 南昌大学.

李梅, 张晓伟, 刘佳, 等, 2015. HNO_3-$Al(NO_3)_3$ 络合浸出包头稀土精矿中的氟及其络合机理[J]. 中国有色金属学报, 25(2): 508-514.

李梅, 张晓伟, 阳建平, 等, 2014. 采用盐浸法从包头稀土精矿中提取稀土的研究[J]. 中南大学学报, 45(6): 1759-1765.

张晓伟, 李梅, 胡家利, 等, 2017. 复盐沉淀法分离稀土过程对硅走向的影响[J]. 有色金属(冶炼部分), (10): 48-51.

张晓伟, 李梅, 胡家利, 等, 2017. 稀土精矿络合浸出过程对硅浸出影响的研究[J]. 有色金属(冶炼部分), (9): 41-44.

张晓伟, 李梅, 胡家利, 等, 2017. 稀土矿络合浸出废液合成的冰晶石脱硅[J]. 中国有色金属学报, 27(11): 2350-2355.

张晓伟, 李梅, 柳召刚, 等, 2013. HNO_3-$Al(NO_3)_3$ 溶液分离包头混合稀土精矿的研究[J]. 中国稀土学报, 31(5): 588-595.

张晓伟, 李梅, 柳召刚, 等, 2014. 包头稀土精矿的配合浸出及动力学研究[J]. 中国有色金属学报, 24(8): 2137-2143.

张晓伟, 李梅, 阳建平, 等, 2014. 复盐沉淀法分离络合浸出液中稀土的研究[J]. 中南大学学报, 45(9): 2952-2958.

He J H, Peng G, Shuai Y, et al., 2024. High efficiency separation of bastnaesite ($REFCO_3$) and monazite ($REPO_4$) in mixed rare earth concentrate by heating under N_2 and leaching with HCl/$AlCl_3$[J]. Hydrometallurgy, 106338.

Li M, Zhang X W, Liu Z G, et al., 2013. Kinetics of leaching fluoride from mixed rare earth concentrate with hydrochloric acid and aluminum chloride[J]. Hydrometallurgy, 140: 71-76.

Li M, Zhang X W, Liu Z G, et al., 2013. Mixed rare earth concentrate leaching with HCl-AlCl$_3$ solution[J]. Rare Metals, 32(3): 312-317.

Zhang X W, Li M, Liu Z G, et al., 2017. Kinetics of rare earth extraction from the Baotou bastnaesite in hydrochloric acid and aluminiumchloride[J]. JOM, 69(10): 1894-1900.

第5章　白云鄂博稀土矿其他冶炼技术

5.1　氯化铵冶炼技术

5.1.1　氯化铵冶炼原理

利用氯化铵在特定的温度下进行焙烧分解，将混合型稀土精矿中的稀土转化为稀土氯化物，从而实现了稀土的提取。为了解决碳酸钠焙烧工艺中对焙烧产物中 NaF 的大量洗除问题，该工艺采用了两次焙烧的策略。通过混合焙烧 MgO 和包头稀土精矿，成功将其中的独居石和氟碳铈矿分解为稀土氧化物；在进行第二次焙烧时，采用氯化铵对第一次焙烧所产生的稀土氧化物进行氯化处理，使其转变为一种稀土氯化物。采用此种焙烧产物进行稀土提取，可直接加水浸出，无需引入酸、碱，且稀土转化形式较少，小实验中稀土回收率高达 85% 以上，是一种值得深入研究的稀土提取工艺。

第一次焙烧的反应式：

$$2REFCO_3 + MgO = MgF_2 + RE_2O_3 + 2CO_2 \tag{5.1}$$

$$4CeFCO_3 + 2MgO + O_2 = 2MgF_2 + 4CeO_2 + 4CO_2 \tag{5.2}$$

$$2REPO_4 + 3MgO = RE_2O_3 + Mg_3(PO_4)_2 \tag{5.3}$$

$$MgF_2 + Mg_3(PO_4)_2 = 2MgFPO_4 \tag{5.4}$$

在实验中发现，当稀土精矿与氧化镁的质量比为 3∶1 时，稀土的回收率呈现最高值，然而，随着 MgO 的进一步增加，稀土的回收率却出现了下降，这是因为 MgO 会被氯化，从而对稀土的氯化产生了影响；焙烧最佳温度为 600℃。反应温度的降低，会使焙烧反应受到影响，因此需要进一步升温，尽管时间对焙烧反应的影响不大，但对于混合型稀土精矿而言，最佳的焙烧时间为 80 min。

第二次焙烧的反应如下：

$$NH_4Cl = NH_3 + HCl \tag{5.5}$$

$$RE_2O_3 + 6HCl = 2RECl_3 + 3H_2O \tag{5.6}$$

$$2CeO_2 + 8HCl = 2CeCl_3 + Cl_2 + 4H_2O \tag{5.7}$$

$$RE_2O_3 + 3Cl_2 = 2RECl_3 + \frac{3}{2}O_2 \tag{5.8}$$

根据实验结果,当稀土精矿与氯化铵的质量比为 1∶2 时,稀土的回收率可高达 85%以上,而进一步增加氯化铵的用量,则无法对稀土回收率的提高产生影响。随着反应温度的升高,稀土在 350～500℃范围内的回收率呈现逐步上升的趋势,而当温度达到 500℃时,稀土的回收率达到了最高值。随着反应温度的进一步提高,稀土的回收率却出现了下降趋势,这是由氯化稀土再次被氧化所致。

5.1.2　氯化铵分解工艺

5.1.2.1　氯化铵焙烧法从混合型稀土精矿中回收稀土

时文中等采用氯化铵焙烧法分解包头混合型稀土精矿回收稀土,确定了矿物固氟和氯化焙烧的最佳条件:固氟温度为 600℃,固氟剂用量为 $m(ore)/m(MgO)=3∶1$,固氟时间 80 min;氯化剂用量为 $m(NH_4Cl)/m(ore)=2∶1$,氯化焙烧温度 500℃,氯化时间 80 min。在优化条件下,稀土的回收率在 85%以上。

固氟剂采用山东莱州轻烧镁(MgO),使氟残留在矿渣中,不需洗脱。固氟后的矿物用氯化铵焙烧法分解,将稀土转化成水溶性的稀土氯化物,然后用热水浸出稀土氯化物。

1)固氟剂用量的影响

氯化铵与稀土精矿焙烧前加入固氟剂固氟是为了防止稀土氟化物的形成,有利于提高稀土的回收率。取 30 g 稀土精矿加入不同量的氧化镁后焙烧,然后取三分之一的焙烧产物进行氯化焙烧、浸取,固氟剂用量对稀土回收率的影响见图 5.1。可知,当固氟剂用量为 $m(ore)/m(MgO)=5∶1$ 时,稀土回收率最高。继续增加固氟剂用量,稀土回收率反而下降,这是因为当固氟剂过量时,固氟剂会在氯化过程中被氯化而影响了稀土的氯化。

2)固氯温度的影响

固氟温度对稀土回收率的影响如图 5.2 所示。可知,固氟的最佳温度为 600℃。反应温度低,不利于固氟反应的进行;再继续升温,温度对固氟效果影响不大。

3)固氟时间的影响

图 5.3 是固氟时间对稀土回收率影响图。可知,混合型稀土精矿的最佳固氟时间为 80 min。结果进一步说明固氟焙烧时间对稀土的回收率影响不大,是否可将固氟与氯化过程合并成一步值得进一步研究。

4)氯化铵用量的影响

往混合型稀土精矿固氟后的焙烧中加入不同量的 NH_4Cl 于 500℃焙烧 1.5 h,稀土的回收率与 NH_4Cl 用量的关系如图 5.4 所示。可知,当 $m(ore)/m(NH_4Cl)=1∶2$ 时,稀土回收率可达 85%以上。再增加 NH_4Cl 的用量已无益于稀土回收率的提高。

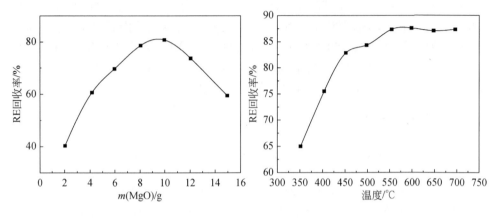

图 5.1 固氟剂用量对回收率的影响   图 5.2 固氟温度对回收率的影响

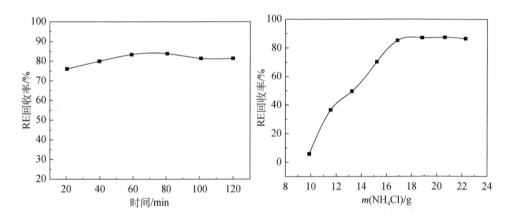

图 5.3 固氟时间对回收率的影响   图 5.4 氯化铵用量对回收率的影响

5）氯化温度的影响

固定氯化焙烧时间为 1.5 h，氯化温度对稀土回收率的影响如图 5.5 所示。可知，在 350～500℃范围内，随着反应温度的升高，稀土的回收率逐渐提高。当温度为 500℃时，稀土的回收率最高。进一步提高反应温度，稀土的回收率反而下降，这可能是氯化稀土又重新被氧化之故。

6）氯化焙烧时间的影响

图 5.6 表明了固氟焙烧经过不同时间的氯化焙烧对稀土回收率的影响。可知，氯化焙烧时间以 80 min 为宜。焙烧时间再增加，则氯化稀土将重新被氧化而致使稀土的回收率下降。

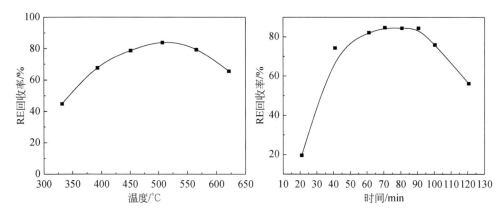

图 5.5　氯化温度对回收率的影响　　　　图 5.6　氯化时间对回收率的影响

5.1.2.2　氯化铵焙烧法从中品位氟碳铈矿精矿提取稀土

朱国才等采用氯化铵焙烧法分解中品位氟碳铈矿精矿（REO：～30%），热水浸取焙烧后，浸取液采用环烷酸全捞制备氯化稀土产品。研究了氯化反应温度、氯化剂用量及氯化时间等因素对稀土氯化率的影响。将中品位氟碳铈矿精矿与 2 倍氯化铵混合并加入少量添加剂，在 480℃焙烧 1.5 h，焙烧用 90℃热水浸取得氯化稀土浸出液，稀土收率为 82.8%，浸出液进一步用环烷酸全捞，浓缩结晶得相对纯度为 99.2%的氯化稀土产品。

1）氯化铵用量对稀土浸出率的影响

称取 10 g 中品位氟碳铈矿精矿，加入不同量氯化铵于 480℃焙烧 1.5 h，稀土浸出率的变化如图 5.7 所示。可见，稀土浸出率随 NH_4Cl 用量增加而增大，当矿/NH_4Cl 达到 2.5 时为最高，继续增加，稀土浸出率反而有所下降。原因主要是，NH_4Cl 过量太多会在焙烧过程中造成板结，影响氯化过程的传热和传质，同时 NH_4Cl 在焙烧中的残存增加，实际参与氯化的 NH_4Cl 的量减少，从而致使稀土浸出率降低。

2）氯化温度对稀土提取率的影响

称取 10 g 稀土矿加入 20 g 氯化铵，于不同温度下氯化 1.5 h，温度对稀土提取率的影响如图 5.8 所示。可见，中品位氟碳铈矿精矿在 410～570℃温度范围内氯化，其稀土浸出率随温度升高而提高，到 480℃时达到最大值，如再进一步提高反应温度，稀土提取率反而下降，这可能是氯化稀土进一步氧化的缘故。

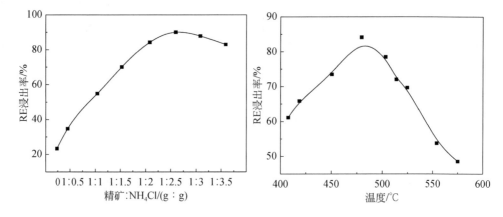

图 5.7　氯化铵用量对稀土浸出率的影响　　图 5.8　氯化铵反应温度对稀土浸出率的影响

氯化反应温度对非稀土杂质氯化的影响如表 5.1 所示。可见，非稀土杂质的含量在 480℃时相对较低，浸取液中非稀土杂质除 Ca 外均很低，因此有利于进一步纯化。

表 5.1　氯化反应温度对杂质氯化的影响

	420℃	450℃	480℃	500℃	520℃	550℃
(Al/RE)/%	0.039	0.051	0.046	0.015	0.0015	0.0090
(Fe/RE)/%	5.41	3.41	3.28	2.76	1.25	1.03
(Ca/RE)/%	53.80	44.58	41.97	43.60	55.55	72.78
(SiO$_2$/RE)/%	0.12	0.085	0.12	0.51	1.45	2.18

3）氯化反应时间对稀土提取率的影响

称取 10 g 稀土矿，加入 20 g 的 NH$_4$Cl，混合后于 480℃氯化不同时间，其稀土提取率与氯化反应时间关系如图 5.9 所示。可知，稀土提取率随氯化反应时间增加而升高，以 1.5 h 为宜，过长时间的焙烧，稀土浸出率反而下降，这是由于稀土氯化物重新被氧化，使氯化后的氯化稀土又返回氧化稀土。

4）用环烷酸从氯化浸出液中萃取提纯氯化稀土

通过环烷酸有机相萃取全捞稀土，可实现 RE^{3+}/Ca^{2+} 的分离，再将负载有机相反萃、浓缩，得氯化稀土产品，其产品质量分析如表 5.2 所示。

表 5.2　氯化稀土产品分析结果（%）

产品名称	REO 理论值	REO 实测值	REO 相对纯度	水溶性
RECl$_3$·7H$_2$O	44.68	44.32	99.2	全溶

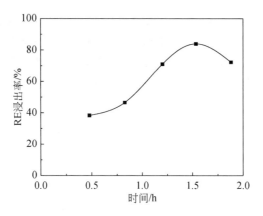

图 5.9 氯化反应时间对稀土浸出率的影响

采用氯化铵焙烧法分解中品位氟碳铈矿精矿，水浸氯化焙烧后，浸取液采用环烷酸萃取分离反萃制备氯化稀土产品。整个过程中不引入酸、碱，且避免了稀土形态及价态反复转化，工艺简便，稀土浸取液无残存酸碱，为中性溶液，非稀土杂质 Si、Al 及 Fe 含量低，为环烷酸萃取稀土创造了条件。其优化条件为：氯化铵用量为矿重的两倍，氯化反应温度为 480℃，氯化反应时间为 1.5 h，稀土提取率为 82.8%，其稀土浸出液经环烷酸有机相萃取制得稀土相对纯度为 99.2% 的氯化稀土产品，是一种提取中品位氟碳铈矿中稀土的有效方法。

5.1.2.3 氯化铵分解氟碳铈矿回收稀土

朱国才等提出氯化铵焙烧法提取氟碳铈矿中稀土的新工艺路线，考察了反应温度、时间、氯化铵用量及固氟添加剂对稀土回收的影响。在焙烧温度、焙烧时间、氯化铵：矿重=0.5 及固氟添加剂存在的条件下，稀土回收率达到 84%。同时氯化铵焙烧法对铁的氯化具有选择性，焙烧热水浸出得到的浸取液铁的含量很低，因此采用该法分解氟碳铈矿更有利于后续过程的稀土净化。

矿物原料取四川 109 地质队选矿厂，矿物粒度为 1～15 μm，物相分析表明该尾矿中稀土 90% 以氟碳铈矿存在。每次称取 20 g 矿料与氯化铵混合，并添加一定量固氟添加剂，在研钵中研磨均匀后，加入瓷坩埚在马弗炉中焙烧。焙烧在 70～90℃ 热水中浸取 0.5 h 后过滤。分析滤液中稀土及铁等含量。

1）固氟添加剂对稀土回收的影响

氟碳铈矿热分解的研究表明，在 500℃ 左右氟碳铈矿分解反应如下：

$$(Ce,La)CO_3F \longrightarrow (Ce,La)OF+CO_2 \tag{5.9}$$

在更高的温度（800℃）下，会生成 LaF_3、Ce_2O_3、Pr_6O_{11} 等。氯化铵法主要是利用 NH_4Cl 分解生成的 HCl 使矿物中稀土发生氯化。为了使氟碳铈矿中稀土发生氯化，一方面应考虑矿物中稀土不至于生成稀土氟化物使氯化反应难以发生，同时应防止 Ce(III)氧化成 Ce(IV)。研究表明，对于后者在矿物中存在少量的锰可使问题得到解决，因此选择合适的固氟添加剂十分必要。每次称取 20 g 矿样与 10 g 氯化铵及不同量固氟添加剂混合，经研磨后用坩埚在马弗炉中焙烧，焙烧产物用 70～90℃热水浸取，分析滤液中稀土及铁含量（表 5.3）。

表 5.3　固氟添加剂对稀土回收的影响

样号	1	2	3	4	5
固氟添加剂加入量/g	0	1	3	5	8
浸液 RE 含量/(g/L)	6.21	6.85	7.01	7.55	7.34
浸液 Fe 含量/(g/L)	0.14	0.08	0.05	0.05	0.04
RE 浸出回收率/%	63.7	70.5	77.5	84.0	83.9

从表 5.3 的实验结果可以看出，在氯化铵焙烧分解四川细粒氟碳铈尾矿过程中，固氟添加剂的加入可明显提高稀土的浸出回收率，当固氟添加剂/矿样=0.25 时，稀土的浸出回收率达到 84%。同时浸出液中铁的含量很小，有利于进一步除杂回收稀土。

2）NH$_4$Cl 用量对稀土回收的影响

用 NH$_4$Cl 作为氯化剂，可使氟碳铈尾矿中稀土发生氯化，这主要是利用 NH$_4$Cl 加热条件下分解产生的 HCl 与氟碳铈尾矿分解生成的稀土氧化物反应，生成氯化稀土。其化学反应可表示如下：

$$NH_4Cl \longrightarrow NH_3 + HCl \tag{5.10}$$

$$RE_2O_3 + 6HCl \longrightarrow 2RECl_3 + 3H_2O \tag{5.11}$$

NH$_4$Cl 分解生成 HCl 除一部分与稀土反应外，同时矿物中的其他成分也可能与 HCl 反应从而造成 NH$_4$Cl 的消耗。另外 NH$_4$Cl 在焙烧过程中自身的挥发也会损失部分 NH$_4$Cl。因此对于一个实际矿物，NH$_4$Cl 的用量必须由试验加以确定。图 5.10 为 NH$_4$Cl 用量对四川氟碳铈尾矿稀土回收的影响。试验结果表明，随着 NH$_4$Cl 用量的增加，稀土浸出回收率明显提高，当氯化铵用量达到 NH$_4$Cl/矿样=0.5 时，进一步增加 NH$_4$Cl 的用量，稀土浸出回收率提高不明显。因此，对于该氟碳铈尾矿回收稀土，NH$_4$Cl 的用量以 NH$_4$Cl/矿样=0.5 为宜。

3）焙烧温度对稀土回收的影响

氯化铵的分解温度为 328℃，而氟碳铈矿的分解温度约为 490℃。为使氟碳铈尾矿中稀土氯化，控制合适的反应温度就显得十分必要。

图 5.11 为焙烧温度对四川氟碳铈尾矿稀土回收的影响，结果表明，500℃左

右稀土浸出回收率达到最大值。焙烧温度过高,其稀土浸出回收率反而下降,这可能是生成的稀土氯化物又进一步分解所致。因此合适的焙烧温度为 500℃。

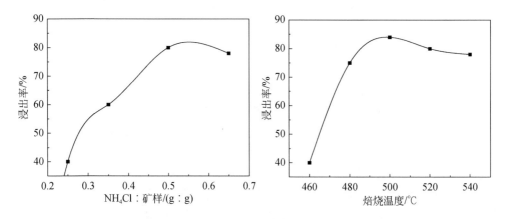

图 5.10　氯化铵用量对氟碳铈尾矿　　　　图 5.11　焙烧温度对稀土回收的影响
稀土回收的影响

4）焙烧时间对稀土回收的影响

通过上述试验确定了最佳的固氟添加剂添加量、NH₄Cl 用量及焙烧温度的条件下,接着考察焙烧时间对四川氟碳铈尾矿稀土回收的影响,其试验结果见图 5.12。表明在焙烧时间 1 h 之内,随着焙烧时间的增加,稀土浸出回收率迅速增加并达到最大值。焙烧时间超过 1.5 h 后,稀土浸出回收率反而下降。因此,对于四川氟碳铈尾矿稀土回收焙烧时间以 1 h 为宜。

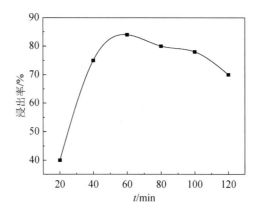

图 5.12　焙烧时间对稀土回收的影响

5.2　$MgCl_2$ 冶炼技术

5.2.1　$MgCl_2$ 冶炼原理

氟碳铈矿是最主要的稀土矿物，工业生产中冶炼分离得到的稀土产品超过70%来自氟碳铈矿。氟碳铈精矿（简称稀土精矿）中氟元素大约含有 5%~10%，而我国的氟资源极度匮乏。如何回收利用这部分氟资源，一直是科研人员研究的方向。关于四川氟碳铈精矿分解的方法，主要有氧化焙烧法和烧碱分解法，其中氧化焙烧法可分为氧化焙烧-盐酸浸出、氧化焙烧-稀硫酸浸出，这些工艺在生产过程中，会产生含氟尾气；且部分氟离子浸入酸浸液中，在萃取时会形成氟化稀土（REF_3）固相使萃取剂乳化，影响萃取分相，需要添加大量的硼酸或铝盐抑制氟的干扰，这不但引入了新的杂质而且增加了生产成本；对于烧碱法，该工艺烧碱消耗量大，精矿需要细磨，分解时间长；工艺操作不连续，反应设备要求高，使用周期短，所以工业处理四川氟碳铈精矿以氧化焙烧法为主。但是，上述方法都没有将氟碳铈精矿中氟资源有效回收利用，如果将氟碳铈精矿中的氟资源得到综合回收，既可解决氟元素对焙烧矿浸出过程的影响，又可实现稀土绿色清洁生产和资源综合利用的目的。

基于氟碳铈精矿中氟资源的综合回收利用理念，探索高效清洁冶金新工艺，提出无水氯化镁氯化分解氟碳铈精矿工艺。根据无水氯化镁热稳定性较低以及其对氟碳铈精矿在焙烧分解过程中起到的氯化分解作用，可使氟碳铈精矿快速氯化分解，且能够降低焙烧矿中铈的氧化率；其氯化分解产物主要以氯氧化稀土（$REOCl$）和氟化镁（MgF_2）的形式存在焙烧矿中，且生成的氟化镁难溶于盐酸，有利于后续氯氧化稀土的浸出与氟化镁的分离。无水氯化镁氯化分解氟碳铈精矿工艺流程如图 5.13 所示，首先将氟碳铈精矿和无水氯化镁混合，然后混合物料置于马弗炉中进行氯化分解，将得到的焙烧矿进行盐酸浸出；最后盐酸浸液经过滤、中和除杂后进入萃取分离工序得到纯稀土产品，中和渣返回焙烧段再次氯化分解。对酸浸渣进行水洗过滤后得到的氟化镁及其他杂质进一步分离，水洗液可回到盐酸浸出循环使用。该方法与氟碳铈矿的氧化焙烧法相比，一定程度上降低了焙烧矿中铈元素的氧化率。由于氧化焙烧法中 Ce^{3+} 很容易被氧化为 Ce^{4+}，因此铈的氧化率达到96%以上，并且氧化焙烧矿在盐酸浸出过程中有氯气产生。氯气是一种强烈刺激性和窒息性黄绿色气体，既危害环境又危害操作人员身体健康，工业生产中需要加入抑氯剂以抑制氯气的产生。因此，无水氯化镁氯化分解氟碳铈精矿工艺，随着焙烧矿中铈的氧化率降低，可以减少抑氯剂的用量，且避免了强酸强碱的使用，使氟资源得到回收，降低生产成本，是一种清洁绿色高效低成本的稀土冶炼工艺。

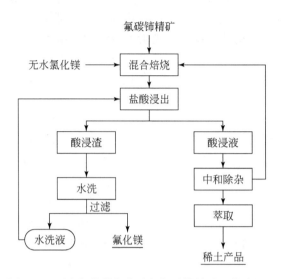

图 5.13　无水氯化镁氯化分解氟碳铈精矿工艺流程图

1）焙烧反应机理研究

利用电子天平将氟碳铈精矿和无水氯化镁以 1∶0.25（*w/w*，下同）的矿盐比研磨混匀成混合物料，混合物料的热重-差热（TG-DSC）分析如图 5.14 所示。

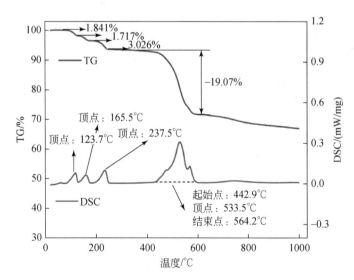

图 5.14　混合物料热重-差热（TG-DSC）分析

根据图 5.14 可知，在 442.9℃之前，混合物料共有 6.58%的失重率，分别在

123.7℃、165.5℃和237.5℃有3个小的吸热峰，对应的热重曲线上的失重率分别是1.84%、1.717%、3.026%，出现这些吸热峰的原因可能是：①由于无水氯化镁吸水性特别强，在生产运输过程中会吸附了少量的自由水，使混合物料在焙烧温度123.7~237.5℃范围内，失去了一定量的吸附水、结晶水，此温度范围主要发生了$MgCl_2 \cdot nH_2O$的脱水反应，见式（5.12）；在此温度范围内，无水氯化镁直接与氟碳铈精矿发生氯化分解反应，见式（5.13）。由图5.14可知，混合物料在422.9~564.2℃温度段内，失重率为19.07%，且差热曲线上伴有明显的吸热峰，表明氯化分解氟碳铈精矿主要在此温度范围进行；混合物料在20~564.2℃温度段的总失重率为25.6%，比理论计算氟碳铈矿单独的焙烧分解失重率高6.0%。

总之，无水氯化镁氯化分解氟碳铈精矿焙烧的反应机理主要发生了如下化学反应：

$$MgCl_2 \cdot nH_2O \longrightarrow Mg(OH)Cl + (n-1)H_2O\uparrow + HCl\uparrow \quad (n=6、4、2、1) \quad (5.12)$$

$$REFCO_3 + MgCl_2 \longrightarrow REOCl + MgF_2 + CO_2\uparrow \quad\quad\quad (5.13)$$

$$MgCl_2 + H_2O \longrightarrow Mg(OH)Cl + HCl\uparrow \quad\quad\quad (5.14)$$

$$Mg(OH)Cl \longrightarrow MgO + HCl\uparrow \quad\quad\quad (5.15)$$

$$REFCO_3 \longrightarrow REOF + CO_2\uparrow \quad\quad\quad (5.16)$$

$$REOF + MgCl_2 \longrightarrow REOCl + MgF_2 \quad\quad\quad (5.17)$$

$$REFCO_3 + Mg(OH)Cl + HCl \longrightarrow REOCl + MgF_2 + CO_2\uparrow + H_2O\uparrow \quad (5.18)$$

$$(La,Ce)OCl + H_2O + O_2 \longrightarrow CeO_2 + LaOCl + HCl\uparrow \quad (5.19)$$

$$CeOCl + O_2 \longrightarrow CeO_{2-x}Cl_x (x<1) \quad\quad\quad (5.20)$$

2）热力学分析

由于无水氯化镁在310℃时分解生成$Mg(OH)Cl$和HCl，当温度大于445℃时完全分解生成MgO和HCl，而独居石矿物中稀土元素主要是镧、铈和钕，因此，对$Mg(OH)Cl$、MgO和HCl与磷酸稀土的反应根据标准吉布斯自由能计算，表5.4列出反应物和生成物在298.15 K下的标准吉布斯自由能。

表5.4　298.15 K下反应物和生成物的标准生成吉布斯自由能

化合物	$\Delta G_f^{\ominus}/$ (kJ/mol)	$\Delta H_f^{\ominus}/$ (kJ/mol)	$\Delta S_f^{\ominus}/$ [J/(K·mol)]	化合物	$\Delta G_f^{\ominus}/$ (kJ/mol)	$\Delta H_f^{\ominus}/$ (kJ/mol)	$\Delta S_f^{\ominus}/$ [J/(K·mol)]
$CePO_4$	−1811.50	−1931.78	119.97	$LaCl_3$	−995.39	−1071.10	137.57
$Mg(OH)Cl$	−731.54	−799.6	083.70	$NdPO_4$	−1849.55	−1967.90	125.53
HCl(g)	68.703	−92.31	186.90	$NdCl_3$	−965.68	−1040.90	153.43
$CeCl_3$	−983.473	−1059.70	150.96	LaOCl	−962.70	−1018.80	82.84
$Mg_3(PO_4)_2$	−3538.14	−3780.00	189.20	NdOCl	−943.14	−999.98	94.56
$CeCl_3$	−983.47	−1059.70	150.96	CeO_2	−1026.34	−1090.40	62.30
$LaPO_4$	−1850.32	−1969.60	108.24	MgO	−569.352	−601.60	26.95

5.2.2　MgCl₂ 分解工艺

5.2.2.1　氯化镁氯化分解氟碳铈精矿

1. 氯化镁氯化分解氟碳铈精矿物相分析

为了分析混合物料比单一氟碳铈精矿焙烧分解失重率高 6% 的原因是否由无水氯化镁分解引起，将无水氯化镁在焙烧温度 550℃、焙烧时间 90 min，进行单独焙烧，焙烧后的产物进行 XRD 分析，如图 5.15 所示。可知，无水氯化镁焙烧产物的物相主要为无水氯化镁、氧化镁、六水氯化镁（$MgCl_2 \cdot 6H_2O$），其中六水氯化镁可能是在制样检测过程中无水氯化镁吸水生成。根据图 5.15 所示，表明在无水氯化镁单独焙烧过程中可能发生：无水氯化镁与空气中水蒸气发生水解反应 [式（5.14）]，碱式氯化镁分解反应 [式（5.15）]，因此可以确定混合物料比单一氟碳铈精矿焙烧分解失重率高 6% 是无水氯化镁分解引起的。

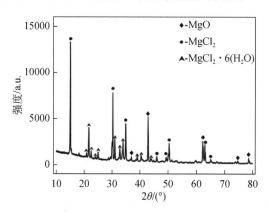

图 5.15　最佳焙烧条件下无水氯化镁单独焙烧产物 XRD 图谱

为了进一步探究无水氯化镁氯化分解氟碳铈精矿的分解过程，选择不同的焙烧温度，焙烧时间 90 min、矿盐比为 1 : 0.25，进行多组焙烧实验，通过对比不同焙烧温度的焙烧产物 XRD 分析的差异，揭示混合物料氯化分解的分解机理，如图 5.16 所示。

通过图 5.14 和图 5.16 可知，混合物料在焙烧温度 450～560℃时，TG-DSC 曲线上有一个明显的吸热峰，表明混合物料主要在此温度段进行分解反应。此外，根据焙烧产物在 450℃和 500℃的 XRD 图谱分析可知，焙烧产物中还有 $REFCO_3$ 的衍射峰存在，但 MgF_2、$REOCl$、MgO 的 XRD 衍射峰已出现，表明在焙烧温度 450～500℃内氯化分解反应开始有发生趋势；在焙烧温度 550℃时，$REFCO_3$ 的衍射峰已经消失且焙烧产物的主要物相为氯氧化稀土、氟化镁、氧化镁，再结合混合物料 TG-DSC 分析可判定，无水氯化镁氯化分解氟碳铈精矿的主要反应为氟碳铈精矿的氯化分解反应，以及无水氯化镁对氟氧化稀土氯化反应。对图 5.16 分析可知，随着混合物料的焙烧温度不断增加，焙烧矿中(La,Ce)OCl 的 XRD 衍射峰向左偏移，焙烧温度 550℃的焙烧矿的 XRD 图谱中出现了 CeO₂ 的衍射峰，表明焙烧矿中生成的部分氯化稀土在高温作用下使 Ce^{3+} 氧化成 Ce^{4+}，生成 $CeO_{2-x}Cl_x$。

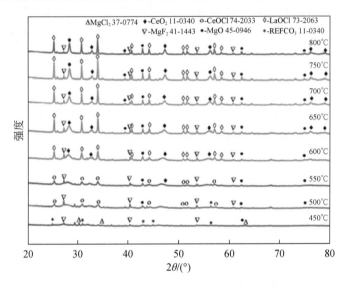

图 5.16 不同焙烧温度焙烧产物的 XRD 图谱

2. 焙烧温度对氯化镁氯化分解氟碳铈精矿的影响

由上述揭示无水氯化镁氯化分解氟碳铈的反应机理过程可知，混合物料的焙烧温度尤为重要。因此本实验在设定的相同焙烧时间 90 min、矿盐比 1∶0.25 条件下，进行了多组不同焙烧温度的焙烧实验。分别对不同焙烧温度的焙烧矿进行了酸浸，用酸浸液中的稀土浓度表示氟碳铈精矿的分解率（简称稀土分解率），用酸浸液中氟的浸出率（简称氟的浸出率）表示无水氯化镁的固氟效果，并结合二者试验数据来确定新工艺最佳的焙烧温度。不同焙烧温度下焙烧矿稀土分解率和氟的浸出率，如图 5.17 所示。为了对比在相同的焙烧温度、焙烧时间下，无水氯化镁氯化分解氟碳铈精矿工艺的稀土精矿分解率比氟碳铈精矿氧化焙烧工艺的稀土精矿分解率高，对氟碳铈精矿在不同焙烧温度（与氯化分解焙烧温度相同）进行氧化焙烧，并对氧化焙烧矿按上述相同条件的检测方法进行了稀土分解率和氟的浸出率测定，如图 5.18 所示。

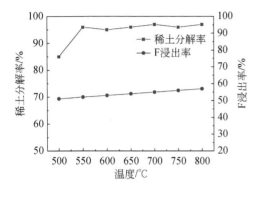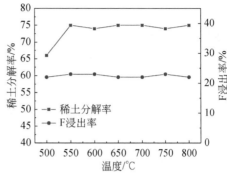

图 5.17　不同焙烧温度下焙烧矿稀土
（REO）分解率和 F 的浸出率

图 5.18　不同焙烧温度下氧化焙烧矿
（REO）分解率和 F 的浸出率

由图 5.17 可知，焙烧温度为 500℃时，混合物料中稀土分解率为 85.65%，氟的浸出率为 51.80%；当焙烧温度为 550℃时，稀土分解率为 97.23%，氟的浸出率为 52.47%，由此表明稀土分解率随着焙烧温度升高得到了大幅度的提升，并且也符合图 5.16 的 XRD 图谱分析结果。焙烧产物在焙烧温度 550~800℃之间，稀土分解率由 97.23% 上升到 98.33%，氟的浸出率由 52.47% 上升到 58.56%，在此温度范围内，稀土分解率提升 1.10%，氟的浸出率提高 6.09%，表明稀土分解率随着焙烧温度的升高逐渐趋于平稳，没有明显变化，而焙烧矿氟的浸出率在逐渐变大。因此，根据实验数据表明，无水氯化镁氯化分解氟碳铈矿的最佳焙烧温度为 550℃。通过图 5.17 和图 5.18 稀土分解率数据对比可知，氧化焙烧矿的稀土分解率明显低于无水氯化镁氯化分解焙烧矿的稀土分解率，其原因是氧化焙烧过程中生成了难溶于盐酸的氟化稀土（REF₃），而氯化焙烧矿中的氟以难溶于盐酸的氟化镁形成存在，不影响稀土的酸浸。通过上述实验表明，无水氯化镁氯化焙烧比氧化焙烧更容易分解稀土精矿，而且还可降低氟碳铈矿分解温度，具有降耗增效的作用。

3. 焙烧时间对氯化镁氯化分解氟碳铈精矿的影响

焙烧时间是影响氟碳铈精矿氯化分解过程的重要因素之一，焙烧时间的长短决定了稀土精矿分解的反应程度，所以适宜的焙烧时间十分重要。为了获取最佳的焙烧时间，选取 30 min 为时间段，分别以焙烧时间 30 min、60 min、90 min、120 min、180 min，焙烧温度 550℃，矿盐比 1∶0.25 进行多组焙烧实验，并对各组焙烧矿进行了稀土分解率和氟浸出率的检测，如图 5.19 所示。同时，为了对比相同条件下无水氯化镁氯化分解法与氧化焙烧法稀土分解率的差异，在上述相同条件下进行多组氧化焙烧，对氧化焙烧矿进行了相同的浸出条件的稀土分解率检测，如图 5.20 所示。

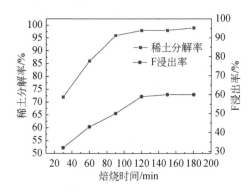 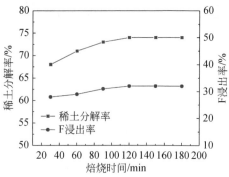

图 5.19　不同焙烧时间下焙烧矿稀土分解　　图 5.20　不同焙烧时间下氧化焙烧矿稀土
　　　　率和 F 的浸出率　　　　　　　　　　　　　分解率和 F 的浸出率

通过图 5.19 可知，稀土分解率有一个明显的时间点（焙烧时间 90 min），在焙烧时间 90 min 前，随着焙烧时间的延长稀土分解率明显上升，分解率由 72.14%升到 97.23%；在焙烧时间 90 min 后，随着时间的延长，稀土分解率呈现稳定的趋势，分别为 97.23%、98.18%、98.46%、98.23%，但是焙烧矿酸浸液中氟的浸出率在焙烧时间 30～120 min 逐渐上升，120 min 后才趋于平稳。由上述对不同焙烧时间稀土分解率表述可确定焙烧时间 90 min 为此工艺最佳的焙烧时间。

4. 矿盐比对氯化镁氯化分解氟碳铈精矿的影响

无水氯化镁作为氯化分解氟碳铈矿工艺中主要的添加剂，不仅具有氯化作用促进稀土精矿的分解，而且还能避免氟元素以气体的形式溢出，阻止氟化稀土的生成，固化氟资源使其以氟化镁的形式回收利用，因此，为了考察无水氯化镁加入量对氟碳铈精矿的分解以及酸浸液中氟的浸出率影响，通过理论计算得到理论反应所需的无水氯化镁的量，在此基础上对添加量调整。在无水氯化镁添加量 15%～35%的范围内，进行焙烧温度 550℃、焙烧时间 90 min 条件下的焙烧实验，结果如图 5.21 所示。可知，随着无水氯化镁添加量的增加，稀土分解率在迅速上升，按理论计算氟碳铈精矿完全反应所需无水氯化镁的理论量为 20%左右。当无水氯化镁添加量为 20%时，稀土分解率为 94.54%，继续增加无水氯化镁的含量，稀土分解率升高趋势放慢，最终可以达到 99.12%；而氟的浸出率在无水氯化镁添加量 15%～20%范围内迅速升高，添加量超过 25%时，氟的浸出率下降并趋于稳定在 55%左右。同时，随着无水氯化镁添加量的增加，稀土精矿中铈元素的氧化率也在变化：无水氯化镁添加量在 15%～25%范围内时，铈的氧化率迅速由 85.72%降到 50.64%，添加量超过 25%时，铈的氧化率下降缓慢并稳定在 50%左右。综上所述，无水氯化镁在该体系中，不仅起到氯化作用和固氟作用，而且还具有防氧化作用。当无水氯化镁添加量降低时，不但影响体系的焙烧温度、焙烧时间，而且相应地减少了氟碳铈精矿与无水氯化镁的接触面积，使稀土精矿的分解率降低，氟的浸出率和铈的氧化率升高。通过增加无水氯化镁加入量，可有效提升稀土精矿的分解率，降低氟的浸出率和铈的氧化率；但加入量过高，数据上除了没有明显变化，还使得生产成本提高；另外加入多的无水氯化镁会使盐酸的用量增加，酸浸液中镁离子一定程度的增加，使后续萃取成本增加。因此，通过实验数据，认为加入氟碳铈精矿质量 25% 的无水氯化镁较为合适，氟碳铈精矿与无水氯化镁的质量比为 1∶0.25。

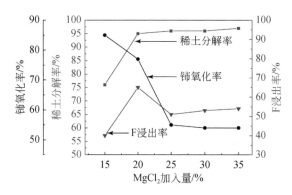

图 5.21　无水氯化镁加入量对稀土精矿分解率、氟的浸出率和铈元素氧化率的影响

5. 影响氟的浸出率变化的原因

通过图 5.17 和图 5.18 可知，随着焙烧温度的增加，Ce^{3+} 不断被氧化成 Ce^{4+}，形成二氧化铈，酸浸液中氟的浸出率不断升高。为了探究焙烧时间的延长是否对生成的氯氧化稀土的氧化产生影响，对不同焙烧时间，焙烧温度 550℃、矿盐比 1∶0.25 条件下的焙烧矿进行了 XRD 分析，如图 5.22 所示。可知在焙烧 30 min 时焙烧矿已开始分解反应，但生成物的物相衍射峰强度较弱，XRD 图谱上有 $REFCO_3$ 的衍射峰；焙烧时间 60 min 时，XRD 图谱中主要的物相为 MgF_2、$REOCl$、MgO。由图 5.19 可知，焙烧 60 min 时焙烧矿的稀土分解率只有 85.46%，没有达到一个较高的分解率；焙烧时间 90 min 时，XRD 图谱在 27.401°~28.528° 是一段较为复杂的衍射角度，该范围内的衍射角度上有好多不同物相的四价铈的衍射峰，其中最具有代表性的是二氧化铈衍射峰，表明焙烧时间 90 min 时生成的氯氧化铈已经部分氧化；尤其在焙烧时间 120 min 以后，XRD 图谱中的氯氧化铈衍射峰消失，焙烧矿随着焙烧时间的延长生成物氯氧化稀土的衍射峰向左偏移。最终由氯氧化铈转变为氯氧化镧并且二氧化铈的衍射峰强度越来越强。再通过结合图 5.19 可知，焙烧时间的延长会导致铈的氧化率上升，增加酸浸液中氟的浸出率。

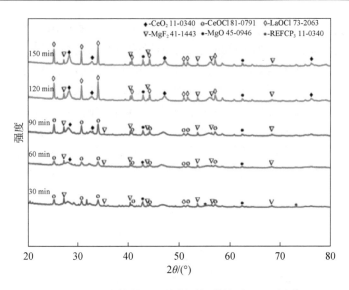

图 5.22　混合物料不同焙烧时间焙烧矿 XRD 图谱

综上所述，不同的焙烧温度、焙烧时间、矿盐比，都影响氟的浸出率变化。焙烧温度的升高、焙烧时间的延长、无水氯化镁添加量的减少，都会使焙烧矿中生成的氯氧化铈（CeOCl）继续氧化转变二氧化铈。根据研究表明，二氧化铈和氟化物在盐酸浸出过程中，易于形成稳定的络合离子$[CeF_x]^{4-x}$，将 F^- 引入到酸浸液中。同时，由于盐酸浸液中大量的 Cl^- 存在，会使部分络合离子$[CeF_x]^{4-x}$发生还原反应，Cl^- 可将 Ce^{4+} 还原为 Ce^{3+} 并生成 Cl_2，所以焙烧矿中二氧化铈的量越多，铈的氧化率越高，导致酸浸液中 F 的浸出率越高。

6. 焙烧矿和酸浸渣的 SEM 和 EDS 分析

由上述研究结果可知，无水氯化镁氯化焙烧氟碳铈精矿工艺的最佳焙烧参数为：焙烧温度 550℃、焙烧时间 90 min、矿盐比 1∶0.25。为了能够更直观地观察氯化焙烧产物的表面形貌和该体系的物相变化，对焙烧产物进行 SEM 和 EDS 分析，如图 5.23 所示。可知，焙烧矿的焙烧颗粒表面与原矿表面相比呈疏松状，可以观察到有许多孔洞与裂纹出现，这是由矿物分解有气体逸出造成的，并且焙烧矿表面相对平整，裂纹和孔洞分布均匀，呈密集状，说明氯化焙烧过程受热较为均一；而且整个产物表面包裹着一层絮状的物质。通过 EDS 能谱分析可知，絮状物质的元素主要为氟、镁、氯、氧，结合上述反应机理和酸浸渣 XRD 图谱分析（图 5.24），可判断絮状物质主要物相是氟化镁。为了进一步确定絮状物质的成分，对焙烧产物进行 EDS 能谱面扫分析，如图 5.25 所示。根据 EDS 能谱面扫和 EDS 微区元素分析结果可知，矿物表面包裹的絮状物质颗粒的元素主要以镁、氟为主，且镁和氟原子含量比基本满足 2∶1，可进一步说明该絮状物的主要成分为氟化镁，而且矿物颗粒主要含有稀土元素、氧、氯三种元素。通过对焙烧矿微观结构分析和焙烧产物 XRD 分析，符合上述探究的反应机理，表明无水氯化镁氯化分解氟碳铈矿的产物物相主要以稀土氯氧化物、稀土氧化物以及氟化镁为主。

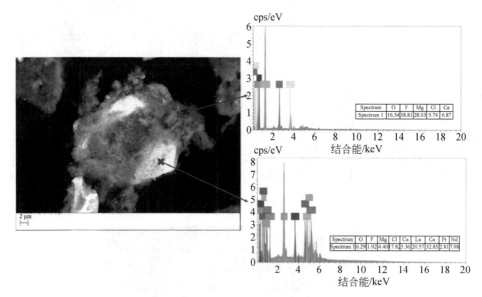

图 5.23　焙烧产物的 SEM 和 EDS 分析

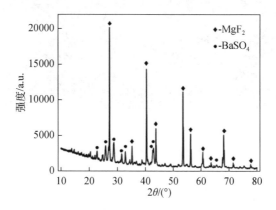

图 5.24　最佳焙烧条件焙烧酸浸渣 XRD 图谱

同时，本实验也对焙烧矿的酸浸渣进行了 SEM-EDS 分析，如图 5.26 所示。通过对酸浸渣 EDS 能谱分析可知，主要含有氟、镁、氧、硅等元素；而由浸渣 XRD 物相分析（图 5.24）可知，其主要物相是氟化镁、硫酸钡。因此，进一步验证无水氯化镁氯化分解氟碳铈矿反应的合理性，更好地验证了上述反应机理的可能性和最佳工艺参数的合理性。

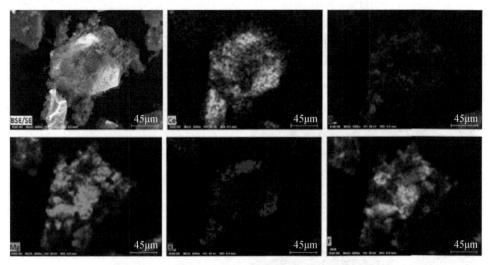

图 5.25　最佳焙烧条件焙烧产物 EDS 能谱面扫分析

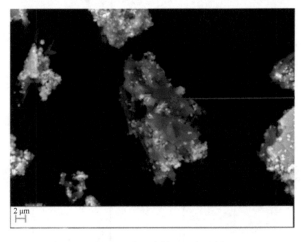

图 5.26　酸浸渣的 SEM 分析

7. 工艺参数对铈氧化率的影响

氟碳铈矿与 $MgCl_2$ 以不同盐矿比，焙烧相同时间，焙烧温度和盐矿比对稀土元素铈氧化率的影响结果见图 5.27。可以看出，氟碳铈矿不添加 $MgCl_2$ 单纯氧化焙烧时，铈的氧化率随着焙烧温度的提高而升高，560℃时铈氧化率达到 88.34%；当添加 $MgCl_2$ 焙烧时，在 460℃ 以下时，铈氧化率不到 50%，560℃ 以下时铈氧化率基本在 65% 以下，$MgCl_2$ 的加入可以使铈的氧化率降低。这是因为氟碳铈矿先分解生成了氯氧化稀土，氯氧化稀土分解释放出 HCl 气体，由于 HCl 气体比重大于空气，减小了固体颗粒表面 O_2 的分压，使得空气中 O_2 与固体颗粒的接触减少，铈的氧化率降低。这有利于后续稀土在酸中的溶出，同时减少四价铈的还原剂使用量，降低了还原成本。

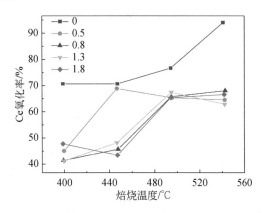

图 5.27　温度和盐矿比对铈氧化率的影响

8. 微波氯化分解氟碳铈精矿的研究

近年来，随着国家"双碳"目标的提出，我国稀土冶金工业未来发展面临巨大挑战，但同时又为其向绿色清洁冶金发展提供了机遇，有利于引导绿色技术创新，提高产业和经济的全球竞争力。而微波加热技术是一项既节能又环保的先进技术，受到各个应用领域科研工作者的广泛关注。但是，在微波加热技术发展早期，由于制造的高温微波加热设备性能较差，且设备和配套零件成本过高等原因，使得该技术很少应用在高温加热领域。然而，随着科研人员对微波相关技术不断的攻关，尤其是配套零件的升级换代，使制造的微波加热设备性能获得突飞猛进的效果，特别是在高温加热领域获得较多应用，现已应用在金属氧化物碳热还原领域。微波加热技术可用来改造或更新许多传统焙烧的工艺技术，达到节能减排的目的，符合未来行业发展要求。

微波加热是一种特殊的加热方式，不仅能够将能量直接作用在加热物料上，还能对加热物料进行选择性加热，达到快速升温，避免物料加热过程出现"冷中心"，防止加热物料出现烧结，促进活化冶金反应等一系列传统加热没有的优势。与传统加热方式相比，微波加热用时少，没有加热过程中的辐射热损失和高温介质传导热损失。因此，微波加热对于能量利用更具高效性和节能性，能够达到节能减排，使用电量可以降低 30%～50%，实现工业源头节能化目标。

为了揭示微波场中混合物料（氟碳铈精矿、无水氯化镁、活性炭）的无氧化焙烧原因，研究微波场中混合物料在焙烧过程的反应机理显得十分重要。通过已有的相关化合物的热力学数据，对该体系中参与反应的各化合物进行了标准状态下的化学反应热力学计算，计算数据如图 5.28 所示。

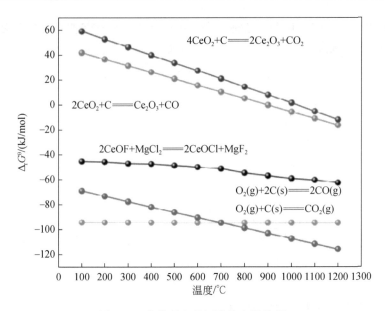

图 5.28　化学反应的标准热力学数据

在 100～1200℃温度范围内，主要涉及的化学反应热力学计算表明，稀土精矿能够被氯化镁分解，形成氯氧化稀土和氟化镁；但二氧化铈与活性炭在焙烧温度超过 1000℃才有可能发生碳热还原反应。由上述分析表明，出现无氧化焙烧的可能有以下两种原因：①由于活性炭的添加，氧化生成的二氧化铈发生碳热还原反应，将 Ce^{4+} 还原为 Ce^{3+}；②混合物料在微波场的整个升温过程中，首先由活性炭吸波产生热量，然后活性炭将热量传递给氟碳铈精矿和无水氯化镁，最后随着物料温度升高，混合物整体的介电常数升高，使混合物的吸波性加强，混合物的整体温度快速上升达到设定反应温度；在整个升温过程中，活性炭不仅作为强吸波剂先加热，易与氧气发生反应生成 CO_2 和 CO，又由于微波反应腔相对封闭，气体流动性差以及 $\rho(CO_2)>\rho(O_2)>\rho(CO)$，则生成的 CO_2 沉积在混合物料颗粒表面形成 CO_2 气氛，构成无氧化气氛。为了探究混合焙烧矿在微波场中的反应机理，将氟碳铈精矿与无水氯化镁研磨混匀成混合矿。在氩气气氛（为了更好模拟无氧化气氛）下进行热重分析，结果如图 5.29 所示。

根据图 5.29 可知，混合矿热重-差热曲线在 446.21℃之前，混合矿共有 4.00% 的失重率，有 3 个小的吸热峰分别出现在差热曲线 108.22℃、152.58℃和 231.57℃ 处，对应的热重曲线上的失重率分别是 0.76%、1.15%、2.09%，这些失重率出现的原因是无水氯化镁吸水性特别强，在生产运输过程中吸附了少量的自由水，转变为带有少量结晶水的 $MgCl_2 \cdot nH_2O$（$n=6$、4、2、1）；在升温过程中，氯化镁失去了一定量的吸附水、结晶水，此过程主要发生了 $MgCl_2 \cdot nH_2O$ 分解反应，见式（5.21），无水氯化镁与空气中水蒸气发生水解反应，见式（5.22），以及生成的碱式氯化镁发生分解反应，见式（5.23）；在446.21~618.94℃温度段，混合矿失重明显，失重率为16.57%，并伴有强烈的吸热峰，表明氟碳铈精矿在此温度段内进行了氯化分解反应，而且此焙烧温度段的混合物料失重率与理论氟碳铈精矿分解失重率基本相同。

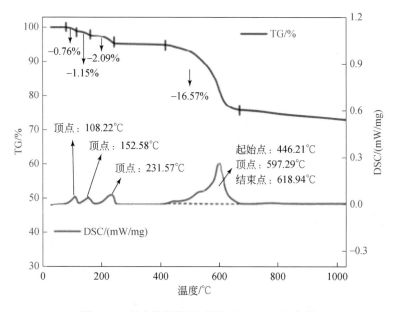

图 5.29　混合物料热重-差热（TG-DSC）分析

考察不同焙烧气氛，从图 5.14 和图 5.29 可以看出：在空气气氛下，混合物料发生氯化分解反应主要在 422.9~564.2℃温度段，DSC 曲线上吸热峰顶点在 533.5℃；在氩气气氛下，混合物料发生氯化反应分解主要在446.2~618.94℃温度段，DSC 曲线吸热峰顶点在 597.25℃。通过对比可知，空气气氛下混合物料发生氯化分解的起始温度较氩气气氛下发生分解反应的温度低约 50℃。因此，微波氯化焙烧分解需要更高的焙烧温度。

根据图 5.14 分析结果，结合微波的高频振荡避免物料烧结的特性以及上述结论，需要提高混合物料在微波场中的焙烧温度。因此，选择 500℃、600℃、700℃、800℃、900℃进行微波加热的氯化分解实验，其他实验条件为：焙烧时间 30 min、微波功率 1200 W、混合物料以 1∶0.25∶0.18 的配比进行混合。为了进一步探究微波氯化分解机理，对各温度下的微波焙烧矿进行 XRD 分析，如图 5.30 所示。

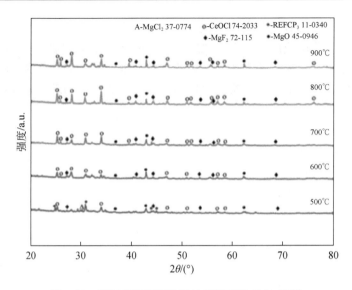

图 5.30　不同焙烧温度的微波焙烧矿的 XRD 图谱

由图 5.30 可知，经过 500℃微波加热焙烧后，混合焙烧矿中尽管出现了氯氧化稀土，但其衍射峰强度较弱，并且依然存在氟碳铈精矿和无水氯化镁的衍射峰；经过焙烧温度 600℃处理后，混合物料中氟碳铈精矿衍射峰已经完全消失，焙烧矿中主要存在物相为氯氧化稀土、氟化镁、氧化镁；混合物料在微波场通过 700℃的焙烧后，其焙烧矿 XRD 图谱与 600℃的没有明显变化，但与 800℃下的焙烧矿 XRD 相比，虽然生成物的物相没有变化；但 800℃焙烧矿物相的特征峰（尤其是氯氧化稀土的特征峰）变得更加尖锐，特征峰强度增大，表明混合物料在微波焙烧温度 800℃时已经完全反应，此焙烧温度高于混合矿热重-差热分析所示混合物料完全反应的温度，但符合无氧化焙烧需要高温的分析结果。

在微波焙烧工艺中，焙烧温度 800℃时，混合物料彻底发生分解，生成了易溶于盐酸的氯氧化稀土和难溶盐酸的氟化镁；而在整个微波氯化焙烧过程中，尽管焙烧温度越来越高，但是生成物没有发生氧化反应出现二氧化铈的特征峰，而一直以氯氧化稀土特征峰存在，说明稀土精矿分解生成的氯氧化没有被氧化，即实现了空气气氛下的无氧化焙烧。最后，结合不同焙烧温度 XRD 图谱和混合矿热重-差热分析，可认为混合物料在微波场中的分解反应如下：氟碳铈精矿的分解反应 [式（5.24）]；氯氧化稀土的生成反应 [式（5.25）]，活性炭与氧气反应 [式（5.26）、式（5.27）]。

微波氯化分解氟碳铈精矿焙烧过程的分解反应化学式：

$$MgCl_2 \cdot nH_2O \longrightarrow Mg(OH)Cl+(n-1)H_2O\uparrow+HCl\uparrow \qquad (5.21)$$

$$MgCl_2+H_2O \longrightarrow Mg(OH)Cl+HCl\uparrow \qquad (5.22)$$

$$Mg(OH)Cl \longrightarrow MgO + HCl\uparrow \qquad (5.23)$$

$$REFCO_3 \longrightarrow REOF + CO_2\uparrow \qquad (5.24)$$

$$REOF + MgCl_2 \longrightarrow REOCl + MgF_2 \qquad (5.25)$$

$$C + O_2 \longrightarrow CO_2\uparrow \qquad (5.26)$$

$$2C + O_2 \longrightarrow 2CO\uparrow \qquad (5.27)$$

9. 影响微波无氧化焙烧分解过程的因素

1）焙烧温度的影响

根据对混合物料热重-差热分析以及不同温度焙烧矿 XRD 图谱衍射峰分析，可知温度是微波加热氯化分解氟碳铈精矿的重要影响因素，焙烧温度的提升有利于分解反应的快速进行。在 500~900℃的温度范围内，进行了多组不同微波加热焙烧实验，考察焙烧温度对稀土精矿的分解以及盐酸浸液中氟浸出的影响，检测结果如图 5.31 所示。可知，在选定的微波焙烧温度内，混合物料均发生了不同程度的分解，且焙烧温度由低到高的变化，焙烧矿的分解率不断上升；焙烧温度 500℃时，焙烧矿的分解率为 65.91%，氟的浸出率为 20.61%；当焙烧温度 800℃时，焙烧矿的分解率为 96.23%，氟的浸出率为 23.35%；但是，稀土精矿的分解率在 800℃时与 900℃时的没有显著差距，可知在 800℃时稀土精矿的分解率趋于平缓。

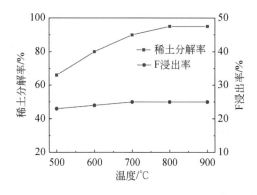

图 5.31　不同焙烧温度下焙烧矿 REO 分解率和氟的浸出率

由图 5.31 还可知，随着焙烧温度的升高，酸浸液中氟的浸出率呈现缓慢升高的趋势，焙烧温度 900℃时，氟的浸出率最高只有 23.85%；由图 5.19 可知，无水氯化镁氯化分解氟碳铈精矿使用马弗炉焙烧，其中氟的浸出率最高可达 58.56%，两种焙烧方式相比可知，微波加热焙烧极大程度地降低了焙烧矿中的氟的浸出率，其中原因为：由于微波加热焙烧实现了氟碳铈精矿的无氧化分解，焙烧矿中的稀土元素 Ce 最终以 Ce^{3+} 的形式存在，盐酸浸过程中不会出现 Ce^{4+} 和 F^- 形成的络合离子 $[CeF_x]^{4-x}$，并且 Ce^{4+} 还原为 Ce^{3+} 会放出氯气的情况。

2）焙烧时间的影响

适宜的焙烧时间是保证微波氯化分解的一个重要因素，由于焙烧时间对微波焙烧矿中铈元素的氧化率影响较大，因此确定微波焙烧过程中合适的焙烧时间是必要的。稀土精矿的分解率和氟的浸出率检测结果如图 5.32 所示。

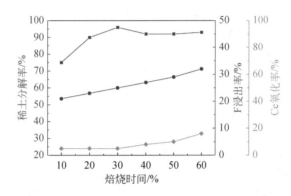

图 5.32　不同焙烧时间下焙烧矿 REO 分解率和氟的浸出率

根据图 5.32 可知，随着焙烧时间的延长，稀土精矿的分解率先上升后下降，其中分解率在前 30 min 呈上升趋势，在 30 min 后为下降趋势，这是由于焙烧时间过长导致焙烧矿表面产生致密层包裹焙烧颗粒，使其在后续酸浸过程中较难浸出而导致分解率下降。而微波焙烧矿中铈元素的氧化率，在焙烧前 30 min，只有 0.60%且一直没有明显的变化，以焙烧时间 30 min 为间断点，在 30 min 后显著上升，其原因为：焙烧时间的延长，导致混合物料中的活性炭逐渐耗尽，难以维持微波加热焙烧腔中的无氧化气氛，使铈的氧化率上升，导致焙烧矿在酸浸过程中氟元素以 $[CeF_x]^{4-x}$ 络合离子的形式溶于酸浸液中，从而氟的浸出率也在上升。总之，微波氯化分解氟碳铈精矿焙烧需要选择合适的焙烧时间，在保证稀土精矿的分解率的同时，保证铈的氧化率和氟的浸出率，使氟资源最大限度地得到回收。

3）无水氯化镁添加量的影响

微波氯化分解氟碳铈精矿研究方法中，无水氯化镁的添加量影响着稀土精矿的分解、氟资源的回收，而且还在焙烧过程中起到铈的防氧化作用。因此，为了探究合适的无水氯化镁添加量，按照上述最佳焙烧条件，在无水氯化镁添加量 15%～35%的范围内进行微波加热焙烧实验，稀土精矿的分解率和氟的浸出率的实验结果如图 5.33 所示。

由图 5.33 可知，当无水氯化镁添加量为 15%时，稀土精矿的分解率为 83.60%；继续将无水氯化镁添加量增加到 20%时，分解率为 90.43%；而当无水氯化镁添加量为 25%～35%时，分解率增大趋势缓慢，最终达到 96.63%，其中添加量为 25%时，氟碳铈精矿分解率为 96.23%。对于浸液中氟的浸出率，在整个浸出系列实验中趋于 23%左右，表明整个微波加热焙烧都是处于无氧化焙烧。因此，氟的浸出率只与氟化镁在盐酸浸出过程中氟化镁的溶度积有关。所以，由实验数据表明无水氯化镁添加量为稀土精矿的 25%最为合适。

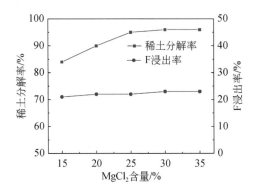

图 5.33　混合矿无水氯化镁不同含量焙烧矿 REO 分解率和氟的浸出率

4）氟炉焙烧与微波焙烧因素对比

为了更直观地表明微波焙烧比马弗炉焙烧具有优势，将马弗炉和微波加热设备的耗电量列出，并且以稀土精矿的分解率和氟的浸出率作为评判标准，如表 5.5 所示。

表 5.5　不同焙烧方式的综合对比

焙烧方式	焙烧温度/℃	焙烧时间/min	分解率/%	氟的浸出率/%	耗电量/(kW·h)
马弗炉	550	90	97.23	52.47	3.50
微波设备	800	30	96.23	23.35	1.14

由表 5.5 可知，在二者各自最佳焙烧条件下，马弗炉焙烧与微波焙烧稀土精矿的分解率相近，分别为 97.23%和 96.23%；相比二者稀土精矿的分解率，氟的浸出率具有显著的差距，马弗炉焙烧氟的浸出率为 52.47%，而微波焙烧氟的浸出率 23.35%，显然微波焙烧氟的浸出率更低。这是由于微波焙烧过程时间短，加热效率高，能够使整个焙烧过程实现无氧化焙烧；在节能方面，马弗炉的耗电量为 3.50 kW·h，微波焙烧的耗电量只有 1.14 kW·h，二者相比微波焙烧可节约近 60%的电量，电能作为二次能源，从用电源头降低耗电可以避免一次能源转化成二次能源的污染，减少输电、配电过程的电量损耗，达到节能减排的目的。

综上所述，通过焙烧时间、焙烧温度、耗电量等相关参数的对比，微波氯化分解氟碳铈精矿的方法具有时间短、效率高、降低能耗、节省生产成本等优势，对氟碳铈精矿的绿色清洁冶金具有重要的发展意义。

10. 微波氯化焙烧矿浸出过程的研究

通过对微波氯化焙烧分解氟碳铈精矿工艺过程的研究可知，最佳焙烧条件下的微波焙烧矿主要以易溶于盐酸的氯氧化稀土和难溶于盐酸的氟化镁的形式存在。对于稀土生产工艺来说，最为重要的是工艺中稀土的浸出率，微波焙烧分解氟碳铈矿仅仅是工艺中的焙烧环节，而影响最终稀土产量的是焙烧矿的浸出工序。由于微波氯化焙烧过程中生成的氯氧化稀土和氟化镁都存在于焙烧矿中，假如浸出条件不当，将直接影响整个分解工艺的开发。因此，需要对微波焙烧矿的盐酸浸出条件及方式进行理论的研究验证。

微波焙烧矿盐酸浸出过程中，对影响稀土元素浸出率和氟元素浸出率的条件，如酸浸温度、浸出液固比、盐酸初始浓度以及搅拌速度进行了考察；为了进一步研究微波焙烧矿在盐酸浸出过程中的浸出机理，从宏观反应动力学的角度出发，进行了反应的动力学计算。

1）浸出温度的影响

为了得到合适的微波焙烧矿盐酸浸出温度，选取 40～80℃温度范围进行微波焙烧矿的盐酸浸出实验，考察在不同浸出温度下稀土浸出率随时间的变化曲线，实验结果如图 5.34 所示。

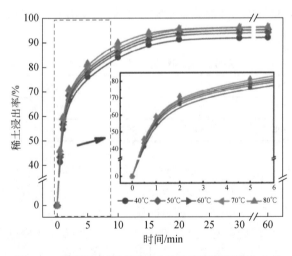

图 5.34　不同浸出温度下稀土浸出率随时间变化曲线

可以看出温度对微波焙烧矿酸浸过程有一定影响，随着温度的升高，稀土元素的浸出率也在升高；在浸出温度 50～80℃内，稀土元素浸出率没有明显的差距，并且在选定酸浸的时间范围内可达到酸浸过程的平衡；尤其在酸浸温度 50℃时，在选定的时间点内，稀土浸出率呈现明显的上升趋势，而且在浸出时间 20 min 时，稀土浸出率达到 93.51%，20 min 后稀土浸出率趋于平稳。

2）浸出液固比的影响

对于微波焙烧矿的盐酸浸出属于液-固反应，液固比对于微波焙烧矿的浸出是一个重要的因素；如果液固比小，会使矿浆的黏度过大，不利于焙烧矿颗粒的扩散反应，会降低稀土浸出率；但若液固比过大，会使盐酸用量增多，虽有利于浸出反应，提高稀土浸出率，但对后续中和除杂，增大萃取药剂的使用，加大处理工作量，不利于生产工艺。因此，为了得到适宜的液固比，在 6：1～14：1 的液固比范围内进行酸浸实验，不同液固比的稀土浸出率随时间变化曲线如图 5.35 所示。

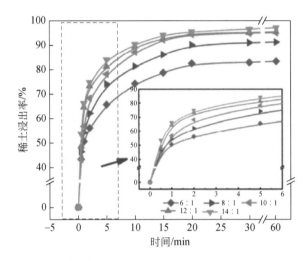

图 5.35　不同液固比对稀土浸出率的影响

可以看出，酸浸液固比由 6：1 增加到 14：1，浸出 20 min 后稀土浸出率由 81.23% 提升到 95.21%，其中液固比从 6：1 到 10：1 的稀土浸出率变化较大，而在液固比 10：1 后，随着液固比的增加，稀土浸出率在酸浸时间 20 min 后无明显差别。通过观察不同固液比下稀土浸出率随时间增加的变化曲线可知，不同固液比的稀土浸出率的浸出规律基本相同，均在酸浸时间 20 min 时可达到浸出平衡。于是为了微波焙烧矿得到最合理的稀土浸出率，降低后续处理量，选择液固比 10：1 较为合适。

3）盐酸初始酸度的影响

微波焙烧矿浸出过程中，盐酸作为浸出剂，且盐酸初始酸度对焙烧矿的浸出有重要影响。在浸出过程中，浸出剂的扩散速率会影响反应效率，增加盐酸浓度能够有效提升微波焙烧矿在酸浸液中的扩散速率，则加快浸出反应速率；酸度过高，会给后续中和除杂增加困难以及造成设备的腐蚀，而且会使生成物氟化镁过多地溶解；酸度过低，会使浸液稀土浸出率降低，并且容易使浸出的稀土元素与氟形成难溶的稀土氟化物，影响稀土回收率。因此，选择在 1～5 mol/L 的盐酸初始酸度内进行酸浸实验。不同盐酸初始酸度对稀土浸出率随时间的变化曲线如图5.36所示。可知，随着盐酸初始酸度由 1 mol/L 升高到 3 mol/L，稀土浸出率显著升高；盐酸酸度继续由 4 mol/L 升到 5 mol/L 时，稀土浸出率在各酸浸时间变化相似。而且不同盐酸初始酸度的稀土浸出率的浸出规律相同。

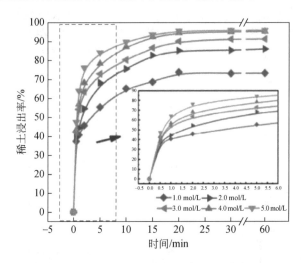

图 5.36　不同盐酸初始酸度对稀土浸出率的影响

4）搅拌速率的影响

在酸浸过程中，搅拌速率可影响焙烧矿颗粒在酸浸液中反应速率，加快酸浸液在矿物颗粒表面的反应以及将生成的可溶物迅速扩散到浸液中，避免浸出过程副反应。搅拌速率高，有助于加快传质过程，减少外扩散阻力，提高反应效率，但过高的搅拌速率会使浸出液产生涡流，不利于酸浸过程中液-固两相的反应。因此，选择在 100～500 r/min 的搅拌速率内进行酸浸实验，分别在 0.5 min、1 min、2 min、5 min、10 min、15 min、20 min、30 min、60 min 时取样分析并计算稀土元素浸出率。其他条件分别为：酸浸温度 50℃、液固比 10∶1、盐酸初始酸度4 mol/L。不同搅拌速率下稀土浸出率随时间的变化曲线如图 5.37 所示。

由图 5.37 可知，随着搅拌速率由 100 r/min 升高到 300 r/min，稀土浸出率显著升高；搅拌速率由 400 r/min 升到 500 r/min 时，稀土浸出率变化趋势基本相同。通过观察不同搅拌速率下稀土浸出率随时间增加的变化曲线可知，不同搅拌速率下稀土浸出率的浸出规律相同。

11. 酸浸渣的 XRD 分析与微观形貌

为了观察酸浸过程酸浸渣的物相和微观形貌，对上述经过最佳酸浸条件下的酸浸渣进行了 XRD 分析和 SEM 分析，结果如图 5.38、图 5.39 所示。

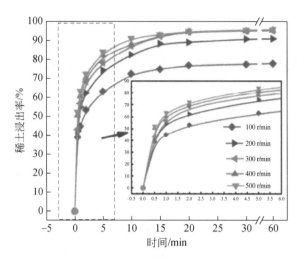

图 5.37　不同搅拌速率对稀土浸出率的影响

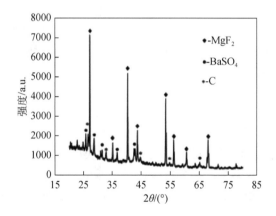

图 5.38　微波焙烧矿的酸浸渣 XRD 分析

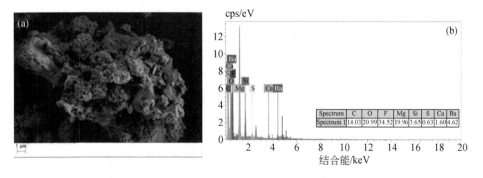

图 5.39　微波焙烧矿的酸浸渣 SEM(A)分析和 EDS(B)分析

由图 5.38 可以看出，微波焙烧矿经过盐酸浸出过程后，浸出渣中主要物相为氟化镁、硫酸钡、活性炭，并且没有明显的氟化稀土的衍射峰，说明活性炭没有与稀土精矿发生反应，只在微波焙烧过程中起辅助剂和产生二氧化碳惰性气氛的作用，酸浸过程没有过多的氟化稀土生成。

由图 5.39（a）可以看出，与微波焙烧矿的 SEM 图相比，盐酸浸出后的酸浸渣颗粒微观形貌产生了巨大的变化，呈现许多裂孔，整个颗粒有着明显被侵蚀的过程，并且颗粒表面有许多不溶于盐酸的片状物。

由上所述，在盐酸浸出过程中焙烧矿生成的氯氧化稀土已溶解，致使酸浸渣变得镂空且裂纹较多。为了进一步探究酸浸渣的组成元素，通过 EDS 分析，如图 5.39（b）所示，可知酸浸渣颗粒表面物质主要以氟元素、镁元素为主，结合酸浸渣 XRD 分析，可确定酸浸渣颗粒表面片状物质为氟化镁。另外，氟化物都是片状，很难过滤分离，在过滤时需要较长的时间才能完成。但是本实验中，酸浸结束后过滤十分容易，上述 SEM-EDS 分析很好地解释了这个原因。

总之，由酸浸渣的微波形貌分析可知，微波焙烧矿的酸浸过程中发生浸出反应的主要是稀土元素，并且有效地阻碍了氟离子浸入酸浸液中，为后续的中和除杂、萃取降低了困难，避免了中和除杂中稀土的损失与萃取过程出现乳化现象，保证了整个工艺的稀土整体回率。

5.2.2.2 氯化镁氯化分解包头稀土精矿

包头稀土矿物主要由氟碳铈矿和独居石组成，氟碳铈矿和独居石的相对含量比约为 9∶1～1∶1，占世界储量的 70% 以上。此类矿物粒度较细，含有杂质较多，如铁矿物、萤石、磷灰石等，成分复杂，处理难度大。近年来，研究较多的精矿分解方法主要有浓硫酸焙烧分解、烧碱加热分解、$CaO\text{-}NaCl\text{-}CaCl_2$ 焙烧分解、氯化镁焙烧分解等。

浓硫酸焙烧分解是将浓硫酸与包头矿混合，在回转窑经 250～800℃ 焙烧分解，使氟碳铈矿和独居石与浓硫酸反应生成可溶性的稀土硫酸盐。此工艺的优点是对稀土品位适应性较广，缺点是化工试剂和能源消耗较大，废水、废气排放量高，浓硫酸对设备腐蚀严重和操作环境污染较大等。烧碱加热分解是将氢氧化钠与稀土精矿反应生成氢氧化稀土沉淀，然后再经过盐酸优溶变为氯化稀土溶液。但该方法要求稀土精矿品位较高，前期使用稀酸除钙时也会损失一定量的稀土，同时残留的钙也会进入氯化稀土溶液，从而影响产品的品质。氧化钙作为焙烧助剂分解包头矿时的分解率较低，采用 $CaO\text{-}NaCl\text{-}CaCl_2$ 体系焙烧分解包头矿，氯化钠可为反应提供液相，提高反应速率，降低反应温度，但同时也在反应中引入了过多种类的阳离子，给后续的萃取增加了困难。氯化镁焙烧分解包头矿相比于其他的精矿处理方法，对包头稀土精矿具有更高的分解率，对环境也更加友好。

1. 氯化镁添加量对包头矿分解率的影响

氯化镁作为分解包头矿的焙烧助剂，对于氟碳铈矿具有良好的分解和固氟作用，对化学性质非常稳定的独居石也有很好的分解作用。据相关文献报道，在700℃时，焙烧助剂可较完全地分解包头矿。因此选择焙烧温度为700℃，添加不同含量的氯化镁，探究其对包头矿分解率的影响，结果如图5.40所示。用磷的浸出率可以代表包头矿中独居石的分解效果，因为独居石的化学性质非常稳定，加热或盐酸浸出时不发生分解，只有氯化镁作为焙烧助剂参与独居石的分解时，才会反应生成氯氧化稀土和磷酸镁，其中磷酸镁易溶于热的浓盐酸，转变为磷酸和氯化镁，检测溶液中的磷即可。但由于包头矿中有磷灰石作为干扰，则不添加氯化镁，将包头矿焙烧酸浸，溶液中磷的浸出率为29.53%，全部来自磷灰石。若随着氯化镁的增加溶液中的磷也增加，则说明多余的磷来自独居石的分解，磷灰石溶于盐酸的反应方程式为

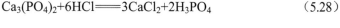

$$Ca_3(PO_4)_2 + 6HCl \xlongequal{\quad} 3CaCl_2 + 2H_3PO_4 \qquad (5.28)$$

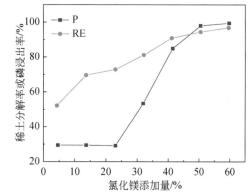

图5.40　氯化镁添加量对包头矿分解率的影响

由于氯化镁-氟碳铈矿的热分解反应较氯化镁-独居石的热分解反应更容易进行，在氯化镁添加量不足的条件下，氯化镁优先参与氟碳铈矿的分解。当氯化镁添加量大于20%（氯化镁和包头矿的质量比）时，磷的浸出率迅速上升，证明过量的氯化镁开始与独居石反应，同时，稀土的分解率也在增加。当氯化镁添加量为60%时，包头矿中的磷100%浸出，证明氯化镁已经足量，可将独居石全部分解。但稀土的分解率却为98.07%，原因是包头矿中的稀土已全部分解，但由于酸浸液中离子络合的问题，稀土离子RE^{3+}与F^-形成氟化稀土沉淀，导致表观上稀土的分解率达不到100%。这说明氯化镁添加量60%为最佳。若氯化镁添加量小于60%，则氯化镁不足以将包头矿全部分解；若氯化镁添加量大于60%，则氯化镁过量，不仅增加了成本，还在酸浸液中引入了过量的镁离子杂质，给后续的萃取

增加了困难。

2. 焙烧时间对氯化镁分解包头矿的影响

在 700℃、氯化镁添加量 60%的条件下，对包头矿分别焙烧不同的时间，探究焙烧时间对分解率的影响，结果如图 5.41 所示。焙烧时间为 10 min 时，包头矿的分解率为 84.92%，当焙烧时间为 30 min 时，分解率已经达到 95%以上，之后随着焙烧时间的增加，分解率缓慢上升，但当焙烧时间大于 90 min 时，分解率却出现了下降，原因是随着焙烧时间的增加，稀土矿物烧结，三价稀土被氧化为四价稀土的氧化率增加。烧结矿与四价稀土在盐酸中浸出更加困难，导致包头矿的分解率出现下降。考虑到节能环保等问题，包头矿与氯化镁焙烧时间以 30 min 为最佳。

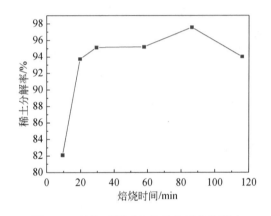

图 5.41　焙烧时间对包头矿分解率的影响

3. 焙烧温度对氯化镁分解包头矿的影响

如图 5.42 所示，不添加氯化镁时，包头矿的分解率在 50%以上，因为氟碳铈矿占包头矿中稀土矿物的 78%左右，氟碳铈矿的化学式也可写为 $RE(CO_3)-REF_3$，为碳酸稀土和氟化稀土的复合化合物，其中碳酸稀土约占三分之二，受热易分解，生成易于被盐酸浸出的稀土氧化物和二氧化碳。800℃时，稀土的分解率增加，根据文献报道，为矿物中的方解石、萤石和独居石发生了反应，化学方程式为

$$9CaCO_3+CaF_2+6REPO_4 {=\!=\!=} 2Ca_5F(PO_4)_3+3RE_2O_3+9CO_2 \tag{5.29}$$

根据摩尔比的计算，分解包头矿中的氟碳铈矿需要氯化镁的添加量为 25%，则分别添加 25%的氯化镁和 60%的氯化镁进行对比。随着温度的升高，氯化镁添加量为 60%的分解率大于氯化镁添加量为 25%的分解率，说明独居石开始分解。在 700℃时，包头矿的分解率达到最大。随着温度继续升高，分解率反而下降，原因是：①氯化镁的熔点为 750℃，在 800℃时由固态转变为液态，高温使其部分挥发，导致参与分解包头矿的量减少；②温度过高，稀土的氧化率升高，矿物烧

结严重，在盐酸浸出焙烧矿时稀土离子不易被浸出，导致分解率下降。对各焙烧温度下的样品进行 XRD 检测，分析其焙烧后的物相，结果如图 5.43 所示。不添加氯化镁时，包头矿中的氟碳铈矿在 500℃以上氧化焙烧也会发生分解反应，研究结果表明：氟碳铈矿氧化焙烧分解过程分两步进行。首先，当焙烧温度较低时，氟碳铈矿分解生成氟氧化稀土和二氧化碳，随着焙烧温度升高，氟氧化稀土继续分解生成氟化稀土和氧化稀土等。

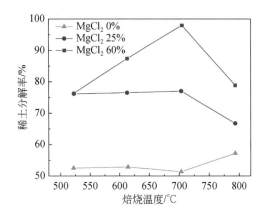

图 5.42　氯化镁添加量在不同焙烧温度下对包头矿分解率的影响

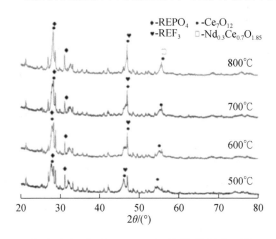

图 5.43　包头矿在不添加 $MgCl_2$ 时不同焙烧温度下的 XRD 谱

氟碳铈矿的热分解过程是：当加热到失重温度时，矿物中的络阴离子团开始解体，到最佳温度（吸热谷）时，晶格破坏，逸出二氧化碳和少量氟。矿物转变成等轴晶系的稀土氧化物和六方晶系的氟铈矿，以及部分稀土氟氧化物和含氟氧化物。独居石化学性质非常稳定，在加热时不发生分解。如图 5.44（a）所示，在添加 25％的氯化镁后，氯化镁作为焙烧助剂，参与到了包头矿的热分解反应中，形成了焙烧产物氯氧化稀土，提高了同温度下包头矿的分解率。化学反应方程式为

$$2REFO+MgCl_2 = 2REOCl+MgF_2 \tag{5.30}$$

在 500℃时出现了氧化镁相，为四水氯化镁（$MgCl_2 \cdot 4H_2O$）先失去 2 个结晶水转变为二水氯化镁（$MgCl_2 \cdot 2H_2O$），然后再失去一个水分子和一个氯化氢分子后转变为碱式氯化镁，碱式氯化镁进一步失去一个氯化氢分子转变为氧化镁所致。在 700℃时，开始出现铈钕复合氧化物相，这是氯氧化稀土随着焙烧温度的升高又继续被氧化生成铈钕复合氧化物并放出氯化氢所致。独居石在 700℃时依然存在，证明添加的氯化镁量不足，无法分解独居石。

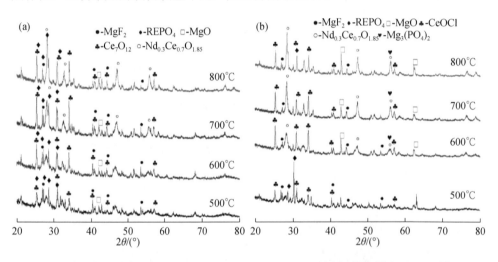

图 5.44　包头矿在添加 25％（a）和 60％（b）$MgCl_2$ 时不同焙烧温度下 XRD 谱

如图 5.44（b）所示，当氯化镁添加量为 60％时，随着温度的升高，在 700℃时，独居石相消失。证明独居石被氯化镁分解，发生的化学反应方程式为

$$3MgCl_2+2REPO_4+2H_2O = Mg_3(PO_4)_2+4HCl+2REOCl \tag{5.31}$$

在 800℃时，又出现了独居石相，原因是焙烧温度超过氯化镁的熔点（750℃），导致部分氯化镁挥发，从而减少了参与分解独居石的量，使部分独居石未分解。600℃时出现了新相磷酸镁，为氯化镁与独居石反应生成的产物。随着焙烧温度的升高，$Nd_{0.3}Ce_{0.7}O_{1.85}$ 的衍射峰逐渐增强，证明焙烧温度越高，氯氧化稀土氧化为氧化稀土的氧化率就越高。从图 5.45（a）可以看出，包头矿与氯化镁在 500℃的条件下氧化焙烧后，矿物表面有许多细小的微裂纹，证明氧化焙烧后矿物的晶格被打开，晶体结构发生了破坏，产生的二氧化碳气体可从裂纹中逸出。相比于图 5.45（a），图 5.45（b）中 700℃的焙烧矿表面更加疏松，裂纹和空隙更大，

证明氯化镁与矿物反应得更加彻底。

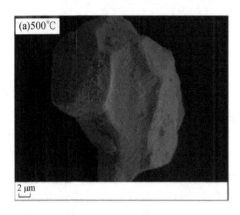

图 5.45　不同温度焙烧矿的 SEM 形貌

4. 氯化镁−包头矿加碳焙烧对稀土氧化率的影响

在氯化镁氧化焙烧分解包头矿时，混合加入碳粉，碳粉在 300℃时会和氧气反应生成二氧化碳，由于二氧化碳的密度大于空气，所以新生成的二氧化碳覆盖在矿物表面，隔绝矿物与氧气接触，防止三价铈被氧化为四价，这对后续的酸浸过程具有非常积极的意义。若焙烧后稀土都为三价，没有不易被浸出的四价稀土，则可在低温低酸度下将稀土离子浸出。相同浸出条件下（4 mol/L 盐酸，50℃），不加碳粉焙烧矿的浸出率是加碳粉焙烧矿浸出率的 91.04%，避免了高温高酸度下在稀土浸出的同时，新生成的氟化镁也会部分溶解，使过多的氟离子进入溶液，不仅氟无法回收造成了资源浪费，同时过多的氟离子在萃取时也会出现乳化现象（有机相和溶液无法有效地分层），从而导致萃取失败。同时，三价稀土离子在盐酸中浸出时不会发生氧化还原反应，盐酸中的氯离子不会被氧化为氯气，这对于改善实验室或车间的工作环境具有非常好的影响，同时也避免了氯气对于生产设备的腐蚀。如图 5.46所示，当包头矿与氯化镁焙烧不添加碳粉时，铈的氧化率为 69.58%，当添加碳粉为 10%时，铈的氧化率迅速下降为 16.19%，添加碳粉为 20%时，铈的氧化率为 4.46%，证明混合碳粉的焙烧过程对于防止稀土的氧化具有非常明显的作用。

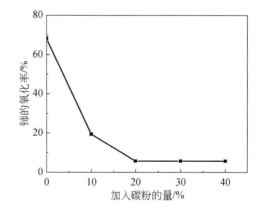

图 5.46　碳粉加入量对铈氧化率的影响

5.3 其他方法

5.3.1 微波分解混合稀土精矿

近年来，微波加热作为一种非常规的冶金方法，已被研究作为提高提取金属产率的尝试，特别是随着对更环保工艺的需求不断增加。微波加热的独特性是其在冶金工业中潜在实施的主要驱动力。微波加热在于极性分子的往复运动跟随电场的快速变化。因此，与传统的辐射对流加热相比，微波加热具有许多优点，其中显著的是对微波吸收材料的快速和选择性加热。更重要的是，分布的矿物相的选择性加热有可能导致岩石内的断裂。通过快速加热非吸收性脉石基质中的有价值矿物产生热应力，可以诱发穿晶和粒间微破裂。由于氟碳铈矿和独居石是极性物质，微波辐射能加热它们，因此可以利用微波加热的方法处理混合精矿并提出了一种采用氢氧化钠微波辐射处理混合精矿与氢氧化钠的新工艺。本节研究了微波辅助分解混合精矿对稀土浸出的影响。此外，还分析了微波分解混合精矿强化稀土浸出的机理。

5.3.1.1 微波处理对混合精矿分解的影响

1. 微波加热温度

图 5.47（a）显示了微波加热温度在 40～240℃ 范围内对混合精矿分解的影响。随着微波加热温度从 40℃ 升高到 140℃，RE 的浸出率（总稀土元素的浸出率）从 53.81% 增加到 82.49%。当温度升高到 240℃ 时，稀土的浸出率略有下降。由于样品的比表面积在矿物浸出过程中具有重要意义，因此可以推断，当微波加热温度提高到 240℃ 时，随着过度烧结，颗粒聚束。此外，稀土氧化物在浸出过程中

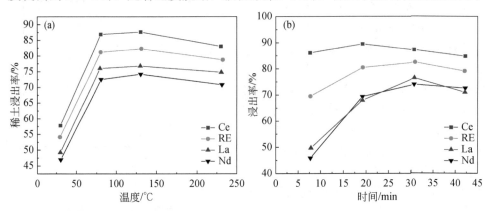

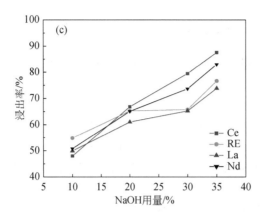

图 5.47　微波加热温度（a）、时间（b）和 NaOH 用量（c）对稀土浸出率的影响

生成了致密的稀土复合氧化物相 $Ce_{0.5}Nd_{0.5}O_{1.75}$，这是稀土浸出率下降的一个潜在原因。

2. 微波加热时间

微波加热时间的影响范围为 10～40 min，见图 5.47（b）。可知，在 10～40 min 的微波时间范围内，铈的浸出率无显著性差异，但随着微波时间的延长，稀土的浸出率先从 69.98%上升到 82.49%，然后下降到 79.09%，这是由于颗粒破裂和微波加热过度烧结。加热时间的增加促使混合精矿分解，并在热应力作用下产生颗粒微破裂，导致颗粒孔隙率增加。但是，加热时间的增加也会导致颗粒由于过度烧结而聚束，从而导致颗粒的孔隙率降低。因此，微波加热混合浓缩液的时间选择为 30 min。

3. 微波加热过程中 NaOH 颗粒的含量

混合精矿的分解属于微波场中与 NaOH 的固-固反应，因此，NaOH 含量（10.00%～35.35%）对混合精矿的分解反应影响显著。如图 5.47（c）所示。实验结果表明，NaOH 用量对稀土浸出率有较大影响。当 NaOH 含量从 10.00%增加到 35.35%时，稀土的浸出率从 50.40%增加到 72.49%，且三种稀土元素的浸出率变化趋势一致。当 NaOH 含量为 35.35%时，Ce 的浸出率达到 87.72%，高于镧（La）和钕（Nd）的浸出率。基于上述实验确定的微波加热条件，如表 5.6 所示，在浸出条件为 3 mol/L HCl、140℃、20 mL/g 液固比、200 r/min 搅拌速度、NaOH 含量 35.35%、90 min 下，RE 的浸出率达到 93.28%。

表 5.6　在最佳浸出条件下稀土元素的浸出率

元素	Ce	La	Nd	RE
浸出率/%	93.32	95.51	88.75	93.28

5.3.1.2 微波对比表面积的影响

分析了在不同温度下微波加热后和水浸出后混合精矿的 BET 比表面积，结果示于表 5.7 中。表明，当温度从 40℃升高到 240℃时，比表面积从 8.71 m²/g 迅速下降到 1.01 m²/g。这是因为，加热温度的升高导致颗粒过度烧结而聚束。特别地，在 40℃下微波加热后的混合浓缩物的比表面积为 8.71 m²/g，高于没有微波加热的混合浓缩物的比表面积（6.94 m²/g）。这是由热应力和热分解引起的微破裂所致。因此，微波加热对增加比表面积具有积极作用。因此可以推断，微破裂和烧结都对比表面积的变化起着重要的作用。随着温度的升高，烧结的影响取代了微破裂的主导地位。微波处理后的样品经水浸处理后，比表面积增大，即使不考虑烧结的影响，也会产生大量的微裂纹。由于比表面积在矿物加工中具有重要意义，因此微波加热有利于矿物的加工和稀土的回收。混合精矿、微波加热样品、水浸提后样品的低压 N_2 吸附-解吸分析的等温线数据如图 5.48 所示。可以看出，混合精矿等温线的吸附分支与解吸分支一致，没有滞后回线。根据 BDDT 的分类方法，混合精矿的吸附-解吸等温线属于Ⅱ型等温线。这种等温线类型表明混合精矿属于无孔固体。当相对压力大于 0.85 时，样品（2）和（3）的吸附量迅速增加。吸附-解吸等温线出现拐点，在较高的相对压力（大于 0.85）下，由于毛细冷凝，与解

表 5.7　N_2 BET 比表面积结果

	温度/℃	0	40	90	140	240
BET/(m²/g)	微波处理样品	6.94	8.71	1.40	1.07	1.01
	水浸处理样品		14.20	12.86	11.04	11.09

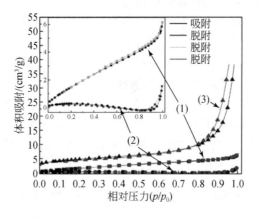

图 5.48　样品 [（1）混合精矿；（2）微波加热后的样品；（3）微波加热水浸后的样品] 的低压 N_2 吸附-解吸等温线

吸分支不一致，导致滞后回线。因此，根据 BDDT 的分类方法，样品（2）和（3）的吸附-解吸等温线属于Ⅳ型等温线。等温线类型表明样品（2）和（3）同时含有中孔和大孔。这说明微波加热后混合精矿颗粒表面出现了大量的孔隙。根据 Boer 的磁滞回线分类，属于Ⅳ型回线的样品（2）的磁滞回线发生在墨水瓶型孔中，而属于Ⅱ型或Ⅲ型回线的样品（3）的磁滞回线发生在狭缝或楔形孔中。

5.3.1.3　微波对矿物相的影响

由于微波加热的温度是影响混合精矿分解行为的主要因素，不同温度下微波处理的混合精矿的衍射图如图 5.49 所示。结果表明，当微波加热温度高于 90℃时，氟碳铈矿和独居石完全分解为稀土氧化物相，并发生稀土氧化物的复合反应。氟化钠和磷酸钙峰的出现表明萤石被氢氧化钠分解，Na_3PO_4 为独居石的分解产物。由于微波加热样品中氟化钠与其他物相在水中的溶解度不同，在水浸过程中将氟化物与磷酸盐和稀土元素单独分离，并采用蒸发结晶法回收废水中的氟化物是非常可行的。在温度为 70℃、液固比为 20 mL/g、搅拌速度为 200 r/min 条件下对微波加热样品进行水浸实验，水浸过程中氟的浸出率为 78.77%，磷和稀土的浸出率几乎为零。

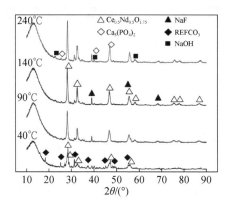

图 5.49　不同温度下微波处理混合精矿的 XRD 图谱

图 5.49 中还观察到衍射峰强度存在变化。氟碳铈矿和独居石在 40℃时的弱峰随着温度的升高而消失，稀土氧化物的峰变得非常明显。结果表明，稀土氧化物的结晶度随着温度的升高而增大。通过与 BET 比表面积结果的对比，可以推断微波加热在较高的温度（大于 140℃）下不利于稀土的浸出。

5.3.1.4　微波对微观形态的影响

混合精矿在 140℃微波加热后和水浸后的 SEM 显微照片如图 5.50（a）、（b）

所示。与混合精矿的光滑表面相比，可以观察到微波加热后的混合精矿与样品之间存在明显差异。图 5.50（a）中，微波加热的样品显示出大量的孔隙（孔径在 50～100 nm 之间）以及大量的棒状晶体和不规则颗粒。微波加热后的样品经水浸提后，样品的微观结构［图 5.50（b）］再次发生了变化。浸出后样品的显微照片显示，固体颗粒表面具有许多粗糙的孔洞，降解程度高。SEM 结果表明，微波加热后的混合精矿为多孔性固体，而微波加热前的混合精矿为无孔性固体，这与吸附-解吸等温线分析结果一致。对于混合精矿，微波加热过程中由无孔向多孔的转变有利于稀土元素的回收。

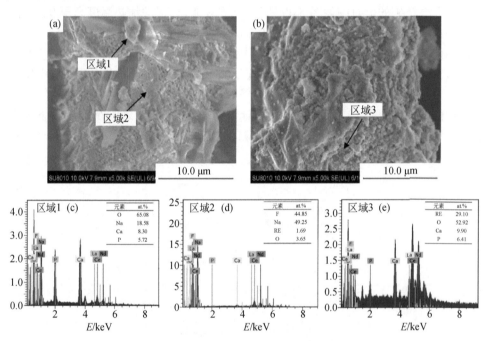

图 5.50　微波加热样品（a）和微波加热水浸后样品（b）的 SEM 显微照片以及区域 1（c）、区域 2（d）和区域 3（e）的 EDS 结果

图 5.50（c）～（e）中区域的 EDS 结果表明，在微波加热样品的颗粒表面中，不规则颗粒由磷酸钙组成，棒状晶体由氟化钠组成［图 5.50（a）］。还观察到浸出后微波加热样品表面的颗粒［图 5.50（b）］由稀土元素、钙和磷组成。结果表明，在微波加热过程中，氟碳铈矿和独居石在热应力和分解作用下形成的孔隙被氟化钠和磷酸钙覆盖。因此，在微波加热样品的表面上存在墨水瓶形孔隙和闭塞器部分。微波加热样品用水浸取时，随着氟化钠的溶解，出现狭缝或楔状孔隙。

5.3.2　NaOH-CaO-H₂O 体系中的机械力化学分解混合稀土精矿

矿物的机械活化广泛用于湿法冶金。它通常涉及高能球磨,其中来自直接施加到矿物上的球的冲击、磨损和破裂,这增加了矿物的反应性。在此过程中,活化固体包含短寿命和长寿命活化状态。短寿命状态比长寿命状态对矿物反应性的影响更大。然而,短寿命状态会很快消失,变得不那么活跃,从而导致激活状态不能被充分利用。因此,我们将研磨和分解合并为一个步骤,并将其称为"机械力化学分解"。通常,机械化学效应通过一系列结构变化,如键断裂、非晶化程度和表面积增加以及粒度减小,从而有利于化学反应。它还导致短寿命状态的形成,例如新表面、复合、吸附位点和缺陷。因此,机械力化学分解法对混合精矿具有较好的分解效果。首先在 NaOH-CaO-H₂O 体系中对混合精矿进行机械力化学分解,然后用稀盐酸浸取分解残渣,提取稀土元素。研究了混合精矿机械力化学分解过程中的物相变化、分解效率及氟、磷的分布,探讨了机械力化学分解的强化机理。

在 250 mL 球磨反应器中进行了机械力化学分解实验。在反应器旋转过程中,磨球与物料的相互作用经历了两个阶段:一是,在上升阶段,磨球与试样之间发生相对滑动;二是,研磨球在下落阶段撞击材料。因此,材料受到强烈的磨损、冲击和剪切,在此期间发生机械化学反应。使用总重量为 300 g 的钢研磨球,其具有 126 个不同直径的球:18 个球(4 mm)、27 个球(5 mm)、36 个球(6 mm)、27 个球(10 mm)和 18 个球(12 mm)。将混合浓缩物(5 g)与 NaOH 和 CaO 以及 25 g 蒸馏水混合。氢氧化钠和氧化钙的含量相对于混合精矿的质量分别在 15%~45% 和 10%~40% 的范围内。在整个实验中,反应器以 80 r/min 旋转。将反应器温度逐渐升高至 250℃。温度稳定后,反应持续 2~4 h,之后过滤所得浆液。通过过滤分离分解残余物和液体,并分析磷和氟化物含量。利用分解残渣提取稀土元素。在置于恒温器中的 250 mL 三颈烧瓶中进行浸出实验。向烧瓶中加入 75 mL 3 mol/L HCl,加热至 60℃。温度稳定后,将 5 g 分解残余物加入反应器中,并在 300 r/min 下搅拌 30 min,之后通过真空过滤将溶液从浆料中快速分离。所得浸出液用于分析稀土元素。为了探索机械化学分解的强化效果,还使用 KCFD2-6.0 高压釜对混合精矿进行了加压分解。使用热电偶以 2℃ 的精度控制其温度。通过双叶轮搅拌桨提供搅拌。将混合的浓缩物样品(50 g)与 20% CaO、35% NaOH 和 250 g 去离子水混合,然后置于高压釜中。在密封高压釜后,将浆料以 4℃/min 加热至 250℃,同时以 300 r/min 恒定搅拌。在温度稳定后开始反应并持续 4 h。之后,过滤浆料,并从液体中分离分解残留物。将残余物干燥并在与上述相同的条件下用于浸提实验。

5.3.2.1　NaOH 和 CaO 相变

使用 XRD 研究了在使用 15%～45% NaOH 的进行机械力化学分解-浸出过程中混合精矿的相转变（图 5.51）。与初始混合精矿的物相组成相比，所有分解残留物都显示出新的衍射峰，对应于 $RE(OH)_3$、CaF_2 和 $Ca_2P_2O_7$。随着 NaOH 含量的增加，$REFCO_3$ 和 $REPO_4$ 的衍射峰逐渐减弱，表明稀土相由氟碳铈矿和独居石转变为 $RE(OH)_3$，释放出氟、磷分别转化为 CaF_2 和 $Ca_2P_2O_7$。

XRD 分析表明，随着 NaOH 含量的增加，$RE(OH)_3$ 和 $Ca_2P_2O_7$ 被完全浸出，CaF_2 残留在渣中，并逐渐成为主要固相。因此，氟从氟碳铈矿转化为 CaF_2 可以有效地将氟固定在固相中，这允许氟的分离和回收。

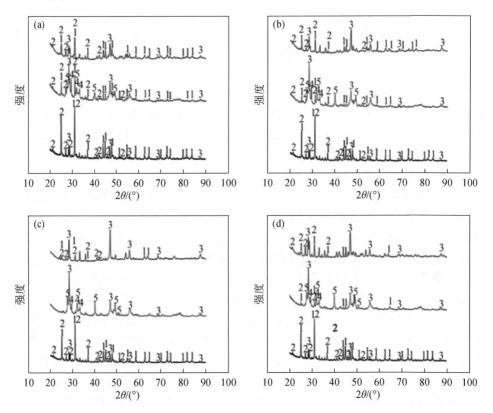

图 5.51　用（a）15%、（b）25%、（c）35% 和（d）45% NaOH 进行机械力化学分解得到的初始混合精矿（底部曲线）、分解残渣（中间曲线）和相应的浸出残渣（顶部曲线）的 X 射线衍射图

分解条件为：250℃，20% CaO，3 h，液固比 5∶1。1-$REFCO_3$、2-$REPO_4$、3-CaF_2、4-$Ca_2P_2O_7$、5-$RE(OH)_3$

当 REFCO$_3$ 和 REPO$_4$ 完全分解时，NaOH 和 CaO 的理论含量分别为 15.7%和10.9%。为了研究 NaOH 和 CaO 对混合精矿分解过程的影响，分别在单独使用 CaO、单独使用 NaOH 以及 NaOH 和 CaO 混合使用 3 组实验条件下进行了研究。稀土元素的浸出效率以及分解液中氟和磷的分布见图 5.52。以稀土的浸出效率作为判断分解效率的标准。在不同条件下，稀土元素的浸出率顺序为：CaO<NaOH<CaO+NaOH。单独添加 CaO 时，浸出率最低。虽然氧化钙微溶于水溶液，同时 OH$^-$解离分解混合浓缩物，但这种碱性环境太弱，不足以分解像氢氧化钠溶液那样充分混合的浓缩物。因此，混合精矿在 NaOH 系统中对稀土表现出较高的浸出效率。此外，通过添加 CaO 进一步提高了浸出效率，因为它通过与溶液中的 PO$_4^{3-}$ 和 F$^-$结合而促进了混合精矿的分解。CaO 的作用是通过氟和磷分布性能证明。当仅用NaOH 处理混合精矿时，释放的氟化物和磷主要集中在分解液中。然而，当同时使用 CaO 和 NaOH 时，分解液中的氟化物和磷含量显著降低，因为形成了 CaF$_2$和 Ca$_2$P$_2$O$_7$，其溶解度常数分别为 2.7×10^{-11} 和 3.0×10^{-18}。这清楚地证明了 CaO

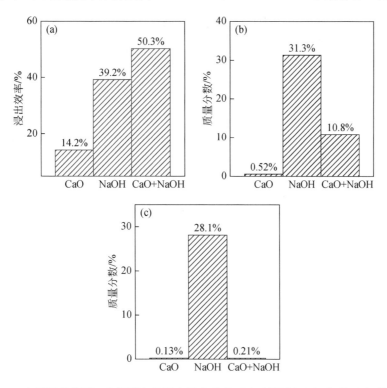

图 5.52　在不同条件下，分解液中的稀土浸出效率（a）以及氟（b）和磷（c）的分布

单独使用 10.9% CaO（左列），单独使用 15.7% NaOH（中列），以及 CaO 和 NaOH 混合使用（右列）。分解条件为：250℃，液固比 5∶1，分解时间 3 h。浸出条件为：60℃，3 mol/L HCl，液固比 15∶1，浸出时间 30 min

在固相中对氟和磷固定的作用。这也是当仅使用 CaO 分解混合精矿时，分解液中的氟和磷含量低的原因。值得一提的是，当分解液中的氟化物含量为 10.8%时，稀土的浸出率仅为 50.3%。因此，需要提高 CaO 和 NaOH 的含量，以提高稀土的浸出率，降低浸出液中的氟含量。

5.3.2.2 稀土浸出率

当 NaOH 质量分数从 15%增加到 35% [图 5.53 (a)]，稀土元素的浸出率从 61.1%增加到 87.9%。然而，随着 NaOH 含量进一步增加至 45%，稀土元素的浸出效率下降，这可以通过机械力化学反应期间的研磨环境来解释。湿磨过程中的流动性和润滑性比干磨过程中好得多，但过量的 NaOH 会削弱这些作用。XRD 扫描也证实了这些观察结果：随着 NaOH 加入量的增加，$REFCO_3$ 和 $REPO_4$ 峰的强

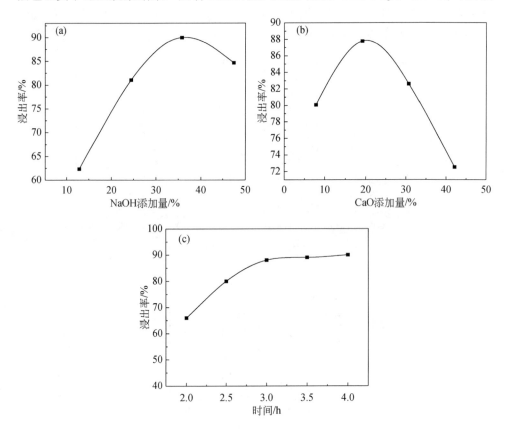

图 5.53　NaOH 添加量（20%CaO 处理 3 h）、CaO 添加量（35%NaOH 处理 3 h）以及分解时间（35% NaOH 和 20% CaO）对稀土浸出率的影响

实验条件为：60℃，3 mol/L HCl，液固比 15∶1，浸出时间 30 min

度降低，RE(OH)₃ 峰的强度增加。因此，提高了混合精矿的分解效率。最后，确定了 NaOH 用量 35% 为最佳工艺条件。CaO 在混合精矿的分解中也担当着重要角色。随着 CaO 含量从 10% 增加到 20%［图 5.53（b）］，稀土的浸出率从 80.1% 增加到 87.9%。因此，CaO 促进和增强了混合浓缩物的分解。当 CaO 含量为 30% 时，稀土的浸出率降低。CaO 过多也会削弱体系的流动性和润滑性，影响混合精矿的分解效果。因此，对于机械力化学分解，20% 是最佳 CaO 含量。使用 NaOH 分解处理 1 t 混合精矿，NaOH 的典型工业消耗量为 1.8 t。如果我们的方法以工业规模实施，分解 1 t 混合精矿仅需要 0.35 t NaOH 和 0.2 t CaO。因此，在碱液中添加 CaO 并采用机械力化学处理，可促进混合精矿的分解，显著降低 NaOH 用量。随着分解时间从 2 h 增加到 4 h［图 5.53（c）］，稀土的浸出率从 67.0% 增加到 91.8%，但浸出速率减慢。图 5.54 给出了在不同分解时间下分解残余物的微观形貌。观察到大量针状物和不规则团块，EDS 结果［图 5.54（e）、（f）］表明 CaO 参与了分解反应，分解产物作为产物层聚集在混合精矿表面。此时，区域 3 中的 EDS 结果证实这种块状颗粒是 CaF₂。在图 5.54（b）中的产物层被浸出之后，颗粒呈现致密的表面结构［图 5.54（d）］。随着 RE(OH)₃ 和 Ca₂P₂O₇ 的浸出，针状物完全消失，质量明显减少。因此，产物层由 RE(OH)₃、CaF₂ 和 Ca₂P₂O₇ 组成。与 2.5 h 后残留

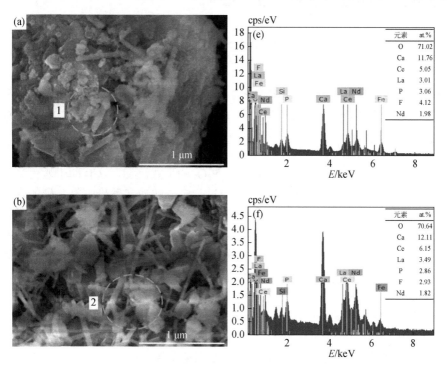

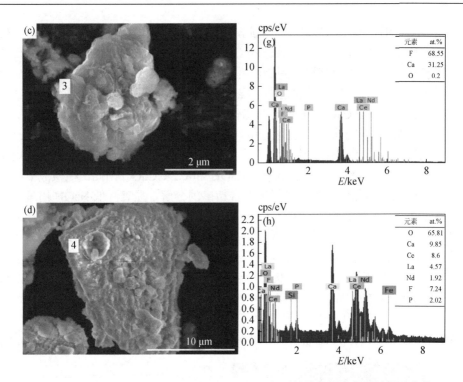

图 5.54　不同分解时间 2.5 h（a）、4 h（b）和 4 h（c）得到的分解残余物和浸提残余物（d）的
微观形貌，以及区域 1（e）、2（f）、3（g）和 4（h）的 EDS 图

物的微观形貌［图 5.54（a）］相比，4 h 后颗粒表面覆盖了更多的针状物和团块，
表明产物层较厚。这导致反应表面减少，反应物扩散路径增加，因此反应速率减慢。

5.3.2.3　氟磷分布

在分解过程中，氟和磷以 CaF_2 和 $Ca_2P_2O_7$ 的形式沉淀，这有助于避免产生含
氟和磷的废水，也有助于分离和回收。通过测定分解液和残渣中氟、磷的含量，
研究了 NaOH 和 CaO 含量以及分解时间对氟、磷分布的影响。图 5.55 显示了不
同条件下的磷分布，表明分解条件的变化对磷分布的影响很小：只有约 0.2%的磷
进入溶液中，其余（>99%）在分解残渣中。不同分解条件下的氟化物分布也如图
5.55 所示。当 NaOH 含量从 15%增加到 45%时，氟在溶液中的分布从 5.3%增加
到 10.9%。同时，残渣中的氟化物从 95.3%降至 90.0%［图 5.55（a）和（d）］。随
着系统碱度的增加，氟化物在固液间的分配向后者转移。因此，更多的氟化物留
在了液体中。然而，当 CaO 含量从 10%增加到 40%时，分解残渣中的氟化物分数
从 88.0%增加到 98%［图 5.55（e）］，降低了溶液中的 F^-。因此，CaO 在氟的消
耗和再分配中担当着重要角色。分解时间对氟化物的变化影响不大［图 5.55（c）

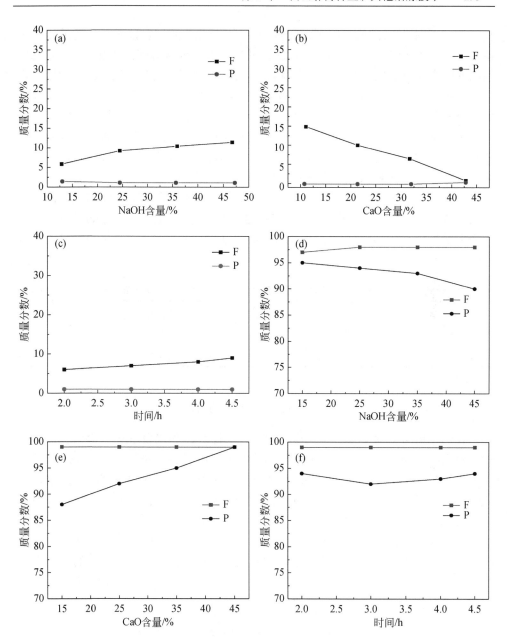

图 5.55 在机械化学分解过程中，分解液（a，b，c）和分解残渣（d，e，f）中的氟化物和磷分布随时间（用 35% NaOH 和 20% CaO）、CaO（用 35%NaOH 处理 3 h）和 NaOH（用 20% CaO 处理 3 h）含量的变化。所有其他分解条件（如温度 250℃，液固比 5：1）均相同

和（f）]：在不同时间的实验中，92%～94%的氟化物残留在残渣中。在最佳分解条件下，即 NaOH 用量为 35%、CaO 用量为 20%、分解时间为 4 h，残渣中氟化物的残留率为 93.8%。图 5.54（c）和（f）表明，部分 CaF_2 以独立的单颗粒形式存在于系统中，而不是以明显的产物层形式存在在混合精矿表面。CaF_2 的这种行为更有利于氟化物与磷和稀土的分离和回收。如表 5.8 所示，计算该完整流程中的稀土元素、氟化物和磷的质量分布。结果表明，分解残渣和分解液中各元素的分布比例相加约为 100%。分布在浸出液和浸出渣中的含量与分解残渣中这些元素的含量相近。在机械力化学分解后，REEs 和磷都集中在残留物中。因此，稀土元素、氟和磷的分布满足质量平衡。稀土和磷分别转化为 $RE(OH)_3$ 和 $Ca_2P_2O_7$，浸出残渣中的稀土元素和磷含量分别为 8.3%和 12.5%。氟化物在分解残渣和浸出残渣中都是以 CaF_2 形态存在，但部分 CaF_2（15.3%）被溶解，而 79.8%仍留在最终的沥滤残渣中。

表 5.8　分解渣和分解液以及浸出渣和浸出液中稀土、氟和磷的质量分布（质量分数，%）

成分	分解渣	分解液	浸出渣	浸出液
REEs	99.8	0.2	8.3	91.8
P	99.6	0.2	12.5	85.9
F	93.8	8.2	79.5	15.3

5.3.2.4　机械力化学分解与加压分解的比较

我们将机械力化学分解与加压分解进行了比较，并在表 5.9 中给出了稀土元素的浸出效率的结果。采用机械力化学分解可浸出极高量的稀土元素（91.8%），而加压分解仅浸出 58.9%。但在这两种分解方法中，Ce 的浸出率始终低于 La 和 Nd。这是因为 Ce 容易被氧化，使得其难以提取。在传统的 NaOH 焙烧过程中，Ce 在 250℃时的氧化率达到 87.2%。因此，Ce 的较低浸出效率归因于其被氧化。这两个分解实验的残留物显示出不同的相（图 5.56）。加压分解后的残渣主要由 $REFCO_3$、$REPO_4$、CaF_2、CaP_2O_7 和 $RE(OH)_3$ 组成。机械力化学分解的残余物不含任何 $REFCO_3$ 和 $REPO_4$ 相，但显示出对应于 CaF_2、CaP_2O_7 和 $RE(OH)_3$ 的强峰。因此，混合精矿可以通过机械力化学处理更彻底地分解。

表 5.9　机械力化学和加压分解后稀土元素的浸出率

方法	浸出率/%			
	Ce	La	Nd	REEs
加压分解法	57.5	59.5	61.8	58.9
机械力化学法	86.5	97.6	99.9	91.8

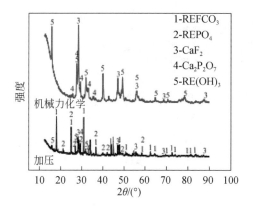

图 5.56　通过机械力化学和加压分解获得的残余物的 XRD 图

两种方法的分解条件均为：250℃、20% CaO、35% NaOH、液固比 5∶1、分解时间 4 h

用 SEM 观察了不同方法分解前后混合精矿的形貌（图 5.57）。与图 5.57（a）所示的初始混合浓缩物相比，加压分解后的残渣颗粒具有更粗糙的表面［图 5.57（b）］。EDS 结果［图 5.57（d）和（e）］表明，区域 2 的钙含量高于区域 1，表明更多的 CaO 参与了分解反应。通过机械力化学分解获得的残余物的颗粒比通过加

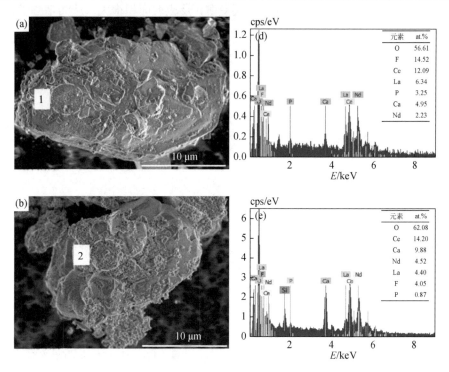

图 5.57　分解前的混合浓缩物（a）和通过加压（b）、机械力化学（c）分解获得的残余物的 SEM
显微图，以及区域 1（d）、2（e）和 3（f）的 EDS 分析

在 0～2 keV 范围内谱线的排列顺序为：Ca、O、La、F、Fe、Ce、Nd、Si 和 P。两种分解方法条件为 250℃、20%
CaO、35% NaOH，液固比 5∶1，分解时间 4 h

压分解获得的颗粒具有更松散的表面，这很可能是由于在该过程中施加了机械力。因此，在机械力化学处理期间发生更加强烈的反应，这是区域 3 中的 Ca 含量高于区域 2 的原因。由于机械力导致颗粒破碎，观察到机械力化学分解残留物的粒度较小（图 5.58）。粒径减小导致产物层变薄，反应表面积增大，从而增强了反应动力学。

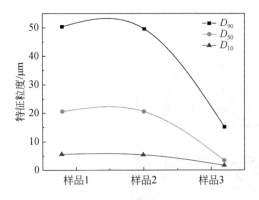

图 5.58　初始混合浓缩物（样品 1）以及通过加压（样品 2）和机械力化学（样品 3）
分解获得的残余物中的特征粒度 D_{10}、D_{50} 和 D_{90}

两种方法的分解条件均为：250℃、20%CaO、35% NaOH，液固比 5∶1、分解时间 4 h

参 考 文 献

戈鑫鑫, 许延辉, 郑万波, 等, 2023. 氯化镁焙烧分解包头稀土精矿[J]. 有色金属(冶炼部分), (5):
　　58-65.

马升峰, 郭文亮, 孟志军, 等, 2021. 氯化镁焙烧分解独居石的反应机理[J]. 中国有色金属学报, 31(5): 1413-1421.

马升峰, 许延辉, 郭文亮, 等, 2021. 氯化镁焙烧分解磷酸镧的反应机制研究[J]. 稀有金属, 45(8): 980-988.

时文中, 朱国才, 华杰, 等, 2002. 氯化铵焙烧法从混合型稀土精矿中回收稀土[J]. 河南大学学报(自然科学版), (4): 45-48.

田宇, 2022. 无水氯化镁分解氟碳铈精矿清洁工艺的研究[D]. 呼和浩特: 内蒙古大学.

田宇, 马升峰, 郑万波, 等, 2024. 无水氯化镁氯化分解氟碳铈精矿的研究[J]. 稀土, 45(5): 33-44.

Huang Y, Zhang T, Liu J, et al., 2016. Decomposition of the mixed rare earth concentrate by microwave-assisted method[J]. Journal of Rare Earths, 34(5): 511-518.

Liu J, Zhang T, Dou Z, et al., 2019. Mechanochemical decomposition of mixed rare earth concentrate in the NaOH-CaO-H$_2$O system[J]. Hydrometallurgy, 190: 105116.

Wang H, Wang J, Lei X, et al., 2023. Separation and recovery of rare earths and iron from NdFeB magnet scraps[J]. Processes, 11(10): 2895.

Yadav J, Sarker K S, Bruckard W, et al., 2024. Greening the supply chain: Sustainable approaches for rare earth element recovery from neodymium iron boron magnet waste[J]. Journal of Environmental Chemical Engineering, 12(4): 113169.